高 等 学 校 教 材
中国石油和化学工业优秀教材奖

高分子材料成型加工设备

罗权焜　刘维锦　编

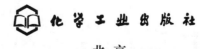

化学工业出版社
·北京·

内 容 提 要

本书是根据高分子材料与工程专业本科教学大纲要求编写而成的高等学校专业教材。

本书共分 8 章，系统地介绍了高分子材料成型加工通用设备及液压传动基本理论和技术。书中图文并茂，详细阐述了混合搅拌设备，开炼机、密炼机、压延机、挤出机、注射机和液压成型机的用途、类型、结构、性能、工作原理方面的知识以及液压传动基础、液压元件和液压基本回路方面的内容。

本书可供高等学校高分子材料及成型加工等专业的本科生课程教学之用，也可供相关专业研究生和科研、生产技术人员参考。

图书在版编目(CIP)数据

高分子材料成型加工设备/罗权焜，刘维锦编. —北京：化学工业出版社，2007.1（2023.5 重印）
高等学校教材
中国石油和化学工业优秀教材奖
ISBN 978-7-5025-9863-1

Ⅰ. 高⋯　Ⅱ. ①罗⋯②刘⋯　Ⅲ. 高分子材料-成型-化工设备　Ⅳ. TQ315

中国版本图书馆 CIP 数据核字（2007）第 011611 号

责任编辑：杨　菁　　　　　　　　文字编辑：王　琪
责任校对：陈　静　　　　　　　　装帧设计：潘　峰

出版发行：化学工业出版社　教材出版中心　（北京市东城区青年湖南街 13 号　邮政编码 100011）
印　　装：北京虎彩文化传播有限公司
787mm×1092mm　1/16　印张 16　字数 398 千字　2023 年 5 月北京第 1 版第 12 次印刷

购书咨询：010-64518888　　　　　　　　售后服务：010-64518899
网　　址：http://www.cip.com.cn
凡购买本书，如有缺损质量问题，本社销售中心负责调换。

定　　价：49.00 元

前　言

　　《高分子材料成型加工设备》是按"高分子材料与工程"新专业教学大纲要求编写而成，供高分子材料与工程专业学生使用，适用课堂教学时间长度为 60 学时。

　　橡胶、塑料和化学纤维都是高分子材料，其成型加工设备有许多相似之处，有一些设备是通用的，如密炼机、压延机；但也有一些设备则有较大的差别，如挤出机、注射机等。这无疑使在编写本教材时增加一些困难，但编者仍然力图在同一章节中使用极有限的篇幅把这些既相似而实际上又有差别的设备阐述清楚。本教材是将橡胶、塑料和化纤工厂所使用的通用设备结合在一起编写的首次尝试。

　　本教材重点介绍内容是橡胶，塑料和化学纤维工厂主要的成型加工设备的种类、用途、结构、性能、工作原理和参数，为学生正确选择、使用、管理和维护这类成型加工设备打下良好的基础。

　　主要介绍开炼机、密炼机、压延机、挤出机、注射机和液压成型机的有关知识。另外，还专门编写了液压传动基础一章，以较大篇幅系统地详细介绍液压传动的基本理论和技术，其中包括液压传动基础，液压元件和液压基本回路。

　　本教材编写过程中，注意理论联系实际，着重培养学生分析问题和解决问题的能力。

　　在选材上，既做到重点突出又照顾到全面，力求内容精练、图文并茂，并注意尽量介绍国内外最新设备、新技术和发展趋势，这些内容贯穿于始终，分别熔化在各章节之中。

　　各章后面附有习题、供复习和自学参考。

　　本教材是在使用过 8 届的讲义基础上编写而成。本次修订除了针对过去几年使用本教材中出现的问题和错漏作了修改之外，还重新编写了第二章和第七章，删去了这两章中一些不实用的内容，修正了与本书其他章节风格不协调之处，更新和补充了新内容，使全书各章风格保持一致。

　　本教材共分八章。编写分工如下：绪论，第一章第三节、第四节，第三章，第四章，第五章和第八章由罗权焜编写，第二章由郭建华编写，第一章第一节、第二节，第六章和第七章由刘维锦编写。全书由罗权焜统稿。

　　在编写过程和修订过程中，得到华南理工大学高分子系郭建华等多位老师的热忱帮助，特表感谢。同时向本书所列主要参考文献的作者们致以谢意。

　　由于编者水平限制，教材中缺点和谬误之处在所难免，敬请读者批评指正。

编者

2006 年 9 月

目　录

绪论 …………………………………………… 1
　一、高分子材料成型加工设备的历史与
　　　现状 ………………………………… 1
　二、高分子材料成型加工设备的特点和
　　　发展趋势 …………………………… 2
　三、本课程的任务和要求 ………………… 3
第一章　液压传动基础 …………………… 4
　第一节　液压传动工作原理和特点 ……… 4
　　一、液压传动工作原理 ………………… 4
　　二、液压传动的特点 …………………… 4
　　三、液压元件的分类 …………………… 5
　第二节　液压传动基础知识 ……………… 5
　　一、液压油的主要物理性质 …………… 5
　　二、液压油的选择 ……………………… 8
　　三、液体的静压特性 …………………… 8
　　四、流体动力学 ………………………… 10
　　五、液体流动的压力损失 ……………… 12
　　六、液压冲击和汽蚀 …………………… 15
　第三节　液压元件 ………………………… 17
　　一、油泵和油马达 ……………………… 17
　　二、动力油缸 …………………………… 26
　　三、液压控制阀 ………………………… 32
　　四、辅助元件 …………………………… 45
　第四节　液压基本回路 …………………… 51
　　一、压力控制回路 ……………………… 51
　　二、速度控制回路 ……………………… 54
　　三、方向控制回路 ……………………… 57
　　四、顺序动作回路和安全回路 ………… 57
　习题 ………………………………………… 59
第二章　混合搅拌设备 …………………… 60
　第一节　概述 ……………………………… 60
　　一、用途及分类 ………………………… 60
　　二、规格表示与技术特征 ……………… 60
　第二节　基本结构 ………………………… 61
　　一、立式搅拌机 ………………………… 61
　　二、混合分散机 ………………………… 62
　　三、Z形捏合机 ………………………… 63
　　四、高速混合机 ………………………… 63
　第三节　主要零部件 ……………………… 64
　　一、立式搅拌机和卧式搅拌机 ………… 64

　　二、混合分散机 ………………………… 67
　　三、Z形捏合机 ………………………… 67
　　四、高速分散机 ………………………… 68
　第四节　主要性能参数与工作原理 ……… 69
　　一、主要性能参数 ……………………… 69
　　二、工作原理 …………………………… 70
　习题 ………………………………………… 70
第三章　开炼机 …………………………… 71
　第一节　概述 ……………………………… 71
　　一、用途与分类 ………………………… 71
　　二、规格表示与技术特征 ……………… 71
　第二节　基本结构 ………………………… 72
　　一、整体结构与传动装置 ……………… 72
　　二、主要零部件 ………………………… 74
　第三节　主要性能参数与工作原理 ……… 82
　　一、辊速、速比与速度梯度 …………… 82
　　二、接触角与横压力 …………………… 83
　　三、工作原理 …………………………… 85
　　四、容量与生产能力 …………………… 86
　　五、塑炼、混炼过程中的功率变化规律 … 86
　习题 ………………………………………… 87
第四章　密炼机 …………………………… 88
　第一节　概述 ……………………………… 88
　　一、用途与分类 ………………………… 88
　　二、规格表示与技术特征 ……………… 88
　第二节　基本结构 ………………………… 89
　　一、整体结构与传动系统 ……………… 89
　　二、主要零部件 ………………………… 91
　第三节　主要参数与工作原理 …………… 101
　　一、转子转速与速比 …………………… 101
　　二、上顶栓压力 ………………………… 102
　　三、工作原理 …………………………… 103
　　四、容量与生产能力 …………………… 105
　　五、混炼过程功率变化规律和电动机的
　　　　选择 ………………………………… 105
　第四节　其他类型密炼机简介 …………… 107
　　一、圆筒形转子密炼机 ………………… 107
　　二、三棱形转子密炼机 ………………… 108
　　三、连续混炼机 ………………………… 108
　第五节　密炼机的上下辅机(配炼系统) … 109

一、切胶机 …………………… 109
二、炭黑、粉料输送和称量系统 ……… 112
三、油料输送及称量系统 ………… 115
四、生胶及胶料的输送与称量系统 … 115
五、加硫与压片系统 …………… 116
六、胶片冷却系统 ……………… 116
习题 ………………………… 117

第五章　压延机 ……………… 118
第一节　概述 ………………… 118
一、用途与分类 ……………… 118
二、压延工作图 ……………… 118
三、规格表示与技术特征 ……… 118
第二节　基本结构 …………… 120
一、整体结构与传动系统 ……… 120
二、主要零部件 ……………… 124
第三节　主要性能与参数 ……… 134
一、辊筒直径与长径比 ………… 134
二、辊速与速比 ……………… 135
三、超前系数与生产能力 ……… 136
四、压延制品精度误差及挠度补偿
办法 ………………………… 137
第四节　压延作业联动线 ……… 142
一、纺织物帘布压延联动装置 … 142
二、钢丝帘布压延联动装置 …… 145
三、塑料薄膜压延成型联动装置 … 147
习题 ………………………… 147

第六章　螺杆挤出机 ………… 148
第一节　概述 ………………… 148
一、用途与分类 ……………… 148
二、挤出成型设备的组成 ……… 148
三、规格表示及技术特征 ……… 149
第二节　基本结构 …………… 150
一、整体结构及传动系统 ……… 150
二、主要零部件 ……………… 152
第三节　工作原理与产量分析 … 162
一、工作原理 ………………… 162
二、产量分析 ………………… 163
第四节　特型螺杆和排气挤出机 … 166
一、特型螺杆 ………………… 166
二、排气式挤出机 …………… 168
第五节　挤出联动线 ………… 171
一、橡胶挤出联动线 ………… 171
二、塑料挤出机组 …………… 172

三、纺丝联合机 ……………… 176
习题 ………………………… 177
第七章　注射成型机 ………… 179
第一节　概述 ………………… 179
一、用途与分类 ……………… 179
二、注射机的组成 …………… 181
三、注射机规格表示 ………… 181
第二节　整体结构和传动装置 … 182
一、整体结构 ………………… 182
二、螺杆传动系统 …………… 186
第三节　主要零部件 ………… 187
一、塑化部件 ………………… 187
二、合模装置 ………………… 197
第四节　工作原理和主要参数 … 208
一、往复螺杆式注射机工作原理 … 208
二、注射机的主要参数 ……… 211
第五节　注射机的液压传动和控制系统 … 218
一、注射机的传动 …………… 218
二、注射机的控制 …………… 219
三、注射机的自动化 ………… 221
四、注射机的计算机控制 …… 223
习题 ………………………… 223
第八章　液压成型机 ………… 224
第一节　概述 ………………… 224
一、用途与分类 ……………… 224
二、规格表示与技术特征 …… 224
第二节　整体结构与传动 …… 226
一、模型制品平板硫化机和液压成
型机 ………………………… 226
二、平带平板硫化机 ………… 228
三、三角带平板硫化机 ……… 228
第三节　主要零部件 ………… 230
一、液压成型机的受力分析 … 230
二、主要部件 ………………… 230
第四节　工作原理与液压系统 … 236
一、工作原理 ………………… 236
二、液压系统 ………………… 236
三、液压系统压力计算 ……… 238
第五节　生产能力 …………… 239
习题 ………………………… 240
附录 ………………………… 241
参考文献 …………………… 249

绪　论

一、高分子材料成型加工设备的历史与现状

高分子材料成型加工包括橡胶、塑料、化学纤维及其复合材料的成型加工。由于橡胶具有独特的高弹性；塑料具有质量轻、比强度高；化学纤维具有高模量、高强度等特性。它们还具有优异的电气性能和优越的化学稳定性、耐磨性、不透气性和不透水性，吸震和消声、隔声等性能。因此，橡胶、塑料、化学纤维已在国防、科技、工农业生产、交通运输、医疗卫生和日常生活方面得到极广泛的应用。在现代社会中，可以这样说，从最尖端科学到日常生活，人们已经离不开橡胶、塑料和化学纤维了。橡胶工业、塑料工业、化学纤维工业已经成为国民经济中极重要的工业部门。

高分子材料成型加工设备是指橡胶厂、塑料厂和化学纤维厂在成型加工橡胶制品、塑料制品和化学纤维制品过程中使用的工具和机器，是橡胶工业、塑料工业和化学纤维工业的重要组成部分。高分子材料成型加工设备的水平标志着橡胶工业、塑料工业和化学纤维工业生产的技术水平，它对提高产品的质量和产量、提高生产效率、降低成本和能耗、改善环境和降低劳动强度等方面起着重要的作用。

和其他工业部门相比较，橡胶工业仍属于年轻的工业部门，塑料工业和化学纤维工业则是新兴的工业部门。所以，高分子材料成型加工设备发展历史比较短，只有一百多年历史。

自从 1820 年发明了第一台人力橡胶单辊炼胶机以后，人类就揭开了橡胶成型加工和设计、制造设备的新一页。接着，1839 年开始使用橡胶硫化设备；1843 年制成了压延机用于生产；1856 年出现了柱塞式管子挤出机；1879 年制造了螺杆挤出机；直到 1916 年才有了密炼机。以后，随着高分子材料合成新品种的不断面世和应用，才逐步完善了高分子材料成型加工设备。例如，塑料注射成型机在 19 世纪中后期已出现了，它是根据金属压铸原理制造出来的，但具有较高机械化水平的第一台柱塞式注射机直到 20 世纪 30 年代才应用于生产，40 年代才将螺杆挤出机用于注射成型机的预塑化装置上，1956 年出现的往复式螺杆注射机，标志着注射成型工艺技术已发展到一个新的历史阶段。

自 20 世纪 60 年代以来，由于电子、冶金、机械、液压、仪表和自动控制等工业部门的技术进步，带来了高分子材料成型加工设备的迅猛发展和更新换代，相继出现了一批更先进的设备和配套系统，特别是电子计算机和工业电视用于控制质量和管理生产，从而将高分子材料成型加工设备推进到一个划时代的新里程。其具有代表性的主要先进设备如下。

① 自动配料、自动称量和自动投料装置。

② 高压快速、大容量、新结构的密炼机。

③ 高精度、自动测厚、自动调距的压延机。

④ 高压高速、大容量、自动注射成型机。

⑤ 自动化成型连续硫化设备（鼓式硫化机、微波硫化自动生产线）。

⑥ 自动检测、自动包装生产线。

⑦ 新技术、新能源的开发利用，如激光无损探伤检验轮胎产品，远红外线干燥和硫化等。

当前，高分子材料成型加工设备继续朝着高速、高效、自动化方向发展。

现在中国有些橡胶厂、塑料厂已拥有先进的高精度压延机、快速密炼机、冷喂料挤出

机、复合机头挤出机和定型硫化机及机组，注射量达到 32000mL 的大型塑料注射成型机，螺杆直径为 200mm 的塑料挤出机和锁模力高达 2000t 的塑料液压成型机。特别是中国改革开放以来，不少工厂引进了国外先进技术水平的设备，使中国的高分子材料成型加工设备水平有很大的提高。

但是，中国还是一个发展中国家，人口众多，工业基础薄弱。从中国的高分子材料加工厂目前总体装备水平而言，虽然与改革开放前不能同日而语，但与先进工业国家比较，仍然还存在很大的差距，尤其是自动化水平和检测技术仍较落后，造成手工劳动比例太高、劳动强度大、效率低、质量不稳定、产品成本高等。这些都是值得正视的现实，有待进一步深化改革开放、奋发图强、努力赶上世界先进水平。

二、高分子材料成型加工设备的特点和发展趋势

由于橡胶、塑料、化学纤维制品在国计民生中的重要作用以及橡胶、塑料、化学纤维制品种类的繁多，决定了其成型加工设备种类、形式的多样化和结构的复杂性。高分子材料成型加工设备的特点大致可以归纳为如下几点。

① 种类繁多，通用的少，专用的多。根据橡胶、塑料、化学纤维生产设备的种类、规格和用途的不同，目前国际上达到千余种，加上新材料的应用，新工艺的不断涌现，要求有新的设备满足工艺上的要求，因而新型成型加工设备仍层出不穷，所以通用设备始终是少数。例如，只有开炼机、密炼机、压延机、挤出机、注射机和液压成型机等为通用设备，其余则为专用设备。

② 低速重载，能耗巨大，旋转为主。无论是橡胶还是塑料、化学纤维，其成型加工过程本质上是依靠外力对高聚物施加变形功，使其变形或造型的过程。由于高聚物的物理特性，使得所消耗的能量是巨大的，而且通常又是在较低速度下进行，所以高分子材料成型加工设备配置电机功率很大，转速却很低。如开炼机因不同用途和规格配套电机功率为 5.5～380kW，而辊筒转速却只有 20r/min，辊筒产生的径向载荷达到十几吨力乃至几百吨力❶，密炼机配置的电机为 110～3000kW，而其转子转速只有 20～90r/min。

③ 参数多变，结构复杂，设备庞大。高分子材料成型加工过程，既有物理变化过程，也有化学变化过程。因成型加工工艺需要，有时要加热，有时要冷却，有时还要高的压力。有的设备如压延机、挤出机，在压延挤出成型过程需要调速以及和配套系统的传动同步；如注射机，要实施合模、开模、预塑化、注射等动作过程的机械化和自动化；又如轮胎定型硫化机，从自动装胎、定型、硫化、脱模取胎到后冷却一机完成，自动化程度相当高，所有这些都造成液压系统和气压系统复杂而庞大，而且对零部件的加工精度要求及仪表灵敏度要求极高。

④ 汽气水电，介质繁多。橡胶、塑料、化学纤维成型加工过程需要消耗大量的能量对高聚物材料加热塑化变形和造型，其能量形式包括汽、气、水、电。汽是指饱和蒸汽或过热蒸汽；气是指压缩空气；水则指过热水、高压水、低压水和冷却水；电则有交流电和直流电。此外，有的设备如液压成型机、注射成型机还单独设立液压站或液压泵，使用液压油传递动力和扭矩。在热能方面，除了电热和蒸汽以外，还有微波加热、远红外线加热等形式，这样使得高分子材料加工厂动力能源形式更加繁多。

从目前成型加工工艺方法而言，高分子材料成型加工主要设备，今后发展的方向，主要是提高精度，实现生产过程的机械化和自动化水平。其主要内容包括以下几方面。

① 改进现有机台，提高单机精度，创新和完善其配套附属设备。例如，使单项操作机

---

❶ 1 吨力=10kN。

台改进为多项操作，手工操作为主改为自动或半自动操作。关键问题是提高控制、调节诸如机台的温度、压力或辊距、转速等参数的灵敏度和准确性。

② 将现有的各种单机组成生产联动线，如采用电子计算机和工业电视控制和管理生产，实现全面质量管理和生产过程的自动化。

③ 利用科技新成就，继续研究、设计和制造各种新的成型加工设备，用以改造或更新现有的老旧设备。

三、本课程的任务和要求

本课程是高分子材料与工程专业学生的必修专业课程和主干课程，是本专业学生在完成了工程力学、机械设计基础、电工和化工原理等技术基础课和高分子化学、高分子物理等专业基础课以后，并且完成了生产实习环节的基础上学习的专业课。

目前，无论是橡胶制品厂，还是塑料制品厂或是化学纤维厂，其生产用的主要设备基本上是定型的，但也存在一个如何利用这些设备组织生产和管理，最大限度充分发挥设备的能力，以及提高生产效率、降低成本等问题。设备的类型和性能往往影响到成型加工工艺过程，要考虑到设备与工艺的相互依赖和制约的作用，根据成型加工设备现实状况制定正确的工艺条件，达到优质、高产、低成本的经济指标。

本课程的任务是：通过学习，使学生基本掌握橡胶、塑料和化学纤维工厂主要设备的类型、结构、性能、工作原理、选型、使用维护、设备配置等方面的知识，还要了解设备的技术水平现状和发展趋势等知识。

在学习本课程时，要充分运用已经学习过的基础知识，力求理论联系实际，灵活运用，将专业理论、成型工艺和成型设备紧密结合，将成型设备课学活。

高分子材料成型加工设备类型规格达千余种，不可能也无必要逐一介绍所有设备，只能选择其中最具代表性的通用设备进行讲授。本课程将重点介绍开炼机、密炼机、压延机、挤出机、注射机和液压成型机等，另外还详细介绍成型加工设备中普遍使用的液压传动基础知识。要求学生在学习时要注意在理解的基础上，着重在提高分析问题和解决问题的能力上下功夫，做到触类旁通，举一反三，达到事半功倍的效果。

第一章　液压传动基础

第一节　液压传动工作原理和特点

一、液压传动工作原理

利用具有压力能的液体为工作介质，传递能量和动力的装置称为液压传动。其工作原理如图 1-1（a）所示。

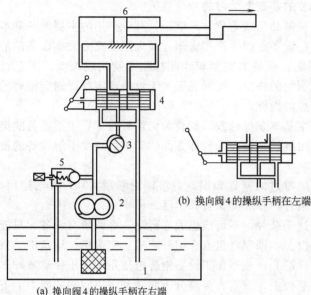

(b) 换向阀4的操纵手柄在左端

(a) 换向阀4的操纵手柄在右端

图 1-1　液压系统原理图

1—油箱；2—油泵；3—节流阀；4—换向阀；

5—溢流阀；6—油缸

电动机带动油泵 2 从油箱 1 中吸油并加压输出，输出的压力油经节流阀 3、换向阀 4 进入工作油缸 6 的左腔，使活塞向右运动。工作油缸右腔的油经换向阀 4 流回油箱 1。当换向阀操纵手柄如图 1-1（b）所示位置时，则压力油通过换向阀进入工作油缸右腔，使活塞向左运动。从工作油缸左腔排出的油经换向阀流回油箱。因此，操纵换向阀就可以很容易地实现工作机构的换向。系统的工作压力由溢流阀与根据油缸负载大小调节；工作机构的速度由节流阀 3 来调节，而溢流阀 5 使多余的油排入油箱并起安全保护作用。

二、液压传动的特点

人类很早就懂得利用流体作为动力来驱动简单机械，以代替繁重的体力劳动。然而，作为液压技术，则仅仅是最近几十年发展起来并逐步完善。因此，液压技术仍是一项新技术。由于科学技术和生产的发展，航空航天技术、运输机械、工程机械、建筑机械以及各类型工业设备都广泛地应用液压传动技术。

各行各业广泛应用液压技术，是因为其具有其他传动方式所没有的独特的以下优点。

① 液压传动与机械、电力和气动相比较，在输出同等功率的条件下，其结构紧凑，体积小，质量轻，容量大，承载能力强。液压元件已通用化和系列化。

② 采用液压传动能获得各种复杂的机械动作，便于实现自动化。

③ 可以在很大范围内实现无级调速。

④ 惯性小，动作灵敏，运动平稳，便于实现平稳和频繁换向。

⑤ 液压元件能自动润滑，改善了零件的摩擦状态，延长了使用寿命。

⑥ 能自动防止过载，保证安全，避免发生事故。

但是，液压传动也有一定的缺点，如下。

① 液压传动采用液体作为传递动力的介质，在液压元件运动表面和密封处容易产生泄漏，使系统效率降低。

② 油液的黏度随温度变化而变化，因此，温度的变化往往影响传动机构的工作性能。

③ 液压系统中油液渗入空气时，容易引发振动，影响工作质量。

④ 对液压元件的精度和质量有很高要求，加工难度大，系统发生故障时，检查排除比较困难。

但是，随着科学技术的发展，液压传动存在的缺点正在逐步得到克服，应用范围将愈来愈广。

三、液压元件的分类

液压系统由若干元件装配而成。液压元件根据其功能可以分为以下几大类。

① 动力元件　液压泵是液压系统的动力元件，其作用是将原动机的机械能转变为液压能供给液压系统。液压泵按结构分类有齿轮泵、叶片泵、柱塞泵、螺杆泵和转子泵。

② 执行元件　又称为液动机，其作用是将液压系统提供的液压能转变为机械能，拖动外部机构装置作机械运动。其结构和运动方式可分为液压马达、往复式液压缸和摆动式液压缸。

③ 控制元件　液压系统用阀作为控制元件。任何执行机构的运动都必须具有一定的力、速度和方向。这三个要素都是由阀控制的。阀可分为压力控制阀、流量控制阀和方向控制阀。

④ 辅助元件　除了上述三类元件外，其他元件均为辅助元件，它主要用于液压能的储存，油路的连接和密封，油液的滤清、加温和冷却，液压系统某些参数的显示等。

第二节　液压传动基础知识

液压传动是用油液或其他液体为工作介质传递能量的。液压系统中液体的压力、速度和温度的变化很大，油液的质量和优劣也直接影响液压系统的工作。因此有必要了解油液的物理性质和特性，掌握液体平衡和运动规律，以便正确理解液压传动的基本原理和各种现象以及液压元件的结构和性能。

一、液压油的主要物理性质

（一）油液的黏性

黏性是液体流动时表现的物理性质之一。当液体在外力作用下流动时，管壁的附着力使液体各层的运动不相同，如图 1-2 所示。另外，分子间的内聚力又使得液体内部产生内摩擦而阻止流层间的相对滑动。液体的这种性质称为黏性。表示黏性大小的物理量称为黏度。

黏性是选择液压油的主要参数，黏度的大小决定了它的流动性。因此，对液压系统的流量特性和压力损失有很大影响。如根据液压泵、阀、液压缸等元件的密封要求，油液必须具有一定的黏度，否则，黏度低使油液容易流失，而黏度过高，又会增加压力损失，降低效率，引起噪声或者使阀的动作不灵敏。

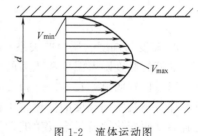

图 1-2　流体运动图

1. 黏度

黏度可用三种不同的单位表示，即动力黏度、运动黏度和相对黏度。

（1）动力黏度　动力黏度 μ 可用下式表示：

$$\mu = \frac{\tau}{\dfrac{\mathrm{d}u}{\mathrm{d}h}} \tag{1-1}$$

式中 μ——动力黏度，Pa·s；

      τ——单位面积上的内摩擦力，Pa；

      $\dfrac{\mathrm{d}u}{\mathrm{d}h}$——速度梯度，$s^{-1}$。

动力黏度的物理意义是：当速度梯度等于 1 时，相邻两液层间单位面积上的内摩擦力。动力黏度的单位为 Pa·s。

（2）运动黏度   运动黏度是指在相同温度下，液体的动力黏度与它的密度之比。

$$v=\frac{\mu}{\rho} \tag{1-2}$$

式中 v——液体的运动黏度，m^2/s；

      ρ——液体的密度，kg/m^3。

中国液压油的牌号，是以 $10^{-6}\,m^2/s$ 为单位标号的，是在温度 50℃时运动黏度的平均值。例如，10 号液压油，就是指这种油在 50℃时运动黏度的平均值是 $10\times10^{-6}\,m^2/s$。

动力黏度和运动黏度都难以直接测量，一般仅用于理论计算。工程上常采用另一种可以用仪器直接测量的黏度表示方法，即相对黏度。

（3）相对黏度   相对黏度是以液体的黏度相对于水的黏度的大小程度来表示该液体的黏度。中国采用恩氏黏度计来测定相对黏度，所以又称为恩氏黏度，用符号°E 表示。这是工程上常用的黏度单位。

恩氏黏度的测定方法是将被测油液放在恩氏黏度计中，测出某一温度下从 $\phi2.8mm$ 的小孔流出 200mL 所需要的时间，然后求出它与蒸馏水在 20℃流出相同体积所需时间的比值，即为恩氏黏度。

$$°E=\frac{t_1}{t_2} \tag{1-3}$$

式中 t_1——200mL 被测油液流过恩氏黏度计小孔所需要的时间，s；

      t_2——200mL 蒸馏水在 20℃温度下流过恩氏黏度计小孔所需要的时间，s。

温度在 t 时的恩氏黏度，用°E_t 表示，在液压传动中，一般以 $t=50$℃作为测定时的标准温度，用°E_{50} 表示。

按照乌伯洛德经验公式，恩氏黏度与运动黏度可按下式换算：

$$v=7.31°E-\frac{6.31}{°E} \tag{1-4}$$

2. 黏度与温度、压力的关系

油液的黏度随着温度和压力的变化而变化。温度升高时，油液的黏度下降，这种现象在 50℃以下比较明显，在 50～100℃时变化较为平缓。液压系统中希望采用黏温性能好的油液，即希望黏度随温度的变化越小越好。特别是对精密机械来说，这一点很重要。因为黏度随着温度而变化，流量会发生波动，使运动不平稳。

液压油种类不同，其黏度随温度变化的规律也不同。对于运动黏度不超过 76×10^{-6} m^2/s 的矿物油，温度在 30～150℃范围内时，其运动黏度可用下式近似计算：

$$V_t=V_{50}\left(\frac{50}{t}\right)^n \tag{1-5}$$

式中 V_t——温度为 t℃时油液的运动黏度，$10^{-6}\,m^2/s$；

      V_{50}——温度为 50℃时油液的运动黏度，$10^{-6}\,m^2/s$；

      t——温度，℃；

      n——指数，其值可参考表 1-1。

表 1-1 指数 n 随黏度变化的数值

$V_{50}/(10^{-6}m^2/s)$	2.5	6.5	9.5	12	21	30	38	45	52	60	68	76
n	1.39	1.59	1.72	1.79	1.99	2.13	2.24	2.32	2.42	2.49	2.52	2.56

工业上常采用黏度指数（VI）表示油液黏度变化的程度。黏度指数高，黏度随温度变化小，黏温性能好。油液的黏度指数值要求在 90 以上。

当压力增高时，油液的黏度增大。一般在 30MPa 以下时，黏度和压力差不多成线性关系，变化不大。当压力极高时，黏度会急剧增大。

（二）油液的压缩性和膨胀性

液体的密度是随压力和温度而变化的。液体受压缩后，分子间的距离缩短，密度就会增加。液体的温度增加后，分子的活动性增加，液体的体积也随之增大，密度就会减小。液体的压缩性和膨胀性就是表示液体的密度随压力和温度变化的特性。

1. 压缩性

油液压缩性的大小用压缩系数 β_p 表示，β_p 的意义是指当温度不变时，每增加一单位体积所发生的体积 V_0 的相对变化量。即：

$$\beta_p = -\frac{\Delta V}{\frac{V_0}{\Delta P}} = -\frac{1}{V_0} \times \frac{\Delta V}{\Delta P} \tag{1-6}$$

式中 β_p——压缩系数，Pa^{-1}；

ΔV——液体受压缩前后的体积变化值，m^3；

V_0——液体受压缩前的体积，m^3；

ΔP——压力变化值，Pa。

因为 $\Delta V - S\Delta P$ 的变化方向相反，压力增加时体积减小，所以式中取"—"号。

液体受压缩后的体积可由下式计算：

$$V = V_0 - \Delta V = V_0(1 - \beta_p \Delta P) \tag{1-7}$$

液体的压缩性是很小的，例如，水的体积压缩系数一般选取 $\beta_p = 4.9 \times 10^{-10} Pa^{-1}$；常用液压油的体积压缩系数 $\beta_p = (5.1 \sim 7.1) \times 10^{-10} Pa^{-1}$。

体积压缩系数的倒数称为体积弹性系数。即：

$$E_0 = \frac{1}{\beta_p} \tag{1-8}$$

式中 E_0——体积弹性系数，Pa。

水的体积弹性系数的平均值为 $E_0 = 2.04 \times 10^9 Pa$；常用液压油的体积弹性系数 $E_0 = (1.37 \sim 1.96) \times 10^9 Pa$。它们和钢的弹性系数 $E = 2.06 \times 10^{11} Pa$ 相比，还不到其 1/100，因此在一般液压传动的计算中，当压力不大（不大于 7MPa）或液体容积较小时，可以忽略液体的压缩性。但在压力较大、研究液体的振动和冲击时，就必须考虑液体的压缩性。

2. 膨胀性

液体的膨胀性的大小用体积膨胀系数 β_t 表示。它表示温度每升高 1℃，液体体积所发生的相对变化量。即：

$$\beta_t = \frac{1}{\Delta t} \times \frac{\Delta V}{V_0} \tag{1-9}$$

式中 β_t——体积膨胀系数，$℃^{-1}$；

Δt——温度变化值，℃；

ΔV——温度变化后体积的变化值，m^3；

V_0——温度变化前的体积，m^3。

因此，在温度变化为 Δt 时，膨胀后的体积为：

$$V=V_0+\Delta V=V_0(1+\beta_t \Delta t) \tag{1-10}$$

常用液压油的体积膨胀系数 $\beta_t=(8.0\sim 9.0)\times 10^4 ℃^{-1}$。

二、液压油的选择

在液压系统中，液压油是传递动力的介质，油液的性能会直接影响到液压传动的工作性能。因此，选用液压油应满足以下要求。

① 黏度适当，黏温性能好，压缩性小。

② 良好的化学稳定性，长期工作不变质。

③ 润滑性能好，防锈蚀能力强。

④ 抗泡沫性和抗乳化性能好。

⑤ 无杂质和沉淀物，不含有水溶性酸碱，对液压元件和密封装置无侵蚀。

⑥ 燃点高，低温用油要求凝点低。

在选择液压油时，黏度是一个重要因素，油液的黏度如果太高会使液压元件动作不灵，或者引起油温上升，但如果油液黏度太低，油液易从系统机构的间隙中泄漏，使系统效率降低，影响系统的压力。因油液的黏度随温度和压力而变化，所以在冬季和夏季、高压和低压时，所选用的油液黏度应不同。一般冬季选 10 号液压油，夏季选 30 号液压油，中低压时选 20~40 号液压油，高压时选 60 号液压油。

液压油在使用中应注意维护，以保证所选油的性质。不允许水分和任何杂质混入油液中。在一般情况下，液压油的更换周期为 1~1.5 年。

三、液体的静压特性

（一）液体静压力及特性

液体的静压力是指液体在静止状态下，单位面积上所承受的垂直作用力。物理上称压强，工程上称压力。

静压力的形成如图 1-3 所示。在静止液体中，取一点 A，过 A 点取一微小面积 ΔA。在 ΔA 周围的液体对 ΔA 有作用力，用 ΔF 表示，ΔF 的大小和方向与 ΔF 的位置及大小以及液体的性质有关。但是不管 ΔF 的方向如何，总可以将其分解为两个力：一个沿 ΔA 的法线方向的分力 ΔF_n；一个沿 ΔA 的切线方向的分力 ΔF_τ。

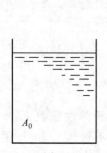
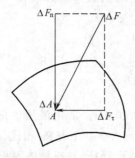

图 1-3　静压力的形成

由于液体具有流动性，因此液体在静止时是不能承受切向力的，否则液体就会流动。或者说在静止液体中，沿 ΔA 的切线方向的分力 ΔF_τ 恒等于零。因此作用于面积 ΔA 上只有沿法向的分力 ΔF_n，而液体是不能承受拉力的，所以法向力的方向只能是指向面积 ΔA。

如果液体上各点的压力是不均匀的，则液体中某一点的压力为：

$$P=\lim_{\Delta A \to 0}\left(\frac{\Delta F}{\Delta A}\right) \tag{1-11}$$

如果液体上各点的压力是均匀的，则液体的压力为：

$$P=\frac{F}{A} \tag{1-12}$$

式中　F——作用在液体上的外力，N；

P——液体的压力，Pa；

A——外力作用的面积，m^2。

液体静压力有两个重要特性：

① 液体静压力方向永远沿着作用面的内法线方向；

② 静止液体中任何一点所受到的各个方向的液体压力都相等。

液体的静压力是由液体表面受外力作用和液体的自重产生的。后者和该点离液面的距离有关。因此，静止液体中任意点的静压力应为：

$$P = P_0 + \gamma h \tag{1-13}$$

式中　P——静止液体中任意点的静压力，Pa；

　　　P_0——静止液体自由表面上的静压力，Pa；

　　　h——该点距自由表面的垂直高度，m；

　　　γ——液体的重度，N/m^3。

式（1-13）即为液体静力学基本方程。

在液压传动中，由外力引起的压力远远大于自重产生的压力，所以自重产生的压力往往可以忽略不计。

（二）静压传递原理——帕斯卡定理

由式（1-13）可知，静止液体中任何一点的压力都包含了液面上的压力 P_0，故可以得出如下结论：在静止液体中，施加于静止液体等面上的压力将以等值同时地传递到液体的内部各点。这就是静压传递原理，即帕斯卡定理。

根据帕斯卡定理及静压力的特性，液压传动不仅能进行力的传递，而且还能实现力的放大和方向的改变。如图 1-4 所示，垂直液压缸的截面积为 A_1，其活塞上作用着负载 F_1，缸内液体压力为 $p_1 = F_1/A_1$，水平液压缸的截面积为 A_2，其活塞上作用着一个推力 F_2，缸内液体压力为 $p_2 = F_1/A_2$，由帕斯卡定理得 $p_1 = p_2$，即：

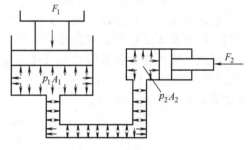

图 1-4　帕斯卡定理的应用

$$\frac{F_1}{A_1} = \frac{F_2}{A_2}$$

$$F_2 = \frac{A_2}{A_1} F_1 \tag{1-14}$$

因为 A_1 比 A_2 大得多，所以用较小的推力 F_2 就可以推动较大的负载 F_1。如果没有负载 F_1，则推动水平液压缸活塞也不能在液体中形成压力，这说明液压系统中的压力是由外界负载决定的，这是液压传动中的一个基本概念。

（三）液体压力作用在平面和曲面上的力

在液压传动中，液体压力作用在平面和曲面上的情况是常常遇到的，如图 1-5 所示。图 1-5（a）的承受压力表面是一平面。由于液体压力是均匀分布的，而且垂直作用于此平面上，所以，作用在该平面上的力 F 就等于液体的压力 p 和承压面积 A 的乘积。即：

$$F = pA = p\frac{\pi d^2}{4} \tag{1-15}$$

图 1-5（c）的承受压力表面是一曲面。由于液体压力总是垂直于承压表面，所以，作用在曲面上各点的压力都是互不平行的，在这种情况下，作用力 F 就等于液体的压力和作用力 F

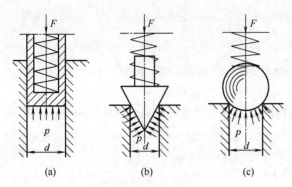

图 1-5　液体压力作用在平面和曲面上的力

方向的投影面积 A_p 的乘积。即：

$$F = pA_p = p\frac{\pi d^2}{4} \quad (1\text{-}16)$$

式中　A_p——作用力 F 方向的投影面积，m^2；

　　　d——阀座孔径，m。

图 5-1（b）的作用力计算同图 5-1（c）。

四、流体动力学

在液压传动中，油液总是不断地流动着，因此了解流动液体运动时的现象和规律是学好液压传动的基础。

（一）理想液体和稳定流动

理想液体是指一种假想的没有黏性、不可压缩的液体。这样假设给研究问题带来很大方便。因为没有黏性，在流动时不存在内摩擦力，就没有摩擦损失。

稳定流动，是指在管内流动的液体的任一点压力、速度等运动参数都不随时间变化。与此相反，流动液体任一点的压力、速度等运动参数是随时间变化的，称为不稳定流动。

（二）稳定流动的连续性方程

理想液体在管内作稳定流动时，由于假定液体是不可压缩的，即密度 ρ 是常数，液体是连续的，不可能有空穴存在，因此在管内各截面处流过的液体流量必然相等。图 1-6 为液体流过管路中的两个不同截面 1 和 2，流动截面 1 和 2 的流量 Q_1 和 Q_2 分别为：

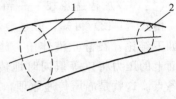

图 1-6　液体流动的连续性原理

$$Q_1 = A_1 v_1$$
$$Q_2 = A_2 v_2$$

式中　A_1、A_2——分别为截面 1 和 2 的面积，m^2；

　　　v_1、v_2——分别为截面 1 和 2 的流速，m/min；

　　　Q_1、Q_2——分别为截面 1 和 2 处的流量，m^3/min。

因为：

$$Q_1 = Q_2$$

所以：

$$A_1 v_1 = A_2 v_2 \quad (1\text{-}17)$$

或

$$\frac{v_1}{v_2} = \frac{A_2}{A_1} \quad (1\text{-}18)$$

式（1-17）和式（1-18）表明，液体在管中作稳定流动时，通过任一截面的流量是不变的。截面小的流速大，截面大的流速小，这就是稳定流动的连续性方程。

（三）欧拉运动方程

在流动的液体中，我们任意取截面为 dA，长度为 dl 的微小流束为研究对象，如图 1-7 所示。对于不可压缩的流体流束来说，任一截面上的压力和速度都是位置和时间的函数。

设入口处的压力为 p，则作用于出口处的压力为 $p + dp$，而 $dp = \frac{\partial p}{\partial l}dl + \frac{\partial p}{\partial t}dt$ 稳定流动时，$\frac{\partial p}{\partial t} = 0$，所以，出口处的压力为 $p + \frac{\partial p}{\partial l}dl$。该流速的重力为 $\rho g dA dl$，其方向垂直向下。

如果不考虑液体的黏性，根据牛顿力学第二定律，有：

$$F = m \frac{\mathrm{d}v}{\mathrm{d}t}$$

$$F = p\mathrm{d}A - \left(p + \frac{\partial p}{\partial l}\mathrm{d}l\right)\mathrm{d}A - \rho g\mathrm{d}A\mathrm{d}l\cos\theta$$

则　　$p\mathrm{d}A - \left(p + \frac{\partial p}{\partial l}\mathrm{d}l\right)\mathrm{d}A - \rho g\mathrm{d}A\mathrm{d}l\cos\theta = \rho\mathrm{d}A\mathrm{d}l\frac{\mathrm{d}v}{\mathrm{d}t}$

式中：

$$\cos\theta = \frac{\mathrm{d}z}{\mathrm{d}l}$$

又　　　　　　　$v = f(l,\ t)$

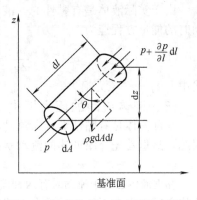

图 1-7　液体中微小流束的受力情况

则　　　　$\frac{\mathrm{d}v}{\mathrm{d}t} = \frac{\partial v}{\partial t} + v\frac{\partial v}{\partial l}$　　　　　　　(1-19)

对于稳定流动：

$$\frac{\partial v}{\partial t} = 0$$

所以：

$$\frac{\mathrm{d}v}{\mathrm{d}t} = v\frac{\partial v}{\partial l}$$

将上式代入式（1-19），并考虑到压力和速度仅是位置的函数，得：

$$v\frac{\mathrm{d}v}{\mathrm{d}l} = -\frac{1}{\rho} \times \frac{\mathrm{d}p}{\mathrm{d}l} - g\frac{\mathrm{d}y}{\mathrm{d}l} \qquad (1-20)$$

式（1-20）就是理想液体的微小流束在稳定流动时的运动方程，也称欧拉运动方程。

（四）伯努利方程

欧拉运动方程需要积分后才能实际应用，将上式对 l 进行积分，得：

$$\int v\frac{\mathrm{d}v}{\mathrm{d}l} = -\frac{1}{\rho}\int\frac{\mathrm{d}p}{\mathrm{d}l}\mathrm{d}l - g\int\frac{\mathrm{d}z}{\mathrm{d}l}\mathrm{d}l + C$$

式中　C——积分常数。

即　　　　　　　$\frac{v^2}{2} + \frac{p}{\rho} + gz = $ 常数　　　　　　　(1-21)

由于：

$$\gamma = \rho g$$

所以式（1-21）可写成：

$$\frac{v^2}{2g} + \frac{p}{\gamma} + z = \text{常数} \qquad (1-22)$$

式中　$\frac{v^2}{2g}$——单位质量液体所具有的动能；

　　　$\frac{p}{\gamma}$——单位质量液体所具有的压力能；

　　　z——单位质量液体相对基准面所具有的势能。

式（1-22）称为理想液体稳定流动时的伯努利方程，也称能量守恒方程。它的物理意义是：理想液体稳定流动时，任一截面上的三种能量形式可以相互转换，但其能量总和不变。

式（1-22）又可写成：

$$\frac{v_1^2}{2g} + \frac{p_1}{\gamma} + z_1 = \frac{v_2^2}{2g} + \frac{p_2}{\gamma} + z_2$$

由于实际液体是有黏性的，液体沿管道流动时有黏性摩擦损失等。因此实际液体稳定流动时的能量方程应为：

$$\frac{v_1^2}{2g}+\frac{p_1}{\gamma}+z_1=\frac{v_2^2}{2g}+\frac{p_2}{\gamma}+z_2+\frac{\Delta p}{\gamma} \tag{1-23}$$

式中 Δp——压力损失。

五、液体流动的压力损失

实际液体是有黏性的，在流动时产生摩擦损失，而损失的大小和液体流动的状态有关。因此，这里首先介绍液体的流动状态，再分别叙述在不同流动状态下的压力损失。

（一）流态和雷诺数

黏性液体在管中流动时有两种流动状态，即层流和紊流。层流的流线与管路的中心线平行，液体内部质点互不干扰，没有涡流存在；紊流则与此相反，液体质点的运动是杂乱无章的。

这两种流态已由英国物理学家雷诺通过实验所证实。层流和紊流的划分由雷诺数的大小来判别。雷诺数由下式表示：

$$Re=\frac{4VR}{v} \tag{1-24}$$

式中 V——平均速度，m/s；

v——液体的运动黏度，m/s；

R——水力半径，m。

$R=A/L$，A 为管道截面积，L 为湿周长度。对于半径为 r 的圆管，$R=\pi r^2/2\pi R=r/2$。

雷诺数是一个无因次数，其物理意义是液体流动时的惯性力与黏性阻力之比。雷诺数大，表示惯性力比黏性阻力大，黏性影响小。层流与紊流状态分界处的雷诺数称为临界雷诺数。

层流时，雷诺数小于临界值；紊流时，雷诺数大于临界值。

表 1-2 列出几种流道的临界雷诺数。

表 1-2 几种流道的临界雷诺数

流 道 类 型	临界雷诺数	流 道 类 型	临界雷诺数
光滑金属圆管	2000～2300	环形缝隙	1000～1100
橡胶软管	1600～2000	平板缝隙	1000

（二）黏性液体在圆管内的流动

黏性液体在直径为 d，长度为 l 的圆形截面直管中流动，如图 1-8 所示，假定液体是不可压缩的，流动是稳定的。在管子两端的压力差 p_1-p_2 作用下作层流运动。由于液体的黏性，管壁的流速为零，中心的流速最大。我们在管内取一与直管中心线相重合的小圆柱体，半径为 r，长度为 l。在该圆柱面上，液体的流速是一定的，但是它与相邻 $r+dr$ 的圆柱面之间有相对速度。因此外层作用在半径 r 的圆柱面上的切应力 τ 为：

$$\tau=-\mu\frac{dv}{dr}$$

根据作用在半径 r 的圆柱面上的平衡条件，可得：

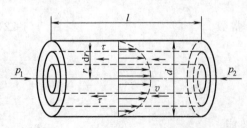

图 1-8 黏性液体在圆管内的流动

$$(p_1-p_2)\pi r^2=-\mu\frac{dv}{dr}2\pi rl \tag{1-25}$$

或

$$\frac{dv}{dr}=-\frac{p_1-p_2}{2\mu l}r$$

对上式进行积分，得：

$$v=-\frac{p_1-p_2}{4\mu l}r^2+C \tag{1-26}$$

因为在管壁处速度为零，即当 $r=R$ 时，$v=0$，则：

$$C=\frac{p_1-p_2}{4\mu l}(R^2-r^2)=\frac{\Delta p}{4\mu l}R^2$$

代入式（1-26），得：

$$v=\frac{p_1-p_2}{4\mu l}(R^2-r^2)=\frac{\Delta p}{4\mu l}R^2 \tag{1-27}$$

在管中心，$r=0$ 时，速度最大：

$$V_{\max}=\frac{\Delta p}{4\mu l}R^2 \tag{1-28}$$

液体流经直管的流量 Q，可由下式计算：

$$Q=\int_0^{\frac{d}{2}}2\pi rv\,\mathrm{d}r=\frac{\pi(p_1-p_2)}{2\mu l}\int_0^{\frac{d}{2}}r\left(\frac{d^2}{4}-r^2\right)+\mathrm{d}r=\frac{\pi d^4(p_1-p_2)d^2}{32\mu l} \tag{1-29}$$

任一截面的平均流速 v_{cp} 为：

$$v_{cp}=\frac{Q}{\frac{\pi d^2}{4}}=\frac{(p_1-p_2)d^2}{32\mu l} \tag{1-30}$$

对比式（1-28）和式（1-30）可知：

$$v_{cp}=\frac{1}{2}v_{\max}$$

黏性液体在圆直管中作层流流动时的压力损失 Δp 为：

$$\Delta p=p_2-p_1=\frac{128\mu lQ}{\pi d^4}=\frac{32v_{cp}l}{d^2} \tag{1-31}$$

（三）液体通过小孔和间隙的运动

在液压传动中，经常利用节流小孔控制液体的压力或流量。在液压元件中总有间隙存在，而间隙对液压系统的效率和正常工作有很大影响。所以，讨论液体通过小孔和间隙的流动是有其实际意义的。

1. 细长小孔

细长小孔是指小孔的长径比 $l/d>4$ 的情况，如图 1-9（b）所示。液体流经该通道一般为层流状态，因此可以应用式（1-31）求得其流量 Q。

$$Q=\frac{\pi d^4\Delta p}{128\mu l}=\frac{A^2\Delta p}{8\pi\mu l} \tag{1-32}$$

式中，$A=\frac{\pi d}{4}$ 为细长小孔的截面积。

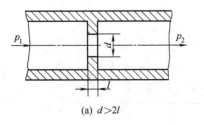
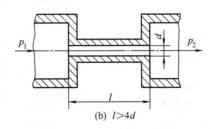

(a) $d>2l$　　　　　　　　　　(b) $l>4d$

图 1-9　通道形式

由式（1-32）可知，当 A 一定时，通过细长小孔的流量和压差成正比，和液体的黏度成反比。而黏度随温度变化，因此通过孔的流量很不稳定。细长小孔在液压系统中作为阻尼孔用于控制压力。

2. 薄壁小孔

薄壁小孔是指小孔的长径比 $l/d<0.5$，孔的边缘非常尖锐的情况，如图 1-9（a）所示。液体流经薄壁小孔时多为紊流状态。此外，液体经小孔流出，由于惯性作用使通过小孔后的液体形成一个小于小孔的收缩断面。流过小孔的流量和压力关系可用伯努利方程求得。

$$\frac{v_1^2}{2g}+\frac{p_1}{\gamma}+z_1=\frac{v_2^2}{2g}+\frac{p_2}{\gamma}+z_2$$

由于 $z_1=z_2$，v_1 比 v_2 小得多，所以 v_1^2 可忽略不计。则：

$$v_2=\sqrt{\frac{2g(p_1-p_2)}{\gamma}}$$

$$Q=A_2\sqrt{\frac{2g(p_1-p_2)}{\gamma}} \tag{1-33}$$

式中　p_1、p_2——分别为小孔前、后的压力；

　　　　v_2——小孔处的流速；

　　　　A_2——小孔的截面积。

由于液体流过薄壁小孔的流动是比较复杂的，而且液体有黏性，流经小孔后有收缩，考虑到这些情况引入流量系数 α，则：

$$Q=\alpha A_2\sqrt{\frac{2g(p_1-p_2)}{\gamma}} \tag{1-34}$$

α 值由实验求得，它和管子直径与小孔直径的比值、雷诺数等有关，一般 $\alpha=0.6\sim0.8$。

这两种小孔的流量和压差的关系曲线可以作图求得，如图 1-10 所示。

介于薄壁小孔和细长小孔的流道，其流量可用下面公式计算：

$$Q=KA\Delta p^m \tag{1-35}$$

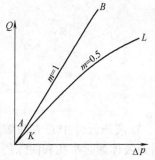

图 1-10　两种小孔流量和压差关系

式中　K——由孔的尺寸形状和液体性质决定的系数；

　　　　m——由孔径和孔长的相对大小决定（$0.5\leqslant m\leqslant1$）；

　　　　Δp——孔前后压差；

　　　　A——通流截面积。

对于薄壁小孔：

$$m=0.5,\ K=\alpha\sqrt{\frac{2g}{\gamma}}$$

对于细长小孔：

$$m=1,\ K=\frac{d^2}{32\mu l}$$

3. 环形间隙

液体元件中常有环形间隙存在，如油缸与活塞之间，阀体与阀芯之间等，如图 1-11 所示。环形间隙相对于半径和长度而

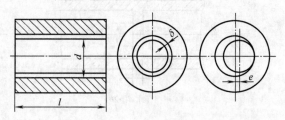

图 1-11　环形间隙

言是很小的，但是尽管很小，在压差的作用下，液体还是会流过的。液体通过环形间隙的流量可由下式计算：

$$Q=\frac{\pi d\delta^3 \Delta p}{12\mu l}(1+1.5\varepsilon^2)$$ (1-36)

式中　δ——间隙量；

　　　μ——液体的动力黏度；

　　　ε——偏心率，$\varepsilon=\dfrac{e}{\delta}$；

　　　Δp——活塞两端压差；

　　　d——活塞直径；

　　　l——活塞长度。

由上式可知，当 $\varepsilon=0$ 时，Q 最小，泄漏最小；$\varepsilon=1$ 时，Q 最大，泄漏最严重。

（四）管路中的流体的压力损失

液体在管内流动时，因为液体质点之间和液体与管壁之间产生摩擦，以及液体流过局部障碍（如阀门、弯头、管壁扩大或缩小等）时，要产生压力损失。压力损失分两种，即沿程压力损失和局部压力损失。

1. 沿程压力损失

液体沿不变截面的直管流动时，由于黏性摩擦及流态不同等原因而造成的能量损失，这种损失称为沿程压力损失。沿程压力损失 Δp_a 常用以下公式计算：

$$\frac{\Delta p_a}{\gamma}=\lambda \frac{l}{d}\times\frac{v^2}{2g}$$ (1-37)

式中　λ——管路阻力系数，与流态等因素有关。

2. 局部压力损失

当管子截面形状突然变化或流动方向改变时，不仅有黏性摩擦损失，还有液体质点重新分布或涡流造成的能量损失，这种能量损失称为局部压力损失。局部压力损失 Δp_r 常用以下公式计算：

$$\frac{\Delta p_r}{\gamma}=\xi \frac{v^2}{2g}$$ (1-38)

式中　ξ——局部阻力系数，主要通过实验得到。

液体在管内流动时，总压力损失 Δp_t 为：

$$\Delta p_t=\sum \Delta p_a+\sum \Delta p_r$$

所以，实际液体的伯努利方程为：

$$\frac{p_1}{\gamma}+\frac{v_1^2}{2g}+z_1=\frac{p_2}{\gamma}+\frac{v_2^2}{2g}+z_2+\frac{\Delta p_t}{\gamma}$$ (1-39)

六、液压冲击和汽蚀

（一）液压冲击

1. 产生液压冲击的原因及其影响

在液压系统中，由于某种原因使油液压力突然上升，产生很高的压力峰值，这种现象称为液压冲击。液压冲击产生的峰值压力往往比正常工作压力大好几倍，从而损坏液压元件、密封装置和导管，有时还会引起液压元件（如顺序阀、压力继电器等）的误动作。产生液压冲击的原因主要有以下几个。

① 液流突然截断或换向引起液压冲击。

② 运动的工作部件制动或换向时因惯性力引起液压冲击。

③ 由于液压元件的滞后动作，使系统压力不能及时调整，引起液压冲击。

2. 液流通道迅速关闭产生的压力冲击

液流通道迅速关闭时，液体流速突然降至为零。此时最前面的液体层停止运动，将动能转化为液体的挤压能，使液体压力升高，并且迅速传递到后面各层液体，形成压力波。后面各层压力波又反过来传到最前面的液体层，形成液压冲击。这种液压冲击与冲击波在导管内传播的速度有关，冲击波传播的速度越快，冲击压力越大。同时，液压冲击的程度还因通道的关闭速度不同而有所差别。通道迅速关闭而产生的液压冲击有两种情况，即完全冲击和非完全冲击。

为了减小或避免因通道迅速关闭引起的液压冲击可以考虑以下几点。

① 延长通道关闭时间，如用先导阀减缓换向阀的换向速度。

② 降低通道关闭前的液流速度，例如，在滑阀端部开缓冲槽等。

③ 缩短冲击波传播反射的时间，例如，缩短导管距离，或在距通道关闭部位较近的位置设置蓄能器。

④ 降低冲击波传播速度，如采用较大的导管直径 d，采用弹性系数 E 较大的导管材料，如橡胶导管等。

3. 运动部件制动时产生的液压冲击

高速运动的部件在制动或换向时，由于运动部件的惯性力也会引起系统液压力急剧升高。

为了减小运动部件制动时产生的液压冲击，应延长制动时所需要的时间，例如，在液压缸行程终点采用减速、节流等缓冲装置等。

(二) 空穴和汽蚀现象

液压油总是含有一些空气，其中包括溶解空气和混入空气。溶解状态的空气是均匀地溶入油液的空气，一般认为它的存在，不影响油液的黏度和体积压缩系数。在常温和 1atm (101325Pa) 下，大约有 6%～12% 的空气溶解在液压油中。混入液体中的空气，在液压油中会成为气泡其直径在 0.25～0.5mm 之间，这会对油液的黏度和体积压缩系数产生影响。混入的空气越多，黏度越低，体积压缩系数越大。这些空气吸入液压系统后，会引起颤动、冲击以及动作的不灵敏。但是当液压系统因某种原因产生低压区，并且低于空气分离压力时，溶解在液体中的空气也能分离出来而形成气泡，混杂在油液中产生气穴，使原来的油液成为不连续状态，这种现象称为空穴现象。

当气泡随着液流进入高压区时，即被高压凝缩。凝缩时液体质点以极大的速度冲入凝缩气泡的中心。完成凝缩过程时，液体质点突然停止运动，即刻将动能转变为压力能和热能，形成局部高压和高温。在气泡中心的压力可高达几百个大气压，温度可达 1000℃ 以上。这样高的压力会产生局部液压冲击、振动和噪声。这样高的温度会使接触气穴的金属表面加剧氧化腐蚀，形成麻点，甚至使表面脱落，这种现象称为汽蚀。

防止或减少液压系统中的空穴现象和汽蚀现象，办法是按以下几方面考虑。

① 减少油液中空气的含量　油液中产生气泡的原因主要有：回油管露出液面，回油将空气带入油箱形成气泡；吸油管道密封不良，吸入空气；接头、液压元件密封不良，混入空气；机械杂质附有空气，混入液体中。因此，若防止发生空穴和汽蚀现象，首先必须采取措施，避免空气混入液压系统。

② 避免液压系统产生低压和负压　油液中含有气体是产生空穴现象的根本原因，系统中产生局部低压和负压是产生空穴现象的条件，因此消除这些条件也是很必要的措施。例如，减少液压冲击并避免由此而产生的局部负压，在可能产生负压的系统中，设置补油装置等。

③ 避免液压泵系统产生的空穴现象 液压泵无论在吸油和排油的过程中，都会由于液体运动不稳定而产生压力变化。为了防止空气从油液中分离出来，必须保持液压泵吸油入口压力高于空气分离压力。如降低吸油高度、吸油速度、油液黏度及液柱惯性等。

④ 减少节流产生的空穴现象 在液压装置的管路、阀、节流孔、喷嘴等部位，当压力油从小孔或缝隙中喷流出去时，由于产生局部低压区，所以也会发生空穴现象。因此在系统设计中应尽量减少节流部位。

第三节 液 压 元 件

一、油泵和油马达

油泵是液压系统的动力元件。它将电机输入的机械能转换成液压能，向系统提供一定压力和一定流量的液压油，以满足执行元件驱动负载所需的能量。液压马达是将液压能转换为机械能的能量转换装置，是液压系统中的执行元件，它的动力来源是输入的压力油，输出的是扭矩和转速。

液压系统中所用的油泵属于容积式油泵，常见的有叶片泵、齿轮泵和柱塞泵三大类型。

（一）叶片泵和油马达

叶片泵是应用较广的一种液压泵，它运转平稳，流量均匀，排量大，噪声小，结构紧凑，体积小，工作压力一般为 7.0～15MPa，流量为 4～200L/min，容积效率可达 95％以上。但是它结构比较复杂，零件要求精度高，吸油条件和油液清洁度要求比较严格。橡胶塑料机械广泛使用叶片泵。

叶片泵有双作用式和单作用式两种。双作用叶片泵往往是定量的，而单作用叶片泵则可做成变量油泵。目前在橡胶塑料机械中所使用的叶片泵，一般是双作用叶片泵。

1. 双作用叶片泵

（1）双作用叶片泵的工作原理 双作用叶片泵的工作原理如图 1-12 所示。它由转子、定子、叶片和端盖组成。定子内表面近似于长径为 R、短径为 r 的椭圆形。转子和定子的中心重合。这种液压泵有四个均布的配油窗口，两个相对的窗口连通后分别接进出油口，构成两个吸油区和两个压油区。转子转一周，每个工作空间完成两次吸油和压油，所以称为双作用叶片泵。这种液压泵作用在转子上的液压作用力互相平衡，所以也称为卸荷式叶片泵。为了使径向力完全平衡，叶片应为双数。

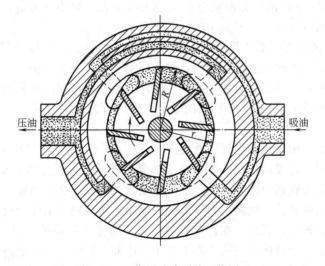

压油　　　　　　　　　　　　吸油

图 1-12　双作用叶片泵的工作原理

（2）双作用叶片泵的性能

① 双作用叶片泵的困油现象　要使叶片泵正常工作，而且保持转子在任一转角时，吸油口与压油口不能相通，要求吸油口和压油口间的封闭区域角 α_1、α_2 应该大于两叶片间的夹角 β（YB 型叶片泵 $\alpha_1 = 36°$，$\alpha_2 = 34°$，$\beta = 30°$），如图 1-13 所示。这样，两叶片在吸油腔和压油腔之间就形成了封闭容积。为了使油液经过这个封闭区域容积不发生变化，将定子中这四个区域的内表面加工成圆弧面，和转子的圆弧面相对应，而其余四个区域则是特殊曲面。但是由于加工的误差，封闭容积仍会发生微小的变化，另外，两叶片间吸入的是低压油，而转至压油口时油压升高，从而引起油压突变或产生气泡造成噪声。为了消除这种现象，在配油盘压油口的一端开有三角形的卸荷槽，如图 1-13 中所示。当相邻两叶片间的容积由低压区向高压区过渡时，封闭容积微小变化所产生的困油可通过卸荷槽与压油口相通，这就避免了压力变化突然而产生噪声等现象。

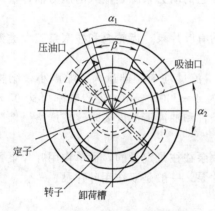

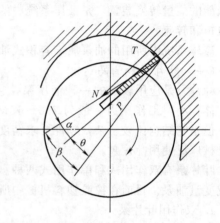

图 1-13　双作用叶片泵的困油现象　　　　　图 1-14　叶片倾斜角

② 叶片的倾角　叶片在转子中不是径向安装的，而是倾斜了一个角度，如图 1-14 所示。当叶片在压油腔工作时，定子内表面将叶片推向中心，这时作用力方向和转子半径方向的夹角是 β。如果叶片在转子中径向安装，这时压力角（作用力方向和叶片移动方向的夹角）就是 β。如果压力角过大，叶片在槽中运动的摩擦力就增大。如果叶片不是径向安装，而是倾斜一个角度 θ，这时的压力角就是 α，α 角小于 β 角，减小压力角有利于叶片的槽内运动。双作用叶片泵的叶片倾角一般为 $10° \sim 14°$。

③ 径向压力平衡问题　双作用叶片泵由于压油腔与吸油腔沿转子半径方向对称分布，因此，油液作用在转子上的压力相互抵消，转子所受径向不平衡力很小，从而改善了受力情况，减小了零件变形，提高了密封性。此外，叶片与定子内环保持紧密接触，也改善了密封性，故能承受较高的压力。YB 型叶片泵的额定工作压力为 6.3MPa。

2. 双联叶片泵

双联叶片泵是为了满足执行机构的速度变化而组成的。在橡胶塑料注射机闭模过程中，模板的移动速度是时快时慢的。快速时，要求油泵供油量大；慢速时，要求油泵供油量小。如果液压系统为了满足快速要求，采用一个大流量泵供油，那么，在慢速时势必有大量过剩的油要在高压下溢流回油箱。油液在高压下流回油箱，不仅白白消耗能量，而且还会升高油温，显然，这是不合理的。因此，在橡胶塑料机械中常采用双联叶片泵。图 1-15 为双联叶片泵结构图，它是在一个泵体内安装了两个转子，由同一根轴驱动，油路成并联形式的两个泵。泵体内有一个共同的吸油口，两个单独的压油口。两个泵的流量可以相同，也可以不同，根据需要选择。快速运动时，两个泵同时向油缸供油；慢速运动时，小泵供油，大泵卸荷（即大泵输出的油，在无负荷下直接流回油箱）。

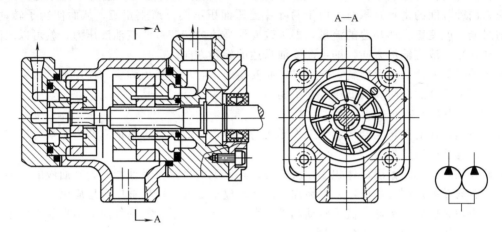

图 1-15　双联叶片泵的结构

3. 双级叶片泵

双级叶片泵也是在一个泵体内安装两个转子，由同一根传动轴驱动，但其油路成串联形式，其工作原理如图 1-16 所示。第一级油泵的出口和第一、二级油泵的进口相连，这样，第二级油泵出口压力比第一级油泵出口压力可提高一倍。如果单级油泵的压力为 7MPa，双级油泵的工作压力就可达 14MPa。设第一级油泵输出压力为 p_1，第二级油泵输出压力为 p_2，正常工作时应为 $p_1/p_2 = 1/2$。但是由于两个油泵的定子内壁曲线和宽度等不可能做得完全一样，两个单级油泵每转容量就不能完全相等。如果第二级油泵每转容量大于第一级油泵，第二级油泵的吸油压力（也就是第一级油泵的输油压力）就要降低，第二级油泵前后压差就加大，因此负载就加大。反之第一级油泵的负载就增大。此外，当外界负载发生变化时，两个油泵的负载也会发生变化。为了平衡两个油泵的负载，泵体内设有负载平衡阀。第一级油泵和第二级油泵的输出油路分别经管路 1 和 2 通到平衡阀的大端和小端，两端的面积比为 $A_1/A_2 = 2$。如果第一级油泵的流量大于第二级时，油压 p_1 就增大，使 $p_1/p_2 > 1/2$，则 $p_1 A_1 > p_2 A_2$，平衡阀被推向右，第一级油泵的多余油液从管路 1 经阀口流回第一级油泵的进油管路，使两个油泵的负载获得平衡。如果第二级油泵的流量大于第一级时，油压 p_1 就降低，使 $p_1 A_1 < p_2 A_2$，平衡阀被推向左，第二级油泵输出的部分油液从管路 2 经阀口流回第二级油泵的进口而得到平衡。如果两个泵的容量绝对相等，平衡阀两边的阀口都封闭。

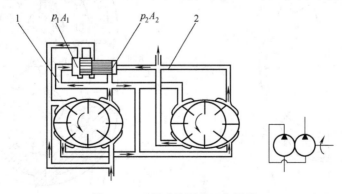

图 1-16　双级叶片泵的工作原理

1,2—管路

4. 叶片油马达

双作用叶片油马达的结构与油泵类似。图 1-17 为双作用叶片油马达的工作原理。当压力油进入两叶片间的密封容积时，由于两叶片受压面积不同，产生扭矩，从而使转子转动，输出机械能。改变输入油马达的流量，即可改变油马达的转速。改变油液压力，就可以改变油马达的扭矩。改变输油方向，即可改变油马达的旋转方向。

由于油马达要能够正反旋转，叶片是径向安装的，叶片在扭力弹簧的作用下，始终压向定子，保证油马达起动时高、低压腔互不相通。

（二）齿轮泵和油马达

齿轮泵是以成对齿轮啮合运动为工作形式的一种定量液压泵，它依靠两齿轮啮合旋转时齿间容积的变化进行工作。

齿轮泵结构简单、紧凑，体积小，质量轻，转速范围大，自吸性能好，对油液的污染不敏感，不容易咬死。同时，齿轮泵容易加工制造，成本低廉，所以被广泛地应用。

但是齿轮泵的容积率低，流量脉动和噪声大，另外，由于齿轮轴径向的不平衡力使轴承的载荷加大，所以压力提高受到限制。

按照结构的不同，齿轮泵可分为外啮合齿轮泵和内啮合齿轮泵。内啮合齿轮泵与外啮合齿轮泵比较，噪声较小，流量均匀，体积小，质量轻，但是制造精度和成本较高。内啮合齿轮泵也可分为楔块式内啮合齿轮泵和摆线转子式内啮合齿轮泵。最常用的是外啮合渐开线齿轮泵。

1. 外啮合齿轮泵

图 1-18 是外啮合齿轮泵的工作原理。一对齿数相同互相啮合的齿轮，装于壳体内，齿轮和壳体的两端面依靠端盖密封。这样将壳体内部分为左右两个密封的油腔。当齿轮按图示方向旋转时，右侧吸油腔轮齿逐渐分离，工作空间容积随之增大，形成局部真空，此时油箱中油液在大气压作用下经吸油管吸入右腔，所以此腔为液压泵的吸油腔。吸入的油液充满齿间后，随着齿轮的转动，将油液带到液压泵的左腔。因为齿轮在左腔进入啮合，工作空间的容积逐渐缩小，油液从齿间挤出，压入液压系统。所以左腔为液压泵的压油腔。齿轮不停地转动，油液便连续地经吸油腔吸入，从压油腔输出，连续提供压力油。

2. 齿轮泵的性能

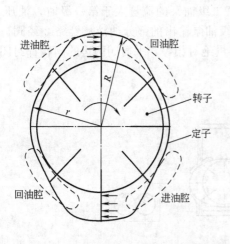

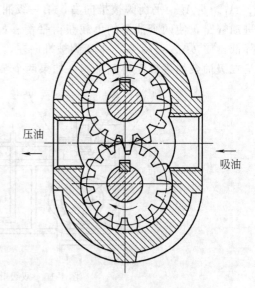

图 1-17 双作用叶片油马达的工作原理　　　　图 1-18 外啮合齿轮泵的工作原理

（1）齿轮泵的困油现象　齿轮泵要能连续正常工作，就要使吸油腔与压油腔始终隔开而不连通。因此，在前面一对齿即将脱开之前，后面一对齿必须开始啮合。在这一段时间内，同时啮合的有两对齿。这样，在齿间的油就困在这两对齿形成的封闭空间内，如图 1-19（a）所示。当齿轮继续旋转时，这个空间的容积逐渐减少，直到两个啮合点 A、B 处于节点两侧的对称位置时，如图 1-19（b）所示，空间容积减至最小。由于油液的可压缩性很小，当封闭空间的容积减小时，被困的油受到挤压，压力急剧上升，使齿轮和轴承受到很大的径向力。齿轮继续旋转，这个封闭容积又逐渐增大，直到如图 1-19（c）所示位置。当容积增大时，产生局部真空，使溶于油中的空气分离；油液也要蒸发，形成气泡，因此油泵工作时产生噪声，甚至影响工作的平稳性。由于封闭空间大小的变化，造成油液压力急剧升高和降低的现象称为困油现象。

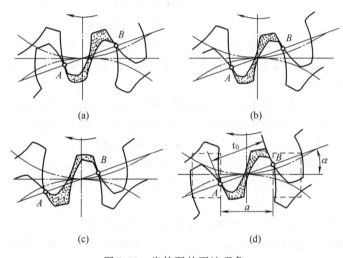

图 1-19　齿轮泵的困油现象

为了消除困油现象，CB 型齿轮泵在两侧的端盖上铣有卸荷槽，如图 1-19（d）中虚线方框所示。卸荷槽应保证在困油空间达到最小位置以前和压油腔连通，过了最小位置后和吸油腔连通，在最小位置时不能和困油空间连通。因此，尺寸 a 不能太小，否则压油腔和吸油腔连通，引起泄漏。

（2）齿轮泵的转速　齿轮泵的流量与转速成正比，转速愈高，流量愈大。但是齿轮泵的转速不能太高，因为转速太高时，油液在离心力的作用下，不能填满整个工作空间，并且对吸油腔的吸油也造成阻力，这样就会形成"空腔"现象。齿轮泵的转速也不能太低，因为油泵的泄漏量虽然基本上与转速无关，然而转速愈低，泄漏量与输油量的相对比值增大，因此，油泵的容积效率降低。当转速低于 $200\sim300\mathrm{r/min}$ 时，油泵已不能正常工作，所以，齿轮泵的转速有一定的范围。通常齿轮泵的转速为 $1500\sim1800\mathrm{r/min}$。

（3）齿轮泵的工作压力　如图 1-20（a）所示，油泵输出的油液送往油缸，油缸活塞上作用着负载 F。油泵向油缸送油时，负载阻止活塞向右移动，但是油泵内的容积变化却强迫油液进入油缸，于是，油泵出口至油缸左腔的油液受到挤压而产生压力。当油压增加到能够克服负载时，活塞便开始移动，压力也不再增加。此时，油泵的工作压力 p 为：

$$p=\frac{F}{A} \tag{1-40}$$

式中　F——负载，N；

　　　A——活塞面积，m^2。

由上式可知，负载越大，油泵出口的工作压力越大，反之，没有负载，也就没有油压。

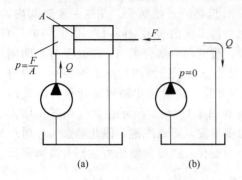

图 1-20 容积式油泵的工作压力与负载关系

图 1-20 (b) 中，油泵没有接任何负载，油液通过很短很粗的管道直接回到油箱。如果忽略管道的摩擦阻力所造成的压力损失，则油泵的出口压力近似和大气压相等。所以，容积式油泵的工作压力决定于负载。但是，油泵都有一个额定工作压力，这是指它可能承受的最大压力。额定工作压力主要取决于油泵的结构和密封性。随着压力的增加，油泵的泄漏加大，容积效率降低。因此，在一定结构和密封性的条件下，油泵可能承受的最大压力是有限的。过大的压力会造成容积效率过低，甚至损坏油泵。

齿轮泵由于相对运动零件的配合面很大，间隙不能过小，特别是齿轮端面间隙不易控制。所以，一般结构的齿轮泵密封性较差，泄漏比较严重。因而，额定作用压力也不高。CB-B 型油泵额定工作压力为 2.5MPa。

(4) 齿轮泵的径向压力和平衡措施　在齿轮啮合点的两侧，一边是压油腔油压很高，另一边是吸油腔油压很低。油压的不平衡使齿轮受到很大的径向力，此力将齿轮推向一侧，同时也作用在轴承等构件上，使磨损加大。这些都影响泵的寿命和密封性。为了减小径向压力，提高油泵的密封性和寿命，在 CB 型油泵中是用缩小压油口、减小齿轮外圆受压面积的办法来解决的。有的齿轮泵是在侧盖或座圈上开设压力平衡槽以解决压力平衡问题的。

3. 齿轮油马达

(1) 齿轮油马达的工作原理　如图 1-21 所示，P 点为两齿相互啮合的啮合点，h 为齿的高度，a 和 b 为啮合点到齿根的距离，显然，a 和 b 都小于 h。当高压油作用在齿面上时（如图中箭头所示，凡齿面两边受力平衡的部分都未用箭头表示），在两个齿轮上就各有一个使它们产生扭矩的作用力 $pB(h-a)$ 和 $pB(h-b)$，其中 p 为油压，B 为齿宽。在上述作用下，两个齿轮按图示方向回转，并把油液带到低压腔排出，实现了液压能转换为机械能的过程。齿轮油马达由于密封性较差，输入的油压不能过高，因而不能产生较大的扭矩。

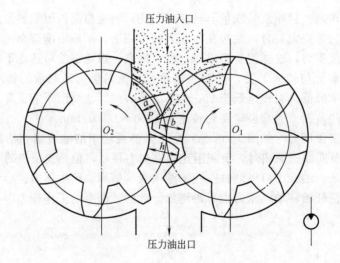

压力油入口

压力油出口

图 1-21　齿轮油马达的工作原理

（2）油马达的转速 若输入油马达的流量 Q（L/min），油马达每转理论排油量为 q_0（cm³/r），容积率为 η_v，则转速 n 为：

$$n=\frac{Q\eta_v}{q_0\times10^{-3}} \tag{1-41}$$

式中 n——油马达的转速，r/min。

（3）油马达的功率和扭矩 油马达的输入功率也就是油泵的输出功率。

油马达的输入功率 N_i 为：

$$N_i=pQ\times10^{-3} \tag{1-42}$$

式中 N_i——油马达的输入功率，kW；

p——油泵的工作压力，Pa；

Q——油泵的实际流量，m³/s。

油马达的输出功率 N_e 为：

$$N_e=2\pi Mn\times10^{-3} \tag{1-43}$$

式中 N_e——油马达输出的功率，kW；

M——油马达输出的扭矩，N·m；

n——油马达的转速，r/s。

根据能量守恒定律，油马达输出的扭矩可由下列公式求得：

$$N_i\eta_v\eta_k=N_e$$
$$PQ\times10^{-3}\eta_v\eta_k=2\pi Mn\times10^{-3} \tag{1-44}$$

式中 η_k——油马达的机械效率（$\eta_v\eta_k$ 即为总效率）；

η_v——油马达的容积效率。

由式（1-44）得：

$$M=\frac{pq}{2\pi}\eta_k\times10^{-6} \tag{1-45}$$

式中 q——油马达每转排油量，cm³/r。

从以上关系式可以看出：

① 油马达的转速与输入的油量有关；

② 油马达的输出扭矩与油压有关，当油压一定时，定量油马达的扭矩是一恒定值（因为 q 是一定值）。

上述有关公式适用于齿轮泵和油马达，也适用于其他定量容积式油泵和油马达。

以上所介绍的双作用叶片泵和齿轮泵都是定量油泵，输油率不可调节，而且额定工作压力还不够高，这对于锁模力较大的橡胶塑料注射机是不能满足要求的。以下介绍额定工作压力较高，输油率可以调节的柱塞式变量油泵。

（三）柱塞泵和油马达

1. 径向柱塞泵和油马达

图 1-22 为径向柱塞泵的工作原理。转子 3 上有沿径向均匀设置的柱塞 1，转子由电动机带动连同柱塞一起旋转，柱塞靠离心力（或在低压油作用下）压紧在定子 2 的内壁上。当转子作顺时针方向旋转时，由于定子和转子间有偏心距 e，柱塞转到上半周时向外伸出，油缸的密封容积逐渐增大，产生局部真空，经过衬套 5（衬套是压紧在转子内，并和转子一起旋转）从配油轴 4 的上半部吸油腔吸油；当柱塞转到下半周时，定子内壁将柱塞向里推，密封容积又减小，压力油通过配油轴的下半部压油腔排油。若移动定子 2，改变偏心距 e 时，排油量也改变，这就是单向径向柱塞变量油泵的工作原理。如果偏心距可以从正值变为负值，

则排油方向也将改变，这就成为双向径向柱塞变量油泵。

从径向柱塞泵的结构可以看出，柱塞与油缸是圆柱面配合，易于制造，且可保证很高的配合精度，密封性好。所以，容积效率和工作压力都较前面两种泵高，一般额定工作压力为 $10\sim20$MPa，容积效率达 95%。

径向柱塞泵反过来将压力油通入泵中，在压力油的作用下，可以使转子旋转，输出机械能，这样便成为油马达。它的工作原理如图 1-23 所示，转子的中心为 O_1，定子的中心为 O_2。设输入油缸中油液的压力为 p，则压力油作用在柱塞底部的力 F_0 为：

$$F_0 = \frac{\pi d^2}{4} P$$

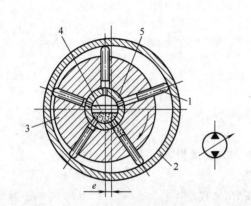

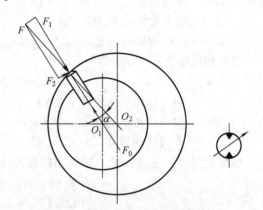

图 1-22　径向柱塞泵的工作原理　　　　图 1-23　径向柱塞油马达的工作原理
1—柱塞；2—定子；3—转子；4—配油轴；5—衬套

在压力油的作用下，柱塞给定子内壁一个作用力，定子内壁给柱塞顶端一个反作用力。设反作用力为 F，F 作用的方向是沿着柱塞和定子接触的法线方向，也就是作用线通过定子的中心 O_2。F 可以分解成两个分力，分力 F_1 与柱塞的中心线平行，和油液的作用力 F_0 相平衡；另一分力 F_2 垂直于转子半径，产生扭矩，使转子按顺时针方向回转。

如不计柱塞顶部和定子之间的摩擦力，则 F_2 为：

$$F_2 = F_1 \tan\alpha = \frac{\pi}{4} d^2 p \tan\alpha \tag{1-46}$$

式中　α——F_1 和 F_2 的夹角。

这个柱塞所产生的瞬时扭矩 $M_{瞬}$ 为：

$$M_{瞬} = F_2 r = \frac{\pi}{4} d^2 p \tan\alpha r \tag{1-47}$$

式中　r——F_2 至 O_1 的距离。

由于 α 和 r 随转子的旋转而变化，并且压油工作区有好几个柱塞，在这些柱塞上所产生的扭矩都使转子回转，并输出扭矩，因此，油马达输出的扭矩是一个平均值。

2. 轴向柱塞泵和油马达

轴向柱塞泵与油马达的柱塞是轴向排列的。因此，它除了具有径向柱塞泵的良好密封性和容积效率高等优点外，结构比较紧凑，尺寸小，质量轻，噪声小。图 1-24 为 CY14-1 型手动变量轴向柱塞泵的结构图。传动轴 5 通过轴承 7、8 支撑在前泵盖上，并且通过轴端花键和缸体 3 连接，带动缸体旋转。有 7 个小油缸均布在缸体上，柱塞 4 就装在其中。柱塞端部装有滑靴 10，用定心弹簧 15 通过内套 14、钢球 12 和回程盘 2，将滑靴紧压在与轴线成一定倾斜角度的斜盘 1 上，斜盘插到变量活塞 16 的销钉 13 上。缸体用定心弹簧，通过外套 11

压在配油盘 6 上，另一端通过轴承 9 支撑在泵壳上。当轴带动缸体旋转时，柱塞也随着一同旋转，由于滑靴被回程盘压在斜盘上，故柱塞在旋转的同时作往复运动，完成吸油和压油的工作，液压油通过配油盘与进油管和排油管相通。调节手轮 19 使螺杆 17 旋转，带动变量活塞 16 上下移动，并通过销钉使斜盘绕钢球转动，从而改变了斜盘的倾角。改变斜盘的倾角就改变了柱塞的往复行程，改变了输油量。定量轴向柱塞泵的斜盘是固定不动的。因此，它的输油量是一个定值。变量轴向柱塞泵的斜盘还可通过其他方式来改变倾角，如压力补偿和伺服变量等。

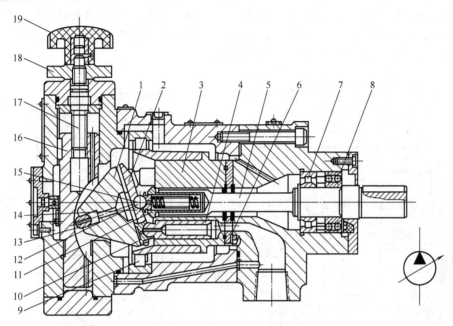

图 1-24 CY14-1 型手动变量轴向柱塞泵的结构

1—斜盘；2—回程盘；3—缸体；4—柱塞；5—传动轴；6—配油盘；7～9—轴承；10—滑靴；11—外套；
12—钢球；13—销钉；14—内套；15—定心弹簧；16—变量活塞；17—螺杆；18—螺母；19—手轮

轴向柱塞泵具有可逆性，当通入压力油时就可以作液压马达使用。它的工作原理如图 1-25 所示。当柱塞处于压力油腔的位置时，柱塞在液压力作用下抵住斜盘并给柱塞以反作用力 N，其作用力可以分解为轴向分力 P 和向下的分力 T。对于缸体，向下力 T 还可以分解为切向分力 M 和径向分力 P'。切向分力 M 与柱塞分布半径的乘积就是构成使缸体旋转的转矩。所有处在压力油腔的柱塞都产生这样的转矩，并驱动缸体旋转。斜盘倾角 γ 的变化不

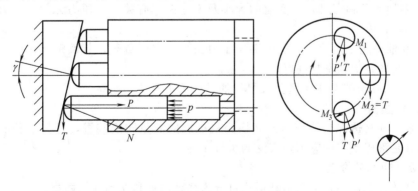

图 1-25 轴向柱塞液压马达的工作原理

仅影响液压马达的扭矩，而且影响它的转速。斜盘倾角越大，产生的扭矩就越大，转速就越慢。

轴向柱塞液压马达的分类与轴向柱塞泵相同，它也可分为直轴式和斜轴式，直轴式又可分为点接触式和滑履式。

3. 曲轴柱塞泵

如图 1-26 所示，曲轴 1 通过偏心套 2 和销轴 3 带动柱塞 4 在油缸 5 中作往复运动。由于油缸内容积发生变化，因而吸油、压油。吸油时，油液从吸油口进入，通过进油阀 6（用销子限位）到油缸中。压油时，油液顶开排油阀 7（用螺钉限位）而从排油口输出。为增加排油量并使其均匀，该泵有三个柱塞缸，并使曲轴的曲拐呈 120°等角均布。该泵的工作压力很高，可达 40MPa，流量范围为 2.5～100L/min。

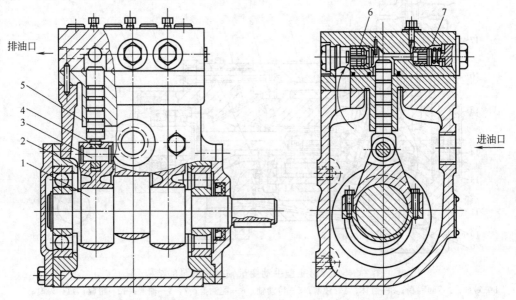

图 1-26 曲轴柱塞泵的结构
1—曲轴；2—偏心套；3—销轴；4—柱塞；5—油缸；6—进油阀；7—排油阀

本节介绍的几种油泵和油马达，其工作原理都是利用密封容积的变化完成吸油和压油任务的。凡是利用这种方式进行工作的油泵和油马达，称为容积式油泵和油马达，它们具有以下的共同特性。

① 理论输油率只和密封容积变化的大小及变化频率有关，与压力无关。压力仅通过泄漏影响实际的输油率。

② 油泵和油马达在运转中，实际工作压力完全决定于负载，其额定工作压力的大小主要决定于泵本身的结构和密封性好坏。

表 1-3 和表 1-4 分别列出了各类油泵、油马达的主要技术性能。

二、动力油缸

动力油缸与油马达都是将液压能转换为机械能的能量转换装置，是另一种形式的液动机。动力油缸是液压系统中应用最广泛的执行元件。

（一）动力油缸的分类

动力油缸的种类很多，按其运动形式可分为移动油缸和摆动油缸两类。

1. 移动油缸

表 1-3 各类油泵的技术性能

性能 \ 类型	双作用叶片泵	齿轮泵	柱塞泵
额定压力/MPa	7.0～21	2.5～17.5	7.0～35
最高转速(入口为大气压)/(r/s)	34～66	30～116	10～100
容积效率/%	80～95	80～90	93～98
总效率/%	75～85	65～80	85～95
能否变量	不能	不能	能
自吸能力	真空度不能太大	允许较大真空度	最好在液面下工作
连续运转允许油温/℃	65	65	65
对油中杂质的敏感性	敏感	不敏感	最敏感

表 1-4 各类油马达的技术性能

性能 \ 类型	齿轮油马达	叶片油马达	轴向柱塞油马达
压力范围/MPa	10～14	6	32
扭矩范围/N·m	17～330	10.8～70	17.3～2100
最高转速/(r/s)	10～50	17～50	17～50
最低转速/(r/s)	2.5～7	2	0.5～0.8
机械效率/%	80～85	85～95	90～95
制动性能	差	较差	好
噪声/dB	62～80	70～90	70～85

移动油缸是缸体与活塞作相对往复直线运动，其行程是有限的。移动油缸又可分单作用油缸和双作用油缸。单作用油缸是液压油只能推动活塞（或缸体）向一个方向运动，活塞（或缸体）的反方向运动则靠外力或自重来实现。双作用油缸是液压油对活塞的两个方向运动都起作用。

（1）柱塞式油缸 图 1-27 是柱塞式油缸结构图。

它由缸体、柱塞和缸口密封装置等零件组成。这是一种单作用油缸，仅能从一个方向加压。若缸体固定，当向油缸输入压力油时，在油压作用下将柱塞向上推起。柱塞的退回运动则靠自重或外力（如回程油缸或弹簧力等）来实现，油缸内的油液从原先的进油管道排回油箱。

柱塞式油缸柱塞的推力：

$$P=pA=\frac{\pi}{4}D^2p \qquad (1-48)$$

式中 P——柱塞的推力，N；
A——柱塞的有效作用面积，m^2；
p——油缸的工作压力，Pa；
D——柱塞的直径，m。

柱塞的运动速度：

$$v=\frac{Q}{A}=\frac{4Q}{\pi D^2} \qquad (1-49)$$

式中 v——柱塞的运动速度，m/s；
Q——输出油缸的流量，m^3/s。

若流量 Q 的单位采用 L/min 时，则上式变为：

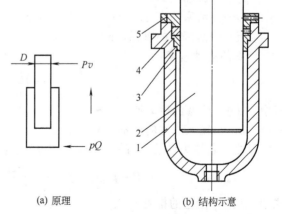

(a) 原理 (b) 结构示意

图 1-27 柱塞式油缸结构

1—缸体；2—柱塞；3—导向套；4—密封圈；5—端盖
（D 为柱塞直径；P 为柱塞的推动力；v 为柱塞的运动速度；p 为油缸的工作压力；Q 为输入油缸的液压油流量）

$$v = \frac{4Q}{6\pi D^2} \times 10^{-4} = \frac{2Q}{3\pi D^2} \times 10^{-4}$$

（2）双作用活塞式油缸　图 1-28 是常用的双作用活塞式油缸结构图。它的特点是仅在油缸的一腔中有活塞杆，这样油缸两腔的有效作用面积是不相等的，活塞杆直径越大，有效作用面积相差越大。因此，在两腔分别输入同样流量的压力油时，活塞的往复运动速度是不相等的；在供油压力为一定时，作用在活塞两侧的轴向力也不相等。

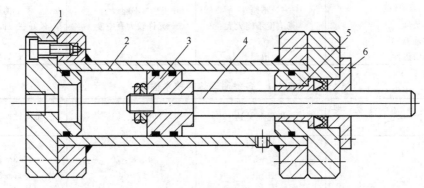

图 1-28　双作用活塞式油缸结构
1—端盖；2—缸体；3—活塞；4—活塞杆；5—导向套；6—密封圈

这种油缸用于直接驱动运动部件时，活塞的行程等于工作行程。在工作行程时，压力油输入无杆腔，能产生较大的推力；回程时，压力油输入有杆腔，能产生较快的回程速度，以满足工作行程时要求推力大而速度慢，而回程时要求速度快而推力小的需要。

若油缸固定，当压力油输入无杆腔时，有杆腔为回油腔，作用在活塞上的推力为：

$$P = p_1 A_1 - p_2 A_2 = \frac{\pi}{4} D^2 (p_1 - p_2) + \frac{\pi}{4} d^2 p_2 \qquad (1\text{-}50)$$

式中　P——油缸活塞的推力，N；

　　p_1——油缸的工作压力，Pa；

　　A_1——无杆腔的活塞有效作用面积，m^2；

　　A_2——有杆腔的活塞有效作用面积，m^2；

　　p_2——回油压力，Pa；

　　D——活塞的直径，m；

　　d——活塞杆的直径，m。

活塞的运动速度：

$$v = \frac{Q}{A_1} = \frac{4Q}{\pi D^2} \qquad (1\text{-}51)$$

式中　v——活塞的运动速度，m/s；

　　Q——输入油缸的流量，m^3/s。

反之，若压力油输入有杆腔时，则无杆腔为回油腔，这时作用在活塞上的推力为：

$$P = p_1 A_2 - p_2 A_1 = \frac{\pi}{4} D^2 (p_1 - p_2) - \frac{\pi}{4} d^2 p_1 \qquad (1\text{-}52)$$

式中　P——活塞的推力，N。

活塞的运动速度：

$$v = \frac{Q}{A_2} = \frac{4Q}{\pi (D^2 - d^2)} \qquad (1\text{-}53)$$

式中　v——活塞的运动速度，m/s。

（3）快速油缸　为了缩短机器的空程运行时间，通常采用两种方法：一是加大输入油缸的流量；二是减小空程时油缸活塞的有效作用面积。快速油缸就是单独采用第二种方法，使活塞快速运动，从而提高机器的生产率。

如图 1-29 所示为快速油缸结构简图。它是由一个大的双作用活塞式油缸（主缸）和一个小的单作用活塞式油缸（快速油缸）组成。大活塞 1 中部的孔是小的单作用活塞式油缸的缸体，即作为快速油缸。大活塞能在具有密封的快速油缸的小活塞 2 上移动，小活塞杆固定在主缸的缸底上，因而结构紧凑。当活塞空程向前时，油泵压力油仅从 a 口输入到快速油缸，使大活塞 1 快速前进，此时主缸的 A 腔产生真空，由充液系统对它进行充液，即 b 口从油箱吸油，c 口与油箱接通，进行回油。当大活塞前进中遇到阻力，管道中压力油的压力升高到一定值时，通过液压系统回路的控制，使充液系统关闭，停止充液。与此同时油泵压力油作用在整个大活塞 1 的面积上，使其转入低速工作行程。回程时油泵压力油进到主缸 c 口。推动大活塞作回程运动，同时充液系统打开，主缸 A 腔的油通过充液系统回油；快速油缸内的油通过 a 口排回油箱。利用快速油缸，可在同样的油泵条件下，使大活塞获得两种前进速度、两种前进推力。

（4）增压油缸　在增压系统中，如果个别执行机构需要的油压大大超过系统所用油泵的额定压力时，可不增设高压油泵，而用增压油缸（或增压器）来获得较油泵压力高得多的油压力。

如图 1-30 所示为增压油缸结构简图。它是由一个活塞式工作油缸（图的右端）和一个活塞式增压缸（图的左端）组合而成。

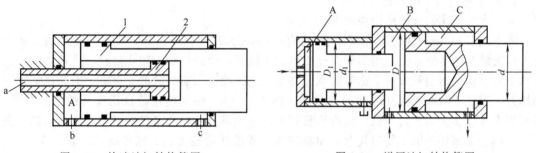

图 1-29　快速油缸结构简图
1—大活塞；2—小活塞

图 1-30　增压油缸结构简图

增压缸的工作原理是当油泵压力油输入到工作缸油腔 B 时，压力油推动工作活塞向右运动，油腔 C 的油回油箱，这时油腔 B 内的压力等于油泵的工作压力，故增压前工作活塞的推力和速度分别为：

$$P = \frac{\pi}{4} D^2 (p_1 - p_2) + \frac{\pi}{4} d^2 p_2$$

$$v = \frac{4Q}{\pi D^2}$$

当工作活塞行程接近终止时，工作活塞运动的阻力增大，系统油压随着增高。油压增高到超过液压回路中控制阀所调定的压力值时，油泵一方面停止向工作缸油腔 B 供油，另一方面将压力油输入到增压油缸的油腔 A，利用增压活塞两端的承压面积差，使增压活塞向右运动，压缩被封闭在油腔 B 内的油液，从而实现增压。增压后工作活塞的推力和速度分别为：

$$P_{增压} = KP = \frac{D_1^2}{d_1^2} P \qquad\qquad (1-54)$$

式中　$P_{增压}$——增压后工作活塞的推力，N；

K——增压比，一般 $1 < K \leqslant 5$；

D_1——增压活塞大端直径，m；

d_1——增压活塞小端直径，m。

$$v_{增压} = \frac{4Q}{\pi D^2} \times \frac{1}{K} = \frac{v}{K} \tag{1-55}$$

式中 $v_{增压}$——增压后工作活塞运动速度，m/s。

从式（1-54）、式（1-55）可以看出，增压后工作活塞的推力增加了 $(D_1/d_1)^2$ 倍，但其速度亦相应地降低了，这样当采用增压油缸后，工作活塞前进时就具有两种压力和两种速度。一般限于油缸的长度，工作活塞的高压行程比较短，所以这种增压油缸仅用于要求工作行程终端产生高压力的场合。

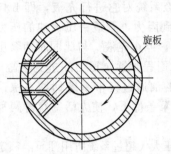

图 1-31 摆动油缸的工作原理

2. 摆动油缸

摆动油缸是缸体和旋板作相对的摆动，压力油由旋板一面进入缸体，推动旋板作旋转运动，从旋板的另一面回油。改变油缸进回油方向则可以改变旋转油缸的旋转方向。其摆动的角度一般小于 360°，如图 1-31 所示。由于它是将压力能转换为旋转运动，所以也称摆动油马达。

（二）动力油缸的结构

1. 活塞部分的结构和密封装置

油缸常用活塞部分的结构如图 1-32 所示。

图 1-32（a）中为使用 Y 形橡胶密封圈的双向密封结构。导向套 3 和 Y 形密封圈 2 从两个方向安装在活塞杆 6 上，用螺母 5 经支承圈 4 锁紧，用开口销 1 防止松脱。这种结构无论活塞正向或反向运动只有一个密封圈承受高压，高压油进入油缸通过支承圈上的孔道将密封圈撑开，保证了活塞和油缸之间的密封性。图 1-32（b）中为使用铸铁活塞环的密封装置。其密封寿命较非金属密封圈长，结构比较简单，它是靠金属弹性变形的张力压紧在油缸 2 表面上。由于活塞环 1 加工制造复杂，油缸内表面要求的粗糙度低、精度高，所以，在高压、高速情况下才用。图 1-32（c）中为用微小间隙密封的情况，多用于小型油缸以及阀体和阀芯的密封，它的密封性能与间隙 1 的大小、间隙两端压差、配合表面的长度和直径以及加工质量有关。优点是摩擦力小，动作灵活，但加工精度要求高，需要配研间隙。为了避免径向间隙不均匀而产生压力偏移，往往在活塞的配合面上开有平衡槽 2。还有用 O 形密封圈的密封结构，O 形密封圈是用耐油橡胶制成，这种密封装置结构简单，工作可靠，摩擦阻力小，使用方便，在液压传动中应用很广。当油压在 10MPa 以下时，可直接在油缸和活塞之间作

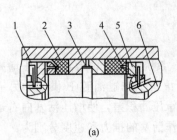
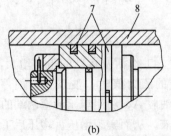
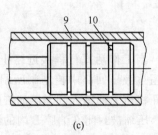

(a)　　　　　　　　　(b)　　　　　　　　　(c)

图 1-32　活塞部分的结构和密封

1—开口销；2—Y 形密封圈；3—导向套；4—支承圈；5—螺母；6—活塞杆；
7—活塞环；8—油缸；9—间隙；10—平衡槽

密封用。

2. 缸口部分的结构

缸口部分一般由密封圈、导向套、防尘圈和锁紧装置等组成，如图 1-33 所示。由于缸孔和活塞杆直径的差值不同，故缸口部分的结构也有所不同。图 1-33（a）中适应于油缸孔直径 D 和活塞杆 d 差值较小的情况。导向套 3 装在外端，用它引导活塞运动方向。导向套由锁紧螺母 2 锁紧，防尘圈 1 装在最外端，里面压着毛毡以便防尘。图 1-33（b）中适应于油缸孔直径与活塞杆直径差值较大的情况，缸口设计为双层结构，采用多层 V 形密封圈密封，密封可靠，但摩擦阻力较大。

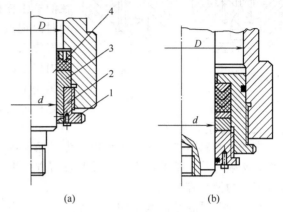

图 1-33 缸口部分的结构
1—防尘圈；2—锁紧螺母；3—导向套；4—密封圈

3. 缸底部分的结构和缓冲装置

缸底结构通常有平底、圆底、整体和可拆式等几种形式，如图 1-34（a）、（b）、（c）所示。图 1-34（a）中为平底整体结构，平底结构具有易加工、轴向长度短、结构简单等优点。

所以，目前整体结构中大多采用平底整体结构。图 1-34（b）中为圆底整体结构，它相对于平底来说受力情况较好，如用整体铸造成型，圆形缸底有助于消除过渡处的应力集中。图 1-34（c）中为可拆缸底。整体缸底的缺点是缸孔加工工艺性差，更换密封圈时，活塞不能从缸底方向拆出。可拆缸底则没有这个缺点，装拆活塞或更换密封圈也较方便。

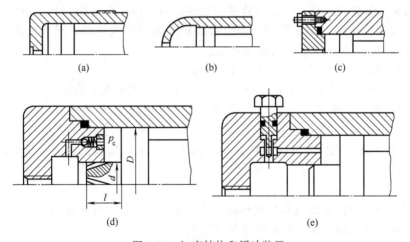

图 1-34 缸底结构和缓冲装置

在活塞与缸底或缸口的地方，有时增设缓冲装置，以消除活塞快速运动到极限位置时的机械冲击。常用的缓冲装置如图 1-34（d）、（e）所示。图 1-34（d）中为在活塞端部做一个直径为 d、长为 l 的缓冲活塞，活塞外圆柱面上开有四条三角形节流沟槽。当活塞进入缸底孔时，外环形面积的排油只能经节流沟槽溢出，因此造成背压 p_c，以抵消由于活塞和运动零部件产生的惯性力，达到减速的目的。为了使活塞正向起动迅速，设置了一个钢球式单向阀。图 1-34（e）中为利用节流阀调节其缓冲制动的，它比图 1-34（d）中在缓冲活塞上开节流沟槽灵活性较大。

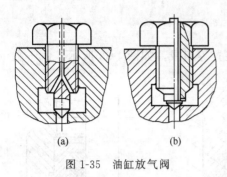

（a）　　　　　（b）

图 1-35　油缸放气阀

4. 油缸的放气装置

油缸在装配后或系统内有空气进入时，使油缸内部存留一部分空气，常常不易及时被油液带出。这样，在油缸工作过程中由于空气的可压缩性，将使活塞运动时出现振动。因此，除在系统采取密封措施、严防空气侵入外，常在油缸两腔最高处设置放气阀，排出缸内残留的空气，使油缸稳定地工作，放气阀的结构如图 1-35（a）、（b）所示。打开放气阀，油缸内的气体即可通过锥形阀芯，从阀的中心孔排出。

三、液压控制阀

在橡胶塑料机械的液压系统中，为了保证各执行机构按照工艺动作循环、平稳和协调地工作，必须对液压油的压力、流量和液流方向进行调节和控制，这类执行控制和调节的液压元件统称为液压控制阀。

根据控制阀在液压系统中所起作用，可分为以下三大类。

① 压力控制阀　压力控制阀是用以控制液压系统中液体的压力。通过它控制执行机构的作用力、防止系统超载以及使油泵卸荷。这类阀包括溢流阀、减压阀、顺序阀、安全阀、背压阀等。

② 流量控制阀　流量控制阀是用以控制液压系统中液体的流量。通过它控制执行机构的运动速度。这类阀包括节流阀、调整阀等。

③ 方向控制阀　方向控制阀是用以控制液压系统中液体的流动方向或液流的通与不通。通过它控制执行机构的起动、停止和运动方向等。这类阀包括单向阀和各种换向阀。

按其连接方式分，又可分为管式连接、板式连接和法兰连接三类。管式连接实质就是螺纹连接，管接头直接拧在阀体上。板式连接是用螺纹将阀固定在油路板上，油路板代替了管路。由于油路板结构紧凑，安装简便，所以目前较多采用板式连接。对于流量特别大的阀（大于 300L/min 以上），通常都采用法兰连接。

中国液压控制阀已经标准化，分为以下三个系列。

① 中低压系列，其额定压力为 6.3MPa，主要用于机床液压系统。

② 中高压系列，其额定压力为 6.3～21MPa，主要用于工程机械、中小型橡胶塑料机械、农业机械等。

③ 高压系列，其额定压力为 32MPa，主要用于大型橡胶塑料机械、液压机、工程机械和锻压机械等。

（一）压力控制阀

压力控制阀是根据液体压力和弹簧平衡的原理来控制液压系统的压力的。只要调节弹簧的预紧力的大小，就可以调节被控制的液体压力的大小。

1. 直动式溢流阀

直动式溢流阀的工作原理如图 1-36 所示。系统压力油经阻尼孔 5 作用在阀芯 3 的下端。当作用在阀芯下端的液压作用力小于弹簧 2 的作用力时，阀芯封住阀口，系统压力 p 取决于负载大小。当系统压力升高，使阀芯下端的液压作用力大于弹簧力时，阀芯上移，阀口打开，系统中部分油液经阀口溢流回油箱，系统压力不再升高，阀芯在液压力和弹簧力的作用下处于平衡位置。若系统压力继续升高，阀芯将继续上移，阀口再开大，使溢流量增多，直至阀芯处于新的平衡位置，从而保持系统有恒定的压力。因此，在溢流阀工作时，必须有一部分流量经阀口溢流回油箱，这样才能起到定压作用。这是溢流阀的主要特征之一，也是溢流阀名称的由来。阻尼孔 5 的作用是避免阀芯移动过快而造成振动，以提高阀工作的平稳性。

直动式溢流阀一般用于流量不大、压力不高的情况。当流量较大、压力较高时，与油压相平衡的弹簧力相应加大，弹簧尺寸也要增加，从而使阀的体积增大。此外，工作稳定性较差，噪声大。因为当溢流阀开始溢流时，阀芯抬起的高度不大，弹簧压缩量较小，这时打开阀口所需的油压也较小；当溢流量增加、阀芯抬起的高度较大时，弹簧的压缩量增大，这时打开阀口所需的油压也增大，所以，采用直动式溢流阀调节系统的压力时，其压力值波动较大，容易产生振动和噪声，而且由于弹簧力较强，调节也不方便。

2. YF 型先导式溢流阀

图 1-37 为 YF-B20B 型先导式溢流阀。YF 表示溢流阀，B20 表示阀是板式连接，公称通径为 20mm，B 表示工作压力在 0.5～7MPa。图中油腔 2 与主油路相连，油腔 1 与油箱相连，油腔 2 经阻尼孔 7 和油腔 3 相连，油腔 3 和油腔 5 又经通道 6 相连。在一般情况下，遥控口是切断的。当油路中的油压小于所调定的压力（由手轮调节）时，锥阀关闭，油液在阀内处于静止状态，各腔的油压都相等，而且等于油路中的油压，此时主阀芯在弹簧力的作用下压在阀座上，切断了油腔 2 和油腔 1 的通路。当油路中油压超过调定值时，油压作用下锥阀的力大于调压弹簧的力，将锥阀推开，压力油经阻尼孔 7、油腔 3、通道 6、油腔 5，通过锥阀和主阀芯中心孔流回油箱。在流动时，由于阻尼小孔的作用产生压力降，使油腔 3 中的油压低于油腔 2 中的油压。当油压之差增至足以克服主阀芯上的弹簧力时，主阀芯抬起，从而沟通了油腔 1 和油腔 2，压力油便部分流回油箱，使系统油压下降。待油压下降到略小于调定值时，锥阀又重新被调压弹簧压下，油腔 3 中的油压又逐渐升高到与油腔 2 中油压相等。此时油腔 3 中的油压和弹簧的作用力又将主阀芯压下，切断了油腔 1 和油腔 2 的通路，主油路的油压也升高，直到略大于调定的压力值时，再重复上述过程。

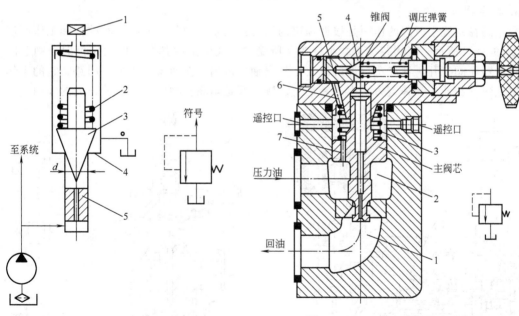

图 1-36 直动式溢流阀的工作原理
1—调压螺帽；2—调压弹簧；3—阀芯；
4—阀体；5—阻尼孔

图 1-37 YF-B20B 型先导式溢流阀
1～5—油腔；6—通道；7—阻尼孔

用手轮调压的锥阀部分称为先导阀。因此，这种溢流阀称为先导式溢流阀。从它的工作原理可知，压力油主要是通过油腔 1 溢流回油箱，通过锥阀的流量很小，调节压力的先导阀只起一个引导溢流发生的作用。所以，先导阀的体积和调压弹簧的尺寸都很小。因而压力调定值的波动范围较直接作用式小，稳定性也好。但由于压差的传递延长，动作的灵敏性较差。当溢流阀的遥控口接通油箱时，主阀芯始终被顶开，油泵卸荷。

3. 安全阀

安全阀和溢流阀的结构和工作原理基本上是一样的，所以其符号也相同。由于它们在系统中所起的作用不同，弹簧所调的压力也不同。用作安全阀时，将调压弹簧调到允许超载极限压力（一般比系统最大工作压力高 8%～10%）。正常工作时阀是关闭的。只有当压力超过所调的极限压力时，阀才打开，压力油才流回油箱。

4. 减压阀

减压阀是用来降低系统中某一部分压力的。图 1-38 为 J-25B 型减压阀，J 表示减压阀，25 表示流量（L/min），B 表示板式连接。油液自进油口进油，经缝隙 δ 由出油口排油。油压的大小是通过改变缝隙 δ 的大小而自动调节的。当出油口压力 p_2 低于调定压力时，锥阀 3 紧压在阀座上。这时阻尼小孔 7 中无油流动，滑阀 1 左右两端油压相等。滑阀在弹簧 2 的作用下向左移动，开大阀孔缝隙 δ，削弱降压作用，于是使出油口压力 p_2 升高至所调定的压力。当出油口压力 p_2 高于调定压力时，锥阀 3 被顶开，油腔 A 的油通过通道 4，锥阀阀孔通道 5 和 6 流回油箱。这时，阻尼孔 7 中有油流动，产生压力降，从而使滑阀右端油腔 A 的油压低于滑阀左端的油压，滑阀向右移动，减小阀孔缝隙 δ，加强了降压作用，使出油口压力 p_2 降至调定压力值附近。

减压阀和溢流阀都是用以控制系统压力的。溢流阀在系统中起限压溢流作用，它并联在油路中；减压阀在系统中起减压作用，它串联在油路中，溢流阀是保证阀的进油口压力恒定，而减压阀是保证阀的出油口压力恒定。

5. 顺序阀

顺序阀在系统中所起的作用是根据预定的压力接通系统中某一回路。其结构和工作原理如图 1-39（a）所示。当阀芯 2 下端小柱头 4 所受的力大于上端弹簧 1 所调定值时，阀芯向上移动，顺序阀打开，油液从进油口流入，从出油口流出，接通系统中另一回路。它的工作原理也是建立在油压和弹簧力平衡的基础上。顺序阀是串联在油路中，起油开关的作用。

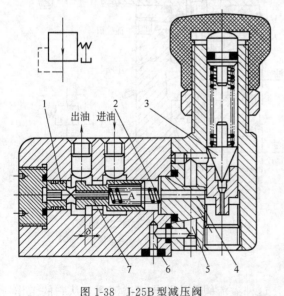

图 1-38　J-25B 型减压阀

1—滑阀；2—弹簧；3—锥阀；4～6—通道；7—阻尼孔

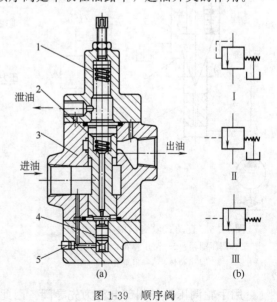

图 1-39　顺序阀

1—弹簧；2—阀芯；3—阀体；4—小柱头；5—堵头

根据操纵方式和泄油方式不同，可将顺序阀分为以下三种形式，如图 1-39（b）所示。

图中Ⅰ为直控顺序阀：它是由进油口的油压直接控制阀的动作，如图 1-39（a）中所示状态。

图中Ⅱ为遥控顺序阀：它是由远程油压控制阀的动作，将图 1-39（a）中顺序阀的下盖旋转 180°，并打开堵头 5，使其和运程油压连通，即成了遥控顺序阀。当远程油压低于顺序阀调定的压力值时，顺序阀关闭，油路不通。当远程油压超过顺序阀调定的压力值时，顺序阀打开，接通油路。

图中Ⅲ为卸荷阀：如果将图 1-39（a）中顺序阀的上盖再旋转 180°，并将出油口与油箱连通，则顺序阀便成了卸荷阀。

顺序阀和单向阀组合成为单向顺序阀，如图 1-40 所示。它可使出口油液通过单向阀自由地反向流过，不受顺序阀的限制。而进口油液流向出口时，必须通过顺序阀。所以，在需要反向自由流过的油路中，可以使用单向顺序阀。

6. 背压阀

背压阀一般是装在系统的回路中，使回路产生一定的反压力，增加工作机构运动的平稳性。在注射机注射油缸的回路中常装有单向背压阀，它的作用是为了使螺杆转动，预塑时产生背压，提高塑化质量，单向背压阀的结构和工作原理如图 1-41 所示，在静止状态，单向阀芯 1 与调压阀芯 4 在弹簧 2、5 的作用下，压向阀座 3，阀关闭。注射时，压力油顶开单向阀芯 1 进入注射油缸，因为弹簧 2 是弱弹簧，所以油液流过时压力降很小，不影响注射压力，预塑时，螺杆后退，注射油缸的油液必须从调压阀芯 4 流出，调压阀芯的开启由调压弹簧 5 所控制。所以，当油缸内油压超过调压弹簧的压力时，顶开调压阀芯，油液在调定的

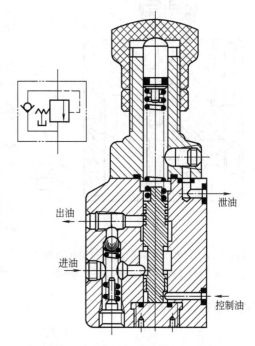

图 1-40　单向顺序阀的结构和工作原理

压力下回到油箱，保证螺杆在转动的过程中以一定的背压后退，满足注射成型工艺的要求。

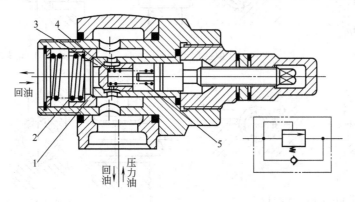

图 1-41　单向背压阀的结构和工作原理

1—单向阀芯；2，5—弹簧；3—阀座；4—调压阀芯

（二）流量控制阀

流量控制阀是用以控制液压系统中的流量的。通过它控制执行机构的运动速度，实现无级调速。因为用流量控制阀控制流量，会引起能量损耗，使系统效率降低，所以，这种流量控制方法适用于功率较小的场合，对于大功率传动系统，则多用变量泵或多泵供油来调节执行机构的速度。橡胶塑料机械中常用的流量控制阀有节流阀、调速阀等。

1. 节流阀和节流口的形式

（1）节流阀 图1-42为L型节流阀的结构和工作原理。这种节流阀的节流口（通流截

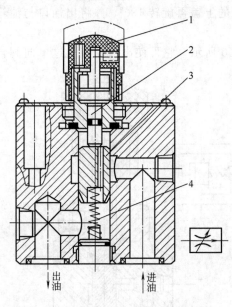

图1-42 L型节流阀的结构和工作原理
1—手轮；2—推杆；3—阀芯；4—弹簧

面）是在阀芯3上开设了轴向三角槽，油从进油口进入，经阀芯下面的节流口，从出油口流出。调节手轮1，利用推杆2使阀芯作轴向移动，改变节流口的大小，从而调节流量，弹簧4是为了保证阀芯始终紧压在推杆上。

（2）节流口的形式 节流阀的主要结构形式取决于节流口的形式，而节流口形式又直接影响节流阀的性能，图1-43为几种典型节流口的结构形式。

图1-43中几种典型结构形式，分别是通过轴向移动或旋转阀芯来调节通道截面积的大小而调节流量的。在调节过程中，由于节流口变化规律不同，因而调节性能也不同。（a）、（b）、（c）形式的节流口，结构简单，制造比较方便。但由于通道长，水力半径小，容易堵塞，工作性能较差，只适用于调速要求不高的场合。而（d）、（e）形式的节流口，结构较复杂，但它们接近于薄壁小孔式，节流通道短，不易堵塞，工作性能较好，

多用于精密调速设备。

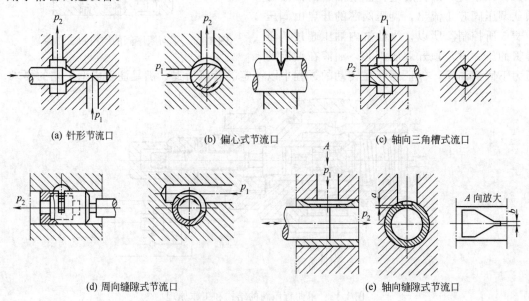

(a) 针形节流口　　(b) 偏心式节流口　　(c) 轴向三角槽式流口

(d) 周向缝隙式节流口　　(e) 轴向缝隙式节流口

图1-43 节流口的结构形式

（3）单向节流阀　在双向油路中，常要求油流在一个方向节流，而在另一个方向自由流过这种情况，需用单向节流阀。图 1-44 为 LDF-L20C 型单向节流阀的结构。当油液按箭头所示方向流动时，阀芯 2 只起单向阀的作用，油压克服弹簧 1 的作用力，压下阀芯，油液流过不受节流缝隙的影响。当油液反向流过时，则必须经阀座 3 和阀芯 2 之间的节流缝隙，被节流口节流，流量因而改变。节流口的大小可由调节螺钉调节。

2. 调速阀

调速阀是由差压式减压阀（也称定差减压阀）和节流阀串联组成。其中差压式减压阀和前面所讲的定压减压阀有所不同，它保证节流阀前后的压差恒定，从而使流量调节稳定。其工作原理如图 1-45 所示，油液进入调速阀首先经差压式减压阀，然后再通过节流阀流出调速阀。进口油压为 p_1，经减压后降为 p_2，通过节流阀出口油压为 p_3。引 p_2 压力油到减压阀的下部，作用在 A_1 和 A_2 两个面上。引 p_3 压力油到减压阀的上部，作用于（A_1+A_2）面上。

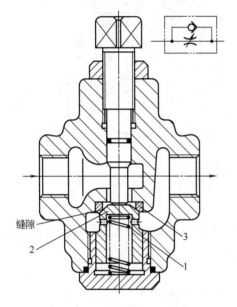

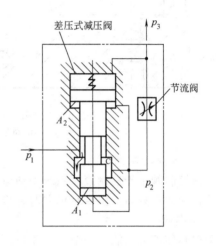

图 1-44　LDF-L20C 型单向节流阀的结构

1—弹簧；2—阀芯；3—阀座

图 1-45　调速阀工作原理

当减压阀处于平衡状态时，作用于减压阀上下两端的力应相等（不考虑摩擦力等）。即：

$$p_2 A_1 + p_2 A_2 = F_s + p_3(A_1+A_2) \tag{1-56}$$

所以：

$$p_2 - p_3 = \frac{F_s}{A_1+A_2} = 常数$$

式中　F_s——弹簧力。

因为 A_1+A_2 是个常数，减压阀芯上下移动的距离又很小，故弹簧力可看作常数，因而 p_2-p_3 也近似为常数。这样，通过调速阀的流量在节流口开度一定时是不变的，即与外界负载的波动无关。当外界负载波动时，平衡遭到破坏，但是新的平衡又使 p_2-p_3 保持常数。

（1）当 p_3 增大时，$p_3(A_1+A_2)+F_s>p_2(A_1+A_2)$，这时，减压阀芯向下移动，开大 C 口，使 p_2 增大，从而保持 $\Delta p = p_2-p_3 =$ 定值。当 p_3 减小时，减压阀芯向上移动，减小 C 口，使 p_2 减小，仍然保持其 Δp 为定值。

（2）若 p_1 突然增大，则 p_2 也随之增大，p_2 增大后使减压阀芯向上移动，减小 C 口，加强减压作用，使 p_2 减小。反之，若 p_1 突然减小，则减压阀向下移动，开大 C 口，削弱减压作用，使其增大，从而保证了 $p_2-p_3=$ 常数。

图 1-46 为调速阀的结构。它是由阀体 2、节流阀芯 1 和减压阀芯 3 等组成。调速阀的节流作用是通过旋转节流阀芯、改变阀芯偏心槽与阀体间的通流截面积来实现的。

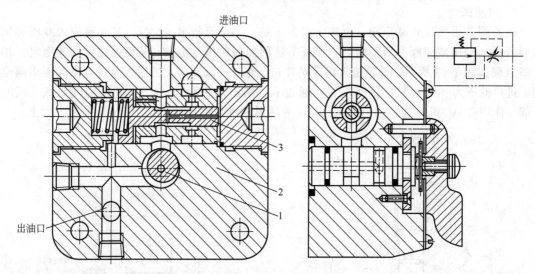

图 1-46　调速阀的结构
1—节流阀芯；2—阀体；3—减压阀芯

（三）方向控制阀

方向控制阀用于控制液压系统中油流方向和油流的导通与断开，从而控制执行机构的起动、停止和运动方向。主要有单向阀和换向阀两大类。

1. 单向阀

单向阀使液流只能向一个方向流过而不能反流，故又称止回阀。

单向阀的基本结构形式分为直通式（见图 1-47）和直角式（见图 1-48）两种。

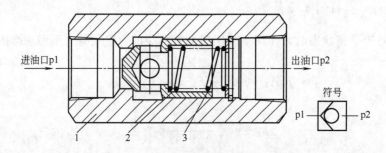

图 1-47　DIF 型直通式单向阀的结构
1—阀体；2—弹簧；3—阀芯

当油液从进油口 p1 流入时，液压作用力克服弹簧 2 的作用力，把锥阀阀芯 3 打开，使油液从出油口 p2 流出。当油液反向流动时，在弹簧 2 和压力油作用下，锥阀阀芯 3 压紧在阀体 1 的阀座上，使油流封闭。弹簧 2 的作用是克服阀芯的摩擦阻力和惯性力，使其工作灵敏可靠，故弹簧较软。一般单向阀的开启压力均在 0.035～0.05MPa 左右，通过额定流量的压力损失不超过 0.1～0.3MPa。

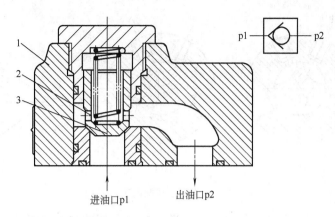

图 1-48　DF 型直角式单向阀的结构图
1—阀体；2—弹簧；3—阀芯

这两种单向阀结构形式的特点是：直角式的阻力小，工作平稳，更换弹簧容易。直通式的体积小，结构简单，但容易产生振动和噪声。高压大流量的液压系统多采用直角式。

除了上述一般的单向阀外，还有液控单向阀。如图 1-49 所示为 DFY 型液控单向阀。该阀是由直角式锥形单向阀 1 和控制活塞 2 等零件组成。当控制油口 K 不通控制压力油时，该阀与普通的单向阀所起的作用一样。当需要油流反向流动时，活塞 2 下部接通控制压力油，将单向阀 1 顶起，油流即反向自由流动。

2. 换向阀

换向阀能改变油路中液流方向，应用很广，在各种液压系统中，它是必不可缺的元件。

换向阀的结构形式很多，按其操纵方式，可分为手动换向阀、电磁换向阀、液动换向阀和电液动换向阀等。按其"通位"数。可分为二通、三通、四通和多通，二位、三位和多位换向。所谓"通"数是指阀与外界连

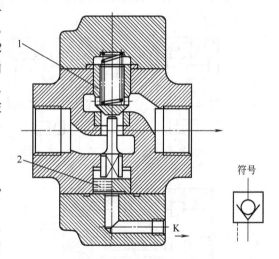

图 1-49　DFY 型液控单向阀
1—单向阀；2—控制活塞

接的通道数，而"位"数是指换向阀芯有几个控制位置。按阀芯运动方式，可分为旋转式和滑阀式，旋转式换向阀即转阀，其阀芯作旋转运动。滑阀式换向阀其阀芯在阀体内作直线运动。

（1）转阀　图 1-50 为二位四通转阀的工作原理。它是用手搬动与其阀芯相连的手柄而实现换向的。当转阀中的阀芯处于图 1-50（a）所示位置时，P 与 B 通，A 与 O 通，于是来自油泵的压力油从 P 口流入转阀，经 B 口流入油缸，油缸另一腔的油液经 A 口流入转阀，再经 O 口流回油箱，当转动手柄，使其处于图 1-50（b）所示位置时，P 与 A 通，B 与 O通，油流换向。转阀多用于控制注射机螺杆的往复运动，以便清理料筒和装拆螺杆。

（2）滑阀式换向阀

① 手动换向阀　换向阀主要由阀体 1 和阀芯 2 等零件组成。阀体上开有几个不同油路的油口，它们分别与阀体孔中相应的沉割槽连通，而这些沉割槽之间是否接通，则取决于阀芯的不同位置。因此，改变阀芯的位置就可以控制油的流动方向，实现换向的目的。

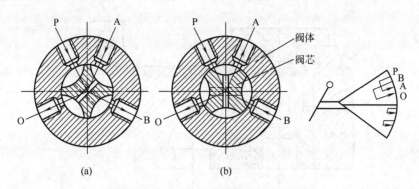

图 1-50　二位四通转阀的工作原理

如图 1-51 所示，当阀芯处于位置Ⅰ时，进油口 P 与回油口 O 被阀芯的台肩所封闭，P 口与 O 口不通；如果把阀芯拉向位置Ⅱ时，P 口和 O 口相通，故称为二位二通换向阀。又如图 1-51（e）所示，当阀芯处于中间位置Ⅱ时，P、A、B、O 各油口互不相通，A、B 口接执行机构两个油腔；当阀芯处于位置Ⅰ时，则 P 口与 B 口相通，A 口与 O 口相通；当阀芯处于位置Ⅲ时，则 P 口与 A 口相通，B 口与 O 口相通。

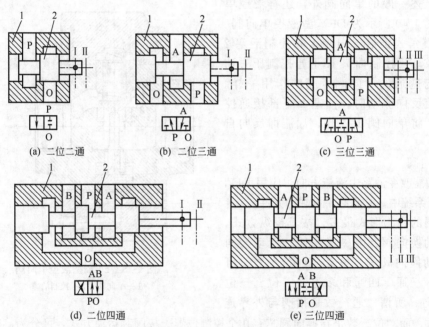

图 1-51　换向阀的结构原理及职能符号
1—阀体；2—阀芯

在换向阀的职能符号中，方格的个数表示换向阀的位数，方格内的箭头表示相应两油口相通，箭头方向的液流方向；方格内的截断符号表示相应油口在阀体内被封闭。

②电磁换向阀（电磁阀）　电磁换向阀是由电气系统的按钮开关、行程开关、压力继电器或其他电气元件发出的电气信号使电磁铁动作、推动阀芯移动来实现液压油路的换向、顺序动作或卸荷等。

因此，利用电磁阀很容易实现自动控制和远距离操纵。

磁阀所用的电磁铁有交流、直流两种，字母 D 表示交流，E 表示直流。常用的交流电磁铁的电压为 220V，频率为 50Hz，其特点是起动力较大，换向时间短。

常用直流电磁铁所用电压为 24V，特点是换向冲击小，寿命长，不会过载烧坏，动作可靠，体积小，但换向时间长，起动力较小，需配整流设备。另外，电磁阀因受电磁铁推力大小的限制，故换向阀允许通过流量不大，如中低压系列，$Q < 63L/min$，高压系列 $Q < 30L/min$。

二位四通电磁换向阀：图 1-52 为二位四通电磁换向阀的工作结构。它是由阀体、阀芯、推杆、弹簧、电磁线圈、铁芯等组成。当电磁线圈未通电时，阀芯在弹簧力的作用下，处于图示位置，即 P 与 B 相通，A 与 O 相通。当电磁线圈通电时，铁芯被吸上，通过推杆，将阀芯推向右边，油路换向，A 与 P 相通，B 与 O 相通。由于这种四通换向阀只有两个控制位置，所以称为二位四通换向阀。K 向视图为它的通路布局外形图，从图中可以看到，除了 A、B、P、O 四个孔外还有一个小泄油孔 L，它是为了排泄渗漏到阀芯两端的油液而开设的，如果没有泄油孔，阀芯换向将受到阻碍。

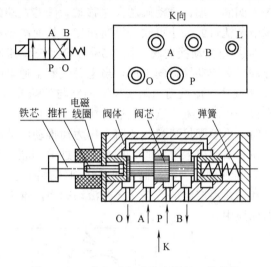

图 1-52　二位四通电磁换向阀的工作结构

三位四通电磁换向阀：图 1-53 为 O 型三位四通电磁换向阀结构示意图。当电磁线圈不通电时，阀芯靠两端弹簧定位处于中间状态，A、P、B、O 互不相通。当左端电磁线圈通电时，铁芯被吸上，通过推杆将阀芯从中间

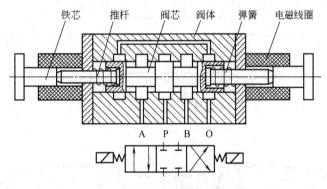

图 1-53　O 型三位四通电磁换向阀结构示意

位置推到右边位置，A 与 P 相通，B 与 O 相通。当右端电磁线圈通电时，推杆将阀芯推到左端位置，P 与 B 相通，A 与 O 相通，实现了换向。

③ 液动换向阀　当换向阀通过的液体流量较大时，换向阀的尺寸必然增大，这样，换向所需的推力也需增大。如果使用电磁换向阀，则由于电磁铁吸力的限制不易满足推力的要求。所以，对大流量的换向阀多采用液动换向阀或电液动换向阀。图 1-54 为三位四通液动换向阀结构示意图。它的工作原理和三位四通电磁换向阀一样，只不过是用控制油路

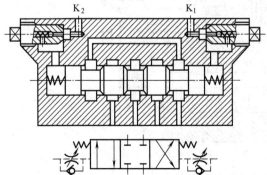

图 1-54　三位四通液动换向阀结构示意

（K_1、K_2）的压力油来改变阀芯位置，实现换向。当换向阀的流量超过 60L/min 以上时，阀芯直径较大，阀芯质量增加，换向时冲击和噪声变大，因此，要求控制换向速度，以减少换向冲击和噪声。一般是采用阻尼器（即单向节流阀）通过调节控制油的流量来调整换向速度的。当右边控制油路 K_1 进油时，压力油顶开右边单向节流阀的钢球（节流口不起作用），进入阀芯右端，推动阀芯向左移动，阀芯左端的油液经左边单向节流阀的节流口流回油箱。调节节流口的大小可改变换向速度，从而减小冲击和噪声，使换向平稳。

④ 电液动换向阀 图 1-55 为 O 型三位四通电液动换向阀。它是由电磁换向阀（作为先导阀）和液动换向阀组成，当电磁线圈未通电时，电磁阀处于中间位置，将控制油路的进油口 P′ 封住，使液动阀两端控制油路与油箱连通。同时液动阀阀芯在左右两端弹簧的作用下也处于中间位置，这时主油路中的 A、B、P、O 四个油口都不通。当任何一个电磁线圈通电时，电磁阀接通控制油路，压力油推动液动阀阀芯，使其移到左边或右边极限位置，若阀芯位于右边极限位置时，压力油通过 B 口进入油缸一端，油缸另一端的油通过 A 口和回油口 O 排回油箱。液动阀换向时，油液换向进入油缸。电液动换向阀既有电磁阀便于实现自动和远距离控制的特点，又有液动阀换向推力大和换向速度可调的优点，所以多用在大流量的回路中。

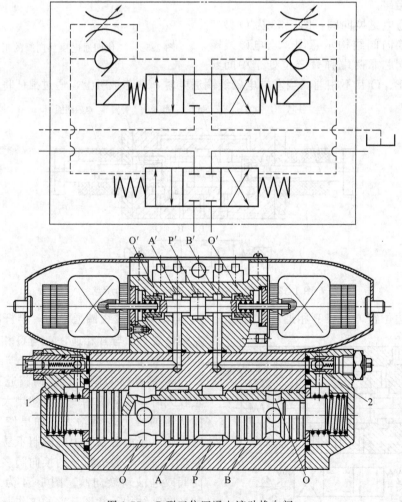

图 1-55　O 型三位四通电液动换向阀
1，2—阻尼器

常用的几种换向阀结构原理、职能符号及性能和应用列于表 1-5。

表 1-5　换向阀的结构原理、职能符号及性能和应用

阀的名称		型号	结构原理	职能符号	性能和应用
二位二通滑阀	常开	22D-10BH			开关
		22C-10BH			
	常闭	22D-10B			开关
		22C-10B			
二位四通滑阀		24D-25B			油路换向
		24S-25B			
二位三通滑阀		23Y-25B			油路换向
三位四通滑阀		34D-10BO（O型阀的O字母可以省略）			油路换向。阀芯在中间位置时，P、A、B、O 四个通路都封闭，油缸活塞不动。由于油缸两端充满了油，所以起动平稳。油泵不能利用此阀卸荷
		34Y-25B			

续表

阀的名称	型号	结构原理	职能符号	性能和应用
三位四通滑阀	34D-10BH	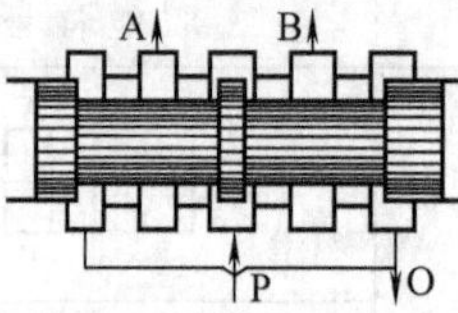		油路换向。阀芯在中间位置时,P、A、B、O 互通,故活塞浮动。油泵可以用此阀卸荷
	34D-10BY	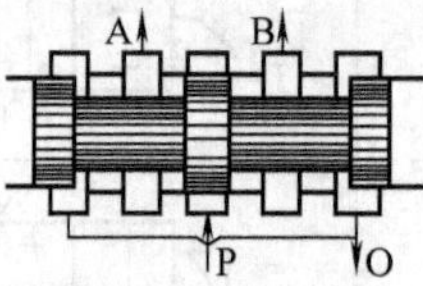		油路换向。阀芯在中间位置时,P、A、B、O 封闭,故活塞浮动。油泵不可以用此阀卸荷
	34D-10BP	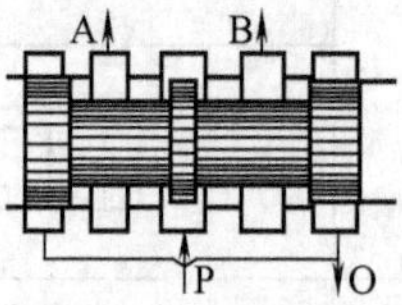		油路换向。阀芯在中间位置时,P、A、B 互通,利用此阀可构成差动回路。油泵不能利用此阀卸荷
	34Y-10BK	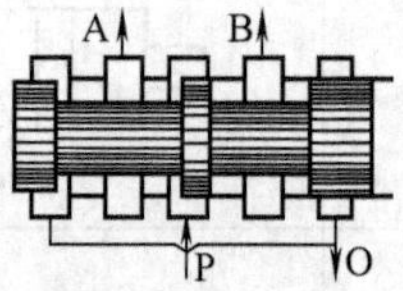		油路换向。阀芯在中间位置时,P、A、O 互通,B 口封闭,活塞单边锁紧。油泵可利用此阀卸荷

（四）电液比例阀

液压控制元件按其控制方式分为两大类：一类是开关式控制（前面所讲的即开关式），如电磁换向阀，它只是控制油路的开关与换向；另一类是伺服式控制，如电液伺服阀，它不但可以控制油流的方向，而且可以根据输入电讯号的大小连续地控制输出油液的流量和压力。电液比例阀是介于开关控制和伺服控制之间的控制元件，它具有一定的伺服性，即不但可以控制油流的方向，而且可以连续地控制输出油液的流量和压力。其控制精度比伺服阀低，但价格比较便宜。因而，对于控制精度要求不太高的注射机液压系统来讲是适用的。

1. 比例压力先导阀

比例压力先导阀的结构如图 1-56 所示，它是由锥阀 1、弹簧 2 和特殊的比例电磁铁 4 等所组成。当输入一定大小的电讯号（直流电流或电压）时，比例电磁铁产生相应的电磁力，通过推杆 3 压缩弹簧，以控制打开锥阀的油压。控制输入电流成比例地变化，就得到连续地按比例变化的油压。用它作为溢流阀的先导阀就可根据油路各工作阶段的不同要求，获得不同的压力，以减少系统的控制元件。

2. 比例流量阀

比例流量阀的工作原理如图 1-57 所示，它是由差压式减压阀和节流阀组成。节流阀芯 1 处于弹簧力和比例电磁铁 3 的力相平衡的位置上。流量的大小由节流开口量的大小决定。没有电讯号输入时，由于弹簧力的作用节流阀关闭；当输入电讯号时，比例电磁铁通过推杆 2 打开节流阀，输出一定流量的油液。输入电讯号增大，节流口增大，输出油液的流量也增大。由于其输出油液的流量和输入电讯号的大小相对应，当输入电讯号为零时，输出流量也为零。因此，它除了可作调速阀外，还可切断油路。

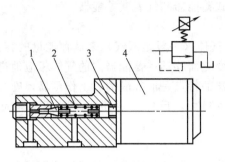

图 1-56 比例压力先导阀的结构

1—锥阀；2—弹簧；3—推杆；4—比例电磁铁

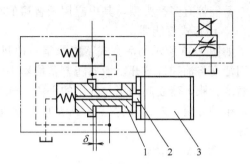

图 1-57 比例流量阀的工作原理

1—节流阀芯；2—推杆；3—比例电磁铁

3. 比例方向阀

比例方向阀是比例压力阀与液动换向阀组合而成。一般用比例双向减压阀作为先导阀，利用比例减压阀的出口压力来控制液动换向阀的正反方向开口量的大小，控制油液的流量和油流方向。其工作原理如图 1-58 所示，当直流电讯号输给比例电磁铁 8 时，推动减压阀芯 1 向右移动。这时压力油经减压阀减至 p_1，从油道 2 流到液动阀芯 5 的右端，推动液动阀芯向左移动，使 B 与 P 相通。在油道 2 上设有反馈孔 3，将 p_1 引至减压阀心的右端。当 p_1 作用在减压阀芯的力与比例电磁铁的电磁力相等时，减压阀即处于平衡状态，对应于液动换向阀有一个开口量。当输入电讯号加到比例电磁铁 4 时，油流换向。6 和 7 是单向节流阀，用以调节换向速度。

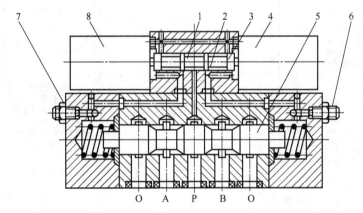

图 1-58 电液比例方向阀的工作原理

1—减压阀芯；2—油道；3—反馈孔；4，8—比例电磁铁；

5—液动阀芯；6，7—单向节流阀

四、辅助元件

在液压系统中的辅助元件是指除油泵、油缸（包括油马达）和各种控制阀之外的其他各类液压元件，如蓄能器、油箱、滤油器等。这些元件也是液压系统中不可缺少的组成部分，而且它们的性能对液压系统的工作性能有直接影响。以下主要介绍蓄能器、油箱、滤油器和油管及接头等元件。

（一）蓄能器

液压系统中的蓄能器是一种能量储存装置，它的作用是在适当的时候把具有一定压力的液体储存起来。以便在需要时向系统重新放出，同时蓄能器还可以吸收油泵的压力脉动和液压系统的液压冲击，使系统更平稳地工作。

蓄能器有多种类型，其中应用较普遍的有活塞式蓄能器和气囊式蓄能器。

1. 活塞式蓄能器

如图 1-59 所示的活塞式蓄能器是一种利用压缩气体（一般是氮气）来储存能量的容器。它用活塞将油和气分开，活塞随着蓄能器中的油量变化而移动，蓄能器内的气体相应地进行压缩或膨胀，建立起油压与气压的平衡。这种蓄能器的特点是油气隔离，工作可靠，安装容易，维护方便，寿命长。但由于活塞有惯性和摩擦阻力，反应不灵敏。主要用作辅助动力源。

2. 气囊式蓄能器

这种气囊式蓄能器的原理与活塞式相似。气体被充入固定在容器内顶部的胶囊袋中，油液在容器的下部，气囊随着油量的变化膨胀或压缩。这种蓄能器惯性小，反应灵敏，尺寸小，质量轻，但壳体和胶囊的制造比较困难。用作蓄能或缓冲，如图 1-60 所示。

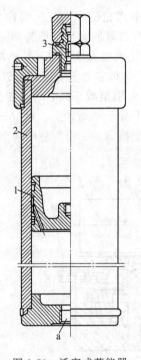

图 1-59　活塞式蓄能器

1—活塞；2—壳体；3—气门

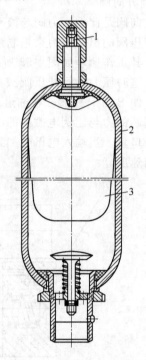

图 1-60　气囊式蓄能器

1—气门；2—壳体；3—气囊

（二）滤油器

在液压系统中保持油的清洁十分重要，因为混入油中的杂质颗粒会引起相对运动零件划伤、磨损或卡死，甚至影响液压系统的正常工作，因此需要对油液进行过滤。

滤油器的过滤精度按过滤颗粒的大小一般可分为粗滤油器（滤去杂质直径大于 0.1mm）、普通滤油器（滤去杂质直径为 0.01～0.1mm）、精滤油器（滤去杂质直径为 0.005～0.01mm）。

常用的滤油器有网式、线隙式、纸质、烧结式和磁性滤油器等多种类型。

1. 网式滤油器

网式滤油器如图 1-61 所示。它是以铜丝网作为过滤材料而制成的。这种滤油器一般装在液压系统的吸油管路入口处，避免吸入较大的杂质，以保护油泵。其特点是结构简单，通油能力大，但过滤精度低。

2. 线隙式滤油器

线隙式滤油器如图 1-62 所示。它是以金属丝（铝丝或铜丝）绕于骨架上，靠其线隙过滤油液，主要用于压油管路中，这种滤油器结构简单，过滤精度较高，但不易清洗。

3. 纸质滤油器

如图 1-63 所示为 ZU 型纸质滤油器。油液从进油口 a 流进滤油器的端盖 1、在壳体 2 内油液自外向内穿过滤芯 3 而被过滤，然后从出油口 b 流出。滤芯由拉杆 4 和螺母 5 固定。

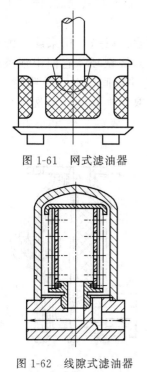

图 1-61　网式滤油器

图 1-62　线隙式滤油器

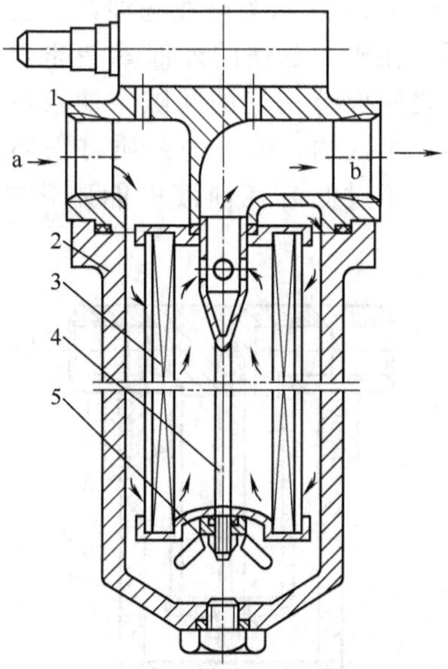

图 1-63　ZU 型纸质滤油器

1—端盖；2—壳体；3—滤芯；4—拉杆；5—螺母

图 1-64 为纸芯部分构造。纸芯通常采用厚度为 0.35～0.75mm 的平纹或皱纹的酚醛树脂或木浆微孔滤纸，将它围绕在带孔的镀锡铁皮做成的骨架上。为了增加滤芯的过滤面积，纸芯一般做成折叠形。

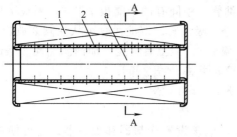

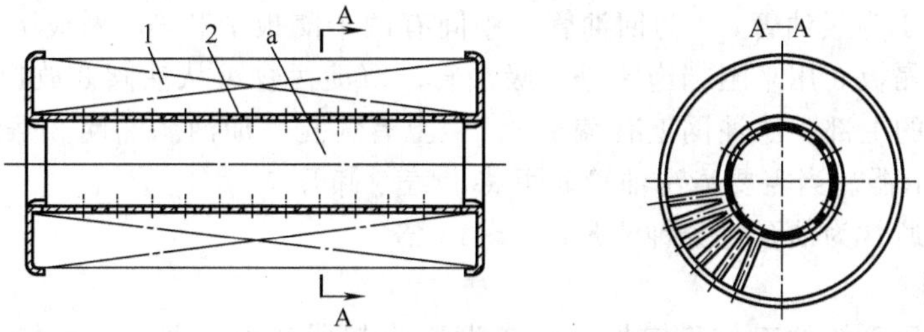

图 1-64　滤油器纸芯

1—滤纸；2—骨架

纸质滤油器的过滤精度高，但一旦堵塞后难以清洗，需常换纸芯。过滤精度较高，可达 0.005～0.03mm。

4. 烧结式滤油器

这种滤油器的滤芯部分一般是由颗粒状锡青铜粉压制后烧结而成。它利用铜颗粒之间的微孔滤去油液中的杂质。如图 1-65 所示为烧结式滤油器，油液从端盖 1 上的进油口 a 流入，在壳体 3 内油液自外向内穿过滤芯 2 而被过滤，然后从出油口 b 流出。选择不同粒度的粉末和不同壁厚的滤芯就能得到不同的过滤精度。目前，常用的过滤精度为 0.01～0.1mm。滤芯的形状可以做成杯状、管状、板状和蝶状等多种形式。

这种滤油器强度大，抗腐蚀性好，过滤精度高，适用于要求精滤的高温高压液压系统。缺点是如有颗粒脱落则影响过滤精度，且堵塞后清洗困难，最好与其他滤油器配用。

5. 磁性滤油器

如图 1-66 所示为磁性滤油器。它的中心是一圆筒式永久磁铁，用来除去油中的铁屑和磨料。在永久磁铁的外部罩一非磁体的壳体，壳体外面绕铁环，它们由铜条相连，每只铁环之间保持一定的间隙。油液中能磁化的杂质经过铁环间隙时，被吸附于铁环上。铁环为二半式的，油液的杂质将铁环间的间隙堵塞时，取出半只铁环清洗即可。磁性过滤器，用于过滤混在油液中能磁化的杂质（如铸铁粉、铁屑等）效果很好，但维护较复杂。

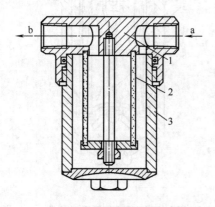

图 1-65　烧结式滤油器
1—端盖；2—滤芯；3—壳体

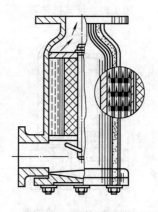

图 1-66　磁性滤油器

（三）油箱和热交换器

1. 油箱

油箱除作为储油器外，还有散热和分离油中所含空气与杂质的作用。油箱的结构如图 1-67 所示。图中 1 为吸油管，4 为回油管，中间有两个隔板 7 和 9，隔板 7 用作阻挡沉淀杂物进入吸油管，隔板 9 用来阻挡泡沫进入吸油管。沉淀污物可从油阀 8 放出。加油滤油网 2 设在回油管一侧的上部。滤油网上有盖子 3。盖上有气孔。加油滤油网 2 兼起过滤空气的作用。6 是油面指示器。当需要清洗油箱时可将上盖 5 卸开。

油箱的容量通常为油泵每分钟流量的 3～10 倍。

2. 热交换器

为了提高液压系统的工作稳定性，应该设置冷却器和加热器。它可使油液温度保持在 30～50℃ 的范围。

冷却器的种类较多。图 1-68 为水冷却式油冷却器。油从右侧上部 c 孔进入，在水管 3 外部流过。两块隔板 2 用来增加油循环路线的长度，改善热交换效果，并使油从左侧上部 b 孔流出。冷却水从右端 d 孔流入，由很多根紫铜管的内部通过，从左端 a 孔流出。油冷却器

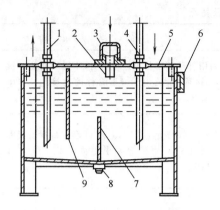

图 1-67 油箱结构简图

1—吸油管；2—加油滤油网；3—盖子；
4—回油管；5—油箱盖；6—油面指
示器；7，9—隔板；8—油阀

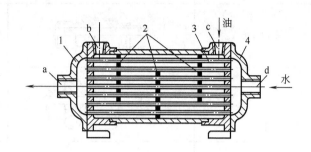

图 1-68 水冷却式油冷却器

1，4—盖；2—隔板；3—水管

一般应串联在总回油路中。

为了避免低温起动油泵，应采用加热器。加热器一般采用电加热器，电加热器的功率控制在 $3.5W/cm^2$ 以下，安装在滤油器旁，利用油泵使油循环。

（四）油管和管接头

1. 油管

油管的作用是连接各液压元件，以保证油液的循环和能量的传递。在液压传动系统中，常采用冷拔无缝钢管、紫铜管和耐油橡胶软管。油管材料的选择可根据液压系统的压力、性能要求、工作环境以及各部件之间的相对位置关系等因素决定。

无缝钢管能承受的工作压力较高，可用于压力大于 32MPa 的场合。常用的钢管是 10 号、15 号冷拔无缝钢管。钢管的缺点是装配时弯曲比较困难。

紫铜管装配时易弯曲成所需形状，且管壁光滑，压力损失小。但耐压能力低。只适用于中低压系统（$p<5MPa$）。紫铜管会加速油液的氧化，且价格高，一般只在小直径油管中使用。

耐油橡胶软管适用于连接两个相对运动部件的油路，分高压软管和低压软管两种。高压耐油橡胶软管是由钢丝编织层与耐油橡胶制成。按编织钢丝层数与管径大小不同，其耐压能力不等。编织钢丝层数越多，管径越小，耐压能力越大，最高可达 25MPa。低压耐油软管由夹布与耐油橡胶制成，适用于工作压力小于 1.5MPa 的场合。耐油橡胶软管装配方便，且能吸收液压系统的冲击。缺点是制造麻烦，成本高，寿命短。

2. 管接头

管接头是油管与油管、油管与液压元件之间的可拆连接件。

管接头连接方式可分法兰连接和螺纹连接两种。法兰连接用于直径较大的油管，耐压高，可达 32MPa，防震性好，但外形尺寸大。在一般液压传动系统中，因油管直径不大，故大多采用螺纹连接。

管接头的连接螺纹有两种：一种是圆锥管螺纹（Z），适用于中低压系统；另一种是普通细牙螺纹（M），适用于高压系统。普通细牙螺纹连接常采用组合密封圈（如铝和橡胶的组合垫圈）或 O 形圈密封，密封效果好，装拆方便，目前应用较普遍。

液压系统中常用的管接头类型及特点见表 1-6 所列。

表 1-6　常用的管接头类型及特点

类　　型		结构示意图	特　　点
扩口管接头			利用管子端部扩口进行密封,不需要其他密封件,结构简单,适用于薄壁管件的连接。工作压力<8MPa
非扩口管接头	焊接式		利用接管与管子焊接,并用 O 形密封圈端面密封。对管子尺寸精度要求不高。工作压力可达 32MPa
	卡套式		利用卡套变形卡住管子并进行密封。对管子的尺寸精度要求较高,工作压力可达 32MPa
	球面式		利用球面进行密封,不需要其他密封件,但加工精度要求较高
	弹性箍式		用弹性箍将管子卡住,密封和卡接头管是分开的,因此密封可靠,容易安装
	插销式		利用 U 形卡固定管子,密封和卡管作用也是分开的,密封可靠。连接部分没有螺纹,装卸方便、迅速
	法兰式		用法兰和螺栓连接管子,密封可靠,适用于大直径管子的连接
软管管接头	可拆卸式 整壳式		接头部分外形尺寸较小,对胶管尺寸精度要求较高,安装困难
	可拆卸式 对壳式		接头部分外形尺寸较大,对胶管尺寸精度要求不高,安装方便。工作压力可比整壳式软管管接头高
	不可拆卸式		接头部分外形尺寸较小,安装方便,但增加了一道收紧工作。胶管损坏后,接头外套不能重复使用
	快速管接头		管子拆开后,可自行密封,管道内的油液不会流失。因此,适用于经常拆卸的场合。结构比较复杂,局部阻力损失较大

第四节　液压基本回路

由于橡胶塑料加工机械自动化程度不断提高,其液压传动装置则更加复杂。然而,任何复杂的液压系统都是由若干基本回路和具有特殊功能的专用回路组成。液压基本回路主要有压力控制回路、速度控制回路、方向控制回路和顺序动作控制回路等几种类型,在每一类中又以基本回路所能完成的来区分,同一功能基本回路,由于使用元件不同,其组成方法和性能也不同。

一、压力控制回路

这类回路主要是利用压力控制阀控制液压系统中各部分的工作压力,以满足执行机构所需的力或扭矩的要求,或达到合理利用功率和保证系统的安全等。

(一)调压回路

液压系统中的油压是直接与负载大小有关的参数,也就是说系统的油压是随负载的增加而增加的。如果负载很大,系统的油压相应就高。当油压超过油泵的额定工作压力时,油泵的漏损增大,效率降低,甚至会损坏油泵。由此,液压系统的油压,必须保持在油泵额定工作压力以内,以保证液压系统的安全和压力要求。调压回路最常用的有以下几种。

1. 限压回路

(1) 用溢流阀的限压回路　图 1-69 为用溢流阀控制的限压回路。它是在定量油泵的出口并联了一个溢流阀,以限制回路中的油压在油泵额定工作压力范围以内。油压的大小是通过调节溢流阀的调压弹簧实现的。当系统的油压超过调定值时,溢流阀打开,油泵输出的压力油溢流回油箱,起到了定压安全作用。定压安全回路在任何液压系统中都是不可缺少的。没有它,油液的压力就不能调节,安全也没有保证。

(2) 用压力继电器的限压回路　如图 1-70 所示为液压成型机使用的限压回路,二位四通电磁阀线圈通电时压力油经单向阀进入油缸下腔,油缸活塞向上移动,上腔油流回油箱,断电后电磁阀换向,压力油进入油缸上腔,活塞向下移动,并给模具加压。当压力超过预定值后,压力继电器动作,使换向阀换向,从而保证压力不会超过压力继电器限定的数值。

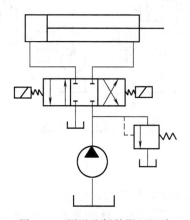

图 1-69　用溢流阀的限压回路

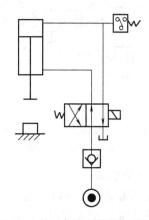

图 1-70　用压力继电器的限压回路

2. 多级压力控制回路

(1) 远程压力调节回路(双级压力回路)　在液压系统工作的不同阶段,有时要求系统具有不同的压力。为了满足系统在不同阶段对油压的不同要求,采用了远程压力调节回路,

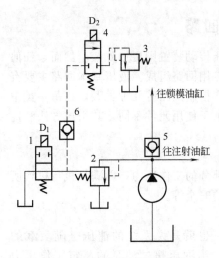

图 1-71　远程压力调节回路

1，4—电磁换向阀；2—溢流阀；

3—远程调压阀；5，6—单向阀

如图 1-71 所示。它是在溢流阀 2 的遥控口上接了一个换向阀 4 和一个远程调压阀 3（即直接作用式溢流阀）。溢流阀是用以调节油路系统最大工作压力的，它可满足锁模时所需的动力。假如其调定值为 6.5MPa，闭模时，电磁换向阀 1 的电磁线圈 D_1 通电，此时油泵输出的油经单向阀 5 到锁模油缸，推动活塞进行闭模。当模具锁紧，油压升至溢流阀的调定值时，溢流阀主阀芯抬起，开始溢流，使系统压力保持在 6.5MPa。注射压力的调节是通过远程调压阀实现的。假如注射油缸需要油压为 4MPa，则远程调压阀的弹簧张力调定为与油压相平衡。注射时，电磁换向阀 4 的电磁线圈 D_2 通电，溢流阀的遥控口与远程调压阀接通，此时，系统的油压由远程调压阀控制。当系统油压超过 4MPa 时，远程调压阀打开，于是，溢流阀主阀芯上部的油液便通过远程调压阀流回油箱，从而引起溢流阀主阀芯上部的油压下降，使主阀芯抬起，发生溢流。一旦系统油压低于 4MPa，远程调压阀立即关闭，以保持所调定的注射油压。远程调压阀实际上是溢流阀的另一个先导阀，它的压力调定值只能小于溢流阀本身的先导阀调定值，否则远程调压阀将不起作用。

（2）三级压力回路　图 1-72 为三级压力远程调节回路。油泵最大工作压力由主溢流阀 1 限制。远程调压阀 2、3 由换向阀 4 控制，通过换向阀换向，系统可以获得三种压力。为了避免压力频繁变换时远程调压阀与远控管路产生振动，串联了阻尼器 5（固定节流孔或可调节流元件）。

（3）无级调压回路　在图 1-73 中，如果在溢流阀的遥控口处接一个电磁比例先导阀，就可以实现无级调压。

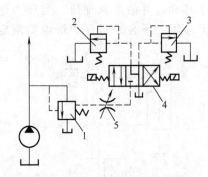

图 1-72　三级压力远程调节回路

1—主溢流阀；2，3—远程调压阀；4—换向阀；5—阻尼器

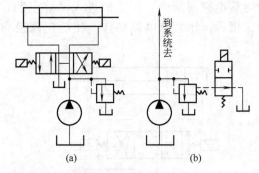

图 1-73　无级调压回路

（二）卸荷回路

当系统不需要压力油时，为了减少能量消耗，降低油温，延长油泵使用寿命，应使油泵卸荷，即使油泵处于无负荷运转，以及油泵起动时能空载起动，这种液压回路称为卸荷回路。

1. 用换向阀滑阀机能卸荷

将图 1-69 中的 O 型三位四通电磁换向阀换成 H 型的，如图 1-73（a）所示。H 型三位四通电磁换向阀处的中间位置时，油泵输出的油和油缸两端的油都与油箱连通，油泵和系统都卸荷。

2. 用溢流阀卸荷

用二位二通电磁换向阀与溢流阀的遥控口连接即可组成油泵的卸荷回路，如图 1-73 (b) 所示。当油泵起动或需要卸荷时，换向阀的电磁线圈不通电，阀芯处于图中位置，这时，溢流阀的遥控口通过换向阀和油箱接通，油泵输出的油全部经溢流阀无负荷地流回油箱，油泵卸荷。

（三）减压回路

对于只有一个油泵供油的液压系统，如果其中有一个油缸或支路所需的工作压力比溢流阀所调定的压力低时，要用减压回路。

1. 一级减压回路

图 1-74 为一级减压回路，油泵的最大工作压力由溢流阀 2 根据主油路所需的压力调节。油缸 A 这个支路所需的压力比主油路的压力低，所以在支路中用减压阀 3 获得所需的压力。

2. 二级减压回路

二级减压回路如图 1-75 所示。主油路最大工作压力由溢流阀 1 调定。分支油路的最大工作压力由减压阀 2 调定。二位二通换向阀接通后，则减为远程调压阀 3 调定的值。

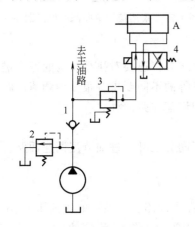

图 1-74　一级减压回路

1—单向阀；2—溢流阀；3—减压阀；4—换向阀

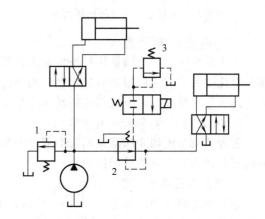

图 1-75　二级减压回路

1—溢流阀；2—减压阀；3—远程调压阀

（四）增压回路

增压回路是在油泵工作压力不变条件下，采用增压油缸或增压器使液压系统的局部压力提高的回路。

图 1-76 是采用增压油缸的增压回路。当换向阀处于左边位置时，压力油经过液控单向阀进入主油缸的左腔，使主活塞前进。当活塞接近行程终点时，负载增加，系统油压上升。压力超过单向遥控顺序阀的调定值时，顺序阀打开，压力油进入增压油缸右腔，推动增压活塞前进，将主油缸左腔油液增压，并使主活塞低速前进到行程终点。如换向阀换向使其处于右边位置时，增压活塞右腔卸压并后退，与此同时压力油顶开液控单向阀也使主油缸左腔卸压、回油，压力油进入主油缸右腔，使主活塞退回。

（五）保压回路

保压是橡胶塑料注射机、液压机在橡胶塑料注射或压制成型中所必须满足的工艺要求。保压回路是指油缸在保压阶段时，需要保持一定的压力。保压回路的性能主要决定于系统的泄漏。

图 1-77 为采用液控单向阀的保压回路，它采用电接点式压力表控制压力变化范围。电磁换向阀 D_1 通电，油液进入油缸上腔。当油压上升到压力表调定值时，上触点接通，D_1 断电，油泵卸荷。上腔油压由液控单向阀保压。由于泄漏，当压力下降到下触点调定值时，D_1 通电，油泵继续供油，使压力回升，直到压力上升到上触点调定值。所以，压力可以保持在一定范围内。

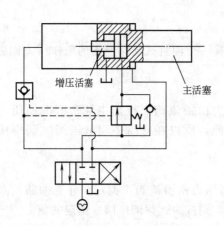

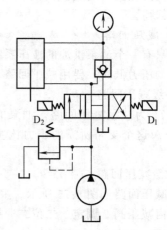

图 1-76　采用增压油缸的增压回路　　　　图 1-77　采用液控单向阀的保压回路

二、速度控制回路

液压系统除了必须满足执行机构对力或扭矩的需要之外，还要对执行机构的速度进行控制。对速度的控制，根据其对稳定性、调整范围和效率等的不同要求有很多种调速回路。但基本形式是定量油泵的节流调速回路和变量油泵的容积调速回路两种。

（一）定量油泵节流调速回路

定量油泵节流调速回路根据其节流口安装的部位不同分三种：进油节流调速回路、回油节流调速回路和旁路节流调速回路。

1. 进油节流调速回路

进油节流调速回路如图 1-78（a）所示，节流阀装在进油路上。油泵的供油压力 p_1 由溢流阀调节，基本上保持一定。油缸右腔的油压 p_2 接近于零，油缸左腔的油压 p_1 则由活塞上负载 F 的大小决定。F 增大时，p_1 增加；F 减小时，p_1 减小。p_0 和 p_1 的差值即为节流阀前后的压差。进入油缸的油量由节流阀调节。多余的油经溢流阀流回油箱。进油节流调速回路的优点是油缸回油腔中的压力较低，加上左腔的活塞有效工作面积较大，在油缸右腔可获得较大的推力。进油节流调速回路的主要缺点是由于没有背压力（$p_2 = 0$），当负载 F 突然变化时，运动不够平稳。但它的调速范围较大，主要用于负载变化不大、稳定性要求不高的场合。

2. 回油节流调速回路

回油节流调速回路如图 1-78（b）所示，节流阀装在回油路上。油泵的供油压力 p_0 由溢流阀调节，保持一定。油缸右腔的压力 p_1 基本上等于油泵的供油压力 p_0。油缸右腔的压力 p_2 由负载 F 决定，负载越小，p_2 越大。回油节流调速回路的优点是由于节流阀装在回路上可产生较大的背压，运动比进油节流调速回路平稳。而且调速范围较大，所以多用在负载变化较大的场合。

3. 旁路节流调速回路

旁路节流调速回路如图 1-78（c）所示，节流阀装在旁路上。油液是部分通过节流阀流

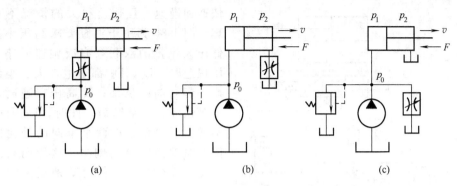

图 1-78 节流调速回路

回油箱，其余的油液进入工作油缸。因为定量油泵的流量是一定的，所以调节通过节流阀的流量，也就调节了进入油缸的流量。油缸右腔的压力 p_2 接近于零，油缸左腔的压力 p_1 基本上和油泵的供油压力 p_0 相同，它的数值由负载 F 的大小决定。安全阀只是在超载时才打开。因为在这种调速回路中，当负载 F 减小时，油泵的供油压力 p_0 也随着减小。加上油液只是部分通过节流阀，所以在能量的利用上合理，工作效率较高，但它的调速范围较小，运动速度受负载影响很大，多用于对运动速度平稳性要求不高的场合。

若将节流阀改为调速阀，则可提高运动速度的平稳性。

节流调速的优点是节流阀的结构简单，成本低，使用方便，但是效率较低。因为定量油泵的流量是一定的，而油缸所需的流量却随工作部件速度的快慢而变化，多余的油液通过溢流阀（旁路调速时是通过节流阀本身）在工作压力下流回油箱。这样，能量损失较大，损失的能量转变为热能，使油温升高。所以，这种调速方法一般用在功率不大的场合。

（二）变量油泵容积调速回路

这种回路是采用变量油泵（或变量油马达）或多泵进行调速的。它的主要优点是没有节流调速时油液从溢液阀溢出和通过节流阀的能量损失，所以，效率较高，适用于功率较大并需要有较大调速范围的场合。

1. 变量油泵容积调速回路

图 1-79（a）为变量油泵容积调速回路，活塞的移动速度 v 取决于变量油泵的流量，活塞的推力与油压成比例，油压由溢流阀限定，因此改变速度，其推力是不变的。而功率随着流量的增加而增大，其特性曲线如图 1-79（b）所示。这种回路可以实现无级调速。

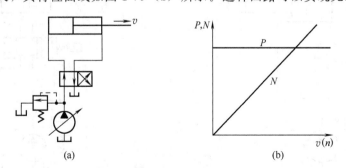

图 1-79 变量油泵容积调速回路

2. 容积有级调速回路

容积无级调速回路虽然有很多优点，但所用变量油泵的结构复杂，成本高。对于只要求

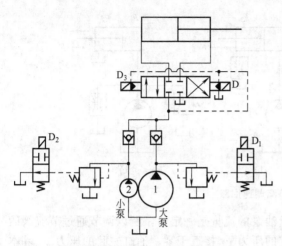

图 1-80　双联泵有级调速回路

快速和慢速，且速比很大的情况不一定合理。图 1-80 为用于油缸要求高压小流量和低压大流量的双联泵有级调速回路。当低压快速时，D_1、D_2 都通电，大、小泵的流量一起向油缸供油；而高压慢速时，则由小泵供油，大泵卸荷，此时，D_2 通电，D_1 不通电。回路中的两个单向阀是用以防止停车时油液向泵内倒灌。这种回路的特点是功率损失较小，能有效地提高快速行程的速度。小型橡胶塑料注射机中均可采用这种回路。

（三）快速回路

执行机构的快速运动一般都是在空载情况下进行的。快速运动时，要求供油流量较大，而压力较低。快速回路就是在油泵供油量不变的情况下，可以提高执行机构运动速度的回路。

1. 差动快速回路

图 1-81 为差动快速回路。在图示位置时，油泵输出的压力油进入油缸左腔。同时油缸右腔始终和压力油相通，因为油缸左腔的有效工作面积比右腔大，所以，活塞向右运动。油缸右腔排出的油液与油泵输出的油液一同进入油缸左腔，加快了活塞向右运动的速度。这种快速运动回路实际上改变了油缸的有效工作面积。差动连接时，有效工作面积就是活塞杆的截面积，所以快速运动时，作用在活塞上的有效推力较小。当二位三通阀换向后，活塞向左运动。

2. 用蓄能器的快速回路

图 1-82 是用蓄能器的快速回路。采用蓄能器的目的是为了用流量较小的油泵供给系统以较大的流量。当换向阀 5 的阀芯处于左端或右端位置，系统需要大流量时，油泵 1 和蓄能器 4 共同向油缸供油。当系统停止工作时，换向阀处在中间位置，这时，油泵便经单向阀 3 向蓄能器供油。蓄能器压力升高后，遥控顺序阀 2（作卸荷阀用）开启，使油泵卸荷。

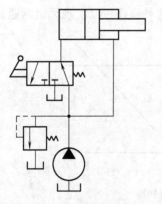

图 1-81　差动快速回路

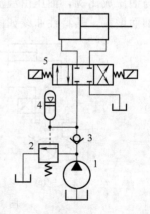

图 1-82　用蓄能器的快速回路
1—油泵；2—顺序阀；3—单向阀；
4—蓄能器；5—换向阀

三、方向控制回路

方向控制回路是为了实现执行机构运动方向的变换。它是利用换向阀或单向阀改变油流方向，接通或断开油路，实现其油流方向的控制。

（一）换向回路

换向回路是实现执行元件运动方向变换的回路。

1. 用换向阀的换向回路

图 1-69 即为采用三位四通电磁换向阀换向的回路。用电磁阀换向时，换向时间短（交流电磁铁一般为 0.07s），而且容易实现自动控制，但只适于流量不大的场合。

2. 用双向变量泵的换向回路

如图 1-83 所示，油泵正向供油使活塞向左移动时，油泵从油缸左腔吸油输入右腔，不足的油量从油箱经单向阀 3 吸入。油泵反向供油使活塞向右移动时，压力油将液控单向阀 4 打开，使油缸右腔的油除了被油泵吸入外，多余的回油经单向阀 4 流回油箱。活塞的往复速度由变量油泵调节。阀 1、2 调节活塞往复时的压力。

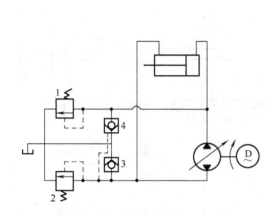

图 1-83　用双向变量泵的换向回路
1，2—阀；3，4—单向阀

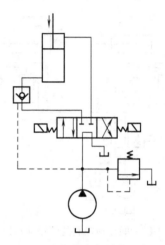

图 1-84　用液控单向阀单向锁紧回路

（二）锁紧回路

锁紧回路的形式很多，图 1-84 为用液控单向阀单向锁紧回路。当换向阀在中间位置时，油泵卸荷。活塞被液控单向阀锁紧。换向阀换至上升或下降位置时，液控单向阀即被打开。由于液控单向阀几乎没有泄漏，活塞可以被长时间锁紧，不会因自重而下滑。

四、顺序动作回路和安全回路

（一）顺序动作回路

当系统只用一个动力源驱动几个油缸（或油马达），而这些油缸在运动过程中又需要按照严格的顺序依次运作时，就要用顺序动作回路来完成。

1. 顺序阀控制的顺序动作回路

图 1-85 是用单向顺序阀控制的顺序动作回路。在图示位置，油泵输入的压力油进入油缸 Ⅱ 的左腔，活塞向①方向运动。运动至终点以后，系统压力升高，打开单向顺序阀 A 中的顺序阀，使压力油进入油缸 Ⅰ 的左腔，使活塞向②方向运动。油缸 Ⅱ 右腔的油经单向阀流回油箱。换向阀换向后活塞按③—④顺序进行。从而完成①—②—③—④的活塞运动顺序。

这种顺序动作回路的可靠性在很大程度上决定于顺序阀的性能和压力调定值，顺序阀的压力值应调为先动作的油缸活塞运动所需最大压力再加 0.8～1.0MPa。这样才能保证在活塞向①方向运动的过程中，顺序阀 A 不会打开。当油缸Ⅱ的活塞向①方向走至预定位置压力再升高 0.8～1.0MPa 后，顺序阀 A 才打开。顺序阀调定的压力与先动作的油缸活塞运动所需的压力的差值不能太小，否则有可能在油压冲击下预先打开顺序阀 A，产生错误动作。

2. 行程控制的顺序动作回路

图 1-86 是由电磁换向阀和行程开关组成的顺序动作回路。当换向阀的电磁线圈 D_1 通电时，压力油进入油缸Ⅰ的左腔，活塞向①的方向运动，到达预定的位置时，挡块压下行程开关 2，线圈 D_1 断电，油缸Ⅰ的活塞停止运动。线圈 D_1 断电的同时线圈 D_3 通电，于是压力油进入油缸Ⅱ的左腔，使活塞向②的方向运动。活塞运动到预定位置时，挡块压下行程开关 4，线圈 D_3 断电，同时线圈 D_2 通电，这时压力油进入油缸Ⅰ的右腔，使活塞向③的方向运动。活塞运动到预定位置时，挡块压下行程开关 1，线圈 D_2 断电，同时线圈 D_4 通电，于是压力油进入油缸Ⅱ的右腔，使活塞向④的方向运动，当挡块压下行程开关 3 时，线圈 D_4 断电，油缸Ⅱ的活塞停止运动，这样就完成了顺序动作①—②—③—④的一个循环。

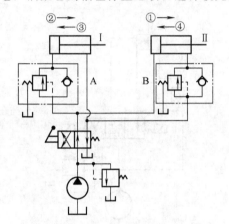
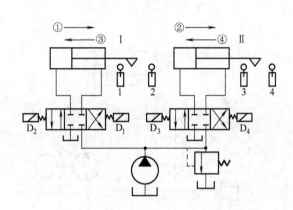

图 1-85　顺序阀控制的顺序动作回路

图 1-86　行程控制的顺序动作回路
1～4—行程开关

这种控制方法比较简单，能直接反映和控制活塞运动的位置和行程，保证各工作部件按循环要求依次动作，能可靠地实现工作部件之间的互锁要求。如注射机中注射座整体向前和注射动作的互锁，安全门的关闭和闭模动作的互锁等。

（二）安全回路

在液压机械的操作过程中，操作人员的手经常需要进入机器的运动部位中去。例如，注射机操作中放嵌件，取制品或调试模具等。为了保障操作人员的安全，在注射机的工作部位均应设置安全门。

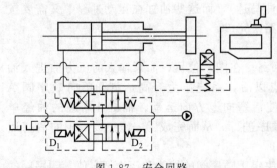

安全门通常是采用液压、电子仪表连锁以保证安全的，如图 1-87 所示。该回路是在电液阀的控制油路中串联一只二位四通行程控制阀而形成的。在图示位置才能闭模，并与限位开关连锁。即安全门关紧并撞及限位开关时，电液阀的电磁铁 D_1 才能通电而闭模。手动操作时，打开安全门，压下行程阀，限位开关复位并使 D_1 断电，D_2 断电，模板就自行开启。

图 1-87　安全回路

习　　题

1. 液压油有哪些主要物理性质？选择液压油时应考虑哪些因素？

2. 液体静压力的两个重要特性是什么？

3. 油泵的工作压力取决于什么？它和油泵的额定工作压力有什么关系？

4. 什么是困油现象？怎样消除？

5. 双联叶片泵和双级叶片泵在应用上各有何特点？

6. 试述油马达的工作原理。

7. 油缸活塞的推力和运动速度取决于什么？

8. 压力油通过减压阀输入油缸，当空载时减压阀出口压力为多少？当活塞运动到底时减压阀出口压力为多少？

9. 电磁、液动、电液动换向阀分别应用在什么场合？为什么？

10. 常用的滤油器有几种形式？过滤精度的含义是什么？

11. 蓄能器在液压系统中起什么作用？

12. 常用的调压回路有哪些？各自的作用是什么？

第二章 混合搅拌设备

第一节 概 述

混合搅拌设备是一种量大面广、品种繁多的机械产品。在合成橡胶、合成纤维、合成塑料等三大合成材料的生产中，采用搅拌设备作反应器的，约占反应器总数的 85% 以上。但是本章介绍的搅拌设备是专门用于物料的混合、传热、传质以及制备乳液、悬浮液等。

高分子材料加工成型工序之前，往往要对各种原材料进行预加工，而混合搅拌是其中比较重要的工序，混合搅拌的目的是使各种物料均匀分散，以保证后续加工工序易于进行以及保证高分子制品的高质量。混合搅拌设备是高分子材料成型加工中完成将各种助剂混合和分散操作必不可少的设备。

一、用途及分类

按混合设备被混合搅拌的物料的状态可以分为固体混合设备和液体搅拌设备，根据操作方式又可以分为间歇式混合设备和连续式混合设备。

固体混合设备主要适用于粉状、粒状固体物料的初混。如 Z 形捏合机和高速混合机，Z 形捏合机可用于高黏度物料的混合，如塑料的配料、固态物料中加入液态添加剂的加热混合。高速混合机是一种高强度、高效率的混合设备，混合时间短，一般是几分钟到 20min。很适合中、小批量的混合。高速混合机广泛用于各种塑料的混合、干燥、着色等工艺，是塑料加工行业必不可少的设备之一。液体搅拌设备可分为立式搅拌机和卧式搅拌机两类，主要用于涂料、胶黏剂等行业，特别是橡胶胶浆的制备。

二、规格表示与技术特征

混合搅拌设备常用设备的容积大小来表示，例如 SHR-50A，表示设备总容积为 50L。不同用途的混合搅拌设备有不同的表示方法，目前尚没有统一的标准。混合搅拌设备除了用设备的容积表示规格外，还可以用设备的配套功率大小来表示。如 GFS-3T，3 表示配套功率大小。

表 2-1 是常用立式胶浆搅拌机和卧式胶浆搅拌机的规格及技术特征。

表 2-2 是国产 Z 形捏合机的规格及技术特征。

表 2-1 胶浆搅拌机的规格及技术特征

名　称	有效容积/L	转速/(r/min)	外形尺寸/mm	电机功率/kW
10L卧式胶浆搅拌机	10	40(前桨),20.57(后桨)	1130×782×1300	1
50L立式胶浆搅拌机	50	70	800×900×1550	2.2
100L卧式胶浆搅拌机	100	19.5(前桨),36.2(后桨)	3563×1120×1020	6.5

表 2-2 Z 形捏合机的规格及技术特征

参数 型号	总容积/L	电机功率/kW	主轴转速/(r/min)	加热方式	外形尺寸/mm	质量/kg
NH-5	5	0.75	33,23	蒸汽,电	650×400×705	300
NH-40	40	2.2	45,23	蒸汽,电	1170×1100×480	560
NH-100	100	3.4,5.5	35,22	蒸汽,电	1645×775×1540	1250
NH-250	250	7.5,11	37,21	蒸汽,电	1800×800×1400	1600
NH-500	500	15,18.5	37,21	蒸汽,电	3000×1000×1500	3000
NH-1000	1000	22,30,37,45	35,25	蒸汽,电	3450×1300×1600	4500
NH-1500	1500	22,30,37	30,16	蒸汽,电	3600×1420×1800	5800
NH-2000	2000	45	45,30	蒸汽	3900×1600×2100	6500

表 2-3 和表 2-4 是某高速混合机的规格及技术特征。

表 2-5 是高速分散机其中一种 GFS-T 混合分散机（无级变速型）的规格及技术特征。

表 2-3　SHR 系列高速混合机的规格及技术特征

参数 型号	总容积/L	有效容积/L	电机功率/kW	主轴转速/(r/min)	加热方式	卸料方式
SHR-5A	5	3	2.2	600～3000	自摩擦	手动
SHR-10A	10	7	3	600～3000	电加热,蒸汽加热	气动
SHR-50A	50	30	7/11	750/1500	电加热,蒸汽加热	气动
SHR-100A	100	65	14/22	650/1300	电加热,蒸汽加热	气动
SHR-200A	200	130	30/42	475/950	电加热,蒸汽加热	气动
SHR-300A	300	200	40/55	475/950	电加热,蒸汽加热	气动
SHR-500A	500	330	47/67	430/860	电加热,蒸汽加热	气动
SHR-800A	800	500	75	500	电加热,蒸汽加热	气动
SHR-200C	200	130	30/42	650/1300	自摩擦	气动
SHR-300C	300	200	47/67	650/1300	自摩擦	气动
SHR-500C	500	330	83/110	500/100	自摩擦	气动

表 2-4　SHL 系列冷却混合机的规格及技术特征

参数 型号	总容积/L	有效容积/kW	电机功率/kW	主轴转速/(r/min)	加热方式	卸料方式
SHL-200A	200	130	7.5	200	—	—
SHL-500A	500	330	11	130	水冷	气动
SHL-800A	800	500	15	100	—	—
SHL-1000A	1000	650	15	100	水冷	气动
SHL-1600A	1600	1000	30	70	—	—

表 2-5　GFS-T 混合分散机（无级变速型）的规格及技术特征

参数 型号	配套动力 /kW/hP	升降高度 /mm	扇叶直径 /mm	扇叶速度 /(r/min)	搅拌容量 /L	整机质量 /kg	外形尺寸（长×宽×高） /mm
GFS-1.5T	1.5/2.0	700	150	80～1400	120～150	300	1033×500×1396
GFS-3T	3/4.0	900	225	80～1400	200～300	550	1338×500×1594
GFS-4T	4/5.5	900	225	80～1400	400～500	600	1598×600×1826
GFS-5.5T	5.5/7.5	900	250	80～1400	600～700	800	1635×600×2046
GFS-7.5T	7.5/4.0	1000	275	80～1400	800～900	1000	1939×800×2520
GFS-11T	11/15	1100	300	80～1400	1200～1500	1200	2356×800×2410
GFS-15T	15/20	1100	325	80～1400	1600～2200	1500	2356×800×2452
GFS-18.5T	18.5/25	1200	325	80～1400	1600～2500	2000	2356×800×2452
GFS-22T	23/30	1400	350	80～1400	2500～3000	2100	2686×900×2978

第二节　基 本 结 构

一、立式搅拌机

混合搅拌设备由搅拌容器和搅拌机构两大部分组成。搅拌容器包括釜体、外夹套、内构件以及各种用途开孔接管等；搅拌机包括搅拌器、搅拌轴、轴封、机架及传动装置等部件，如图 2-1 所示。

搅拌设备的传动装置包括电动机、变速器、联轴器、轴承、机架及凸缘法兰等。其中搅拌驱动机构通常采用电动机与变速器的组合或选用带变频器的电动机，使搅拌器达到需要的转速。

传动装置的作用是使搅拌轴以所需的转速转动，并保证搅拌轴获得所需的扭矩。在绝大多数搅拌设备中，搅拌轴只有一根，且搅拌器以恒定的速度向一个方向旋转。然而也有一些特殊的搅拌设备，为获得更佳的混合效果，可以在一个搅拌设备内使用两根搅拌轴，并让搅拌器进行复杂的运动，如复动式、往复式、行星式等。

图 2-2 为最常用的传动装置系统组合，其中图 2-2 为采用机械密封（或填料密封）、单支点机架的搅拌传动装置系统组合。当搅拌轴挠度过大而又不能增大轴径的时候，可增设底轴承来解决；在搅拌轴较长时，还要设置中间轴承来增加轴的稳定性。

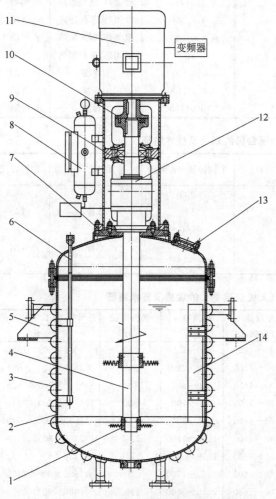

图 2-1　搅拌设备的典型结构
1—搅拌器；2—釜体；3—半圆管夹套；4—搅拌轴；5—支座；
6—温度计接管；7—凸缘法兰；8—循环冷却系统；
9—机架；10—联轴器；11—带变频器的电动机；
12—轴封；13—视镜；14—挡板

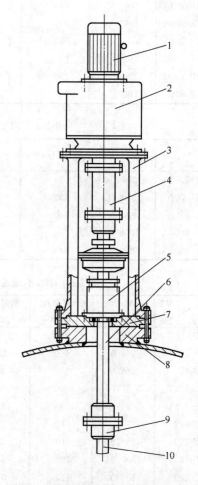

图 2-2　采用机械密封（或填料密封）、
单支点机架的搅拌传动装置系统组合
1—电动机；2—变速器；3—单支点机架；
4—（釜外）带短节联轴器；5—轴封；
6—传动轴；7—安装底盖；8—凸缘法兰；
9—（釜内）联轴器；10—搅拌轴

二、混合分散机

混合分散机主要由搅拌部分、电动机传动部分、立柱、托座、液压系统、电控系统等部分组成。图 2-3 是混合分散机的结构图。

　　混合分散机是依靠电动机 5 旋转，电动机 5 和搅拌轴 12 之间通过链轮或皮带轮传动，驱动搅拌轴转动。搅拌轴的下端是安装叶片 11 的位置（图中叶片未画出），可以根据物料的特点选择安装不同形状的叶片。在分散机的底部有进出油管 1，通过行程开关 2 控制，将液压油由油管通入立柱 6 的液压缸体 9 中或将液压油回流，从而实现搅拌轴上下升降。在搅拌轴调整至合适高度时，可以用立柱上的锁紧手柄 8 将搅拌轴的高度位置固定。

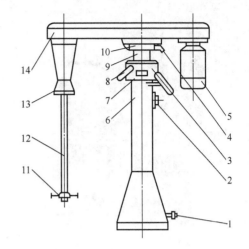

图 2-3　混合分散机的结构图

1—进出油管；2—行程开关；3—回转手柄；4—排气阀；
5—电动机；6—立柱；7—回转箱；8—锁紧手柄；
9—缸体；10—托座；11—叶片；12—搅拌轴；
13—搅拌轴座；14—传动箱

　　混合分散机是用于多种不同黏度液体和固体粉状物进行低速搅拌、高速分散、溶解、混合的高效设备，物料在不同速度运动中通过特制叶轮旋转产生剪切作用，使聚集物迅速分散，进而达到溶解、乳化、均匀混合。它广泛用于人造革、墙纸等工厂作为制备高分子乳液、黏合剂等，也用于涂料、颜料、油墨、造纸等行业。

三、Z 形捏合机

　　Z 形捏合机又名双臂捏合机或 Sigma 桨叶捏合机，Z 形捏合机的典型结构如图 2-4 所示。Z 形捏合机主要由转子、混合室及驱动装置组成。

　　Z 形捏合机是靠转子转动对各类物料进行混合、配料。小型捏合机采用较高转速，而大型捏合机为防止搅拌过程温升过高而采用低速搅拌。设计良好的捏合机，在某些场合，可代替密炼机工作，如硅橡胶的混炼。图 2-5 是混合室底部装一根螺杆的 Z 形捏合机，其通过螺杆进行连续排料，混合过程中，螺杆连续旋转，一方面可促使物料轴向混合，另一方面可将物料由螺杆下部的排料口连续排出，螺杆排料装置可缩短生产周期，操作简便。

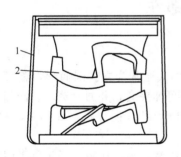

图 2-4　Z 形捏合机

1—混合室壁；2—转子

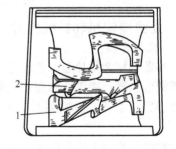

图 2-5　螺杆排料装置

1—转子；2—排料螺杆

　　Z 形捏合机是广泛用于塑料和橡胶等高分子材料的混合设备。

四、高速混合机

　　高速混合机由混合室、叶轮、折流板、回转盖、排料装置及传动装置等组成。高速混合机的实物图和结构图分别如图 2-6 和图 2-7 所示。叶轮是高速混合机的主要部件，与驱动轴相连，可在混合室内高速旋转，由此得名为高速混合机。

图 2-6　高速混合机实物图

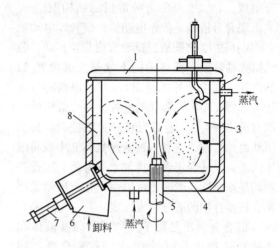

图 2-7　高速混合机结构图
1—回转盖；2—外套；3—折流板；4—叶轮；5—驱动轴；6—排料口；7—排料气缸；8—夹套

当高速混合机工作时，高速旋转的叶轮借助表面与物料的摩擦力和侧面对物料的推力使物料沿叶轮切向运动。同时，由于离心力的作用，物料被抛向混合室内壁，并且沿壁面上升，当升到一定高度后，由于重力作用，又落回到叶轮中心，接着又被抛起。这种上升运动与切向运动的结合，使物料实际上处于连续的螺旋形上下运动状态。由于叶轮转速很高，物料运动速度很快，快速运动着的粒子间相互碰撞、摩擦，使得团块破碎，物料温度相应升高，同时迅速地进行着交叉混合，这些作用促进了组分的均匀分布和对液态添加剂的吸收。

高速分散机广泛用于塑料压延、挤出和注射前的混色、制取母料、配料及共混材料的预混，如 PVC 粉料与填料、增塑剂及其他添加剂的混合。

第三节　主要零部件

一、立式搅拌机和卧式搅拌机

（一）搅拌容器

搅拌容器被称为搅拌釜（或搅拌槽）。釜体的结构形式通常为立式圆筒形，釜底形状有平底、椭圆底、锥形底等。根据工艺传热要求，釜体外可加夹套，并通入蒸汽、冷却水等介质。搅拌容器分立式和卧式两种，分别对应立式搅拌机和卧式搅拌机，如图 2-8 和图 2-9 所示。

立式搅拌机常用于橡胶胶浆的搅拌，但由于其不易拆洗，因此比较适用于色泽固定的胶浆。立式搅拌机在使用时要严格控制温度。因为橡胶胶浆搅拌过程中会产生一定热量，造成温度升高，引起胶浆自硫，所以搅拌机应装备水冷夹套以控制温度；同时大型立式搅拌机在搅拌过程中转速一般较慢，以减少温升。

卧式搅拌机的溶解槽呈箱形，有两个搅拌桨叶，由两个水平轴位置相同或不相同的轴带动，两个轴转速和旋向不同。卧式搅拌机的特点是溶解槽可以倾斜，卸料方便迅速；容易清除积胶；容积大，最大可达 500L；桨叶面积大，搅拌作用强烈，适于稠厚胶浆的制备，制浆周期短。

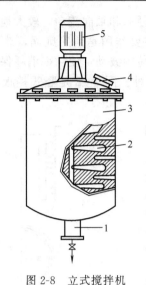

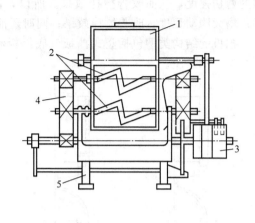

图 2-8　立式搅拌机　　　　　　　　　　　　　图 2-9　卧式搅拌机

1—排浆口；2—搅拌桨；3—桶体；4—加料孔；5—电动机　　　1—顶盖；2—桨叶；3—传动装置；4—齿轮；5—机架

（二）搅拌器与搅拌轴

搅拌器又称为叶轮或桨叶，是搅拌设备的核心部件。搅拌轴大多是自搅拌釜顶部中心垂直插入釜内，部分也采用从侧面插入、底部伸入或侧面伸入方式，应依据不同的搅拌要求选择不同的安装方式。图 2-10 是高速立式搅拌机示意图，图中采用的双搅拌轴，而且搅拌轴是从釜体的侧面伸入。某些带捏合桨叶的搅拌机，如图 2-11 所示，专门用于制造高黏稠度的胶浆，在溶解槽内除了搅拌桨叶外，还配备两个捏合桨叶，具有比普通立式搅拌机大的混合能力。

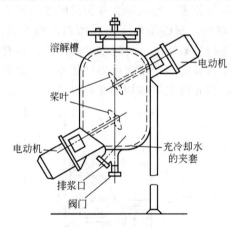

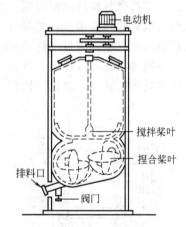

图 2-10　高速立式搅拌机示意图　　　　　　　图 2-11　附有捏合桨叶的搅拌机

由于搅拌轴传递电动机输出的动力和扭矩，所以搅拌轴要有足够的强度。同时，搅拌轴既要与搅拌器连接，又要穿过轴封装置以及轴承、联轴器等零件，所以搅拌轴还应有合理的结构、较高的加工精度和配合公差。

（三）挡板

为了消除搅拌容器内液体的打转现象，使被搅物料能够上下轴向流动，形成全釜的均匀混合，通常在搅拌容器内加入若干块挡板。挡板数一般在 2～6 块之间，视具体情况而定。加入挡板后，搅拌功率消耗将明显增加，且随着挡板数的增加而增加。通常，挡板宽度约为容器内直径的 1/12～1/10。在固体悬浮操作时，还可在釜底上安装底挡板，以促进固体的悬浮。安装在简体内壁的挡板可把回转的切向流动改变为径向和轴向流动，较大地增加了流体的剪切强度，从而改善搅拌效果。所以，设置挡板的主要作用是消除旋涡，改善主体循环；增大湍动程度，改善搅拌效果；同时还能降低搅拌载荷的波动，使功率消耗保持稳定。

挡板的结构类型包括竖式挡板、底挡板和指形挡板三种。图 2-12 是竖式挡板的结构及安装位置示意图。

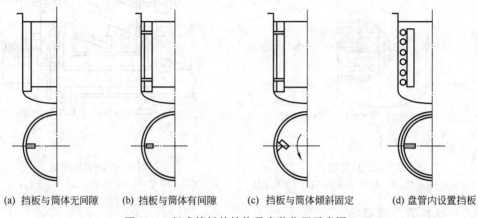

(a) 挡板与简体无间隙　　(b) 挡板与简体有间隙　　(c) 挡板与简体倾斜固定　　(d) 盘管内设置挡板

图 2-12　竖式挡板的结构及安装位置示意图

（四）轴封

轴封是搅拌设备的一个重要组成部分。轴封属于动密封，其作用是保证搅拌设备内处于一定的正压或真空状态，防止被搅物料逸出和杂质的渗入。特别是当搅拌介质为剧毒、易燃、易爆或比较昂贵的高纯度物料时，对轴封的密封要求更高。在搅拌设备中，最常用的轴封有液封、填料密封和机械密封等。在允许液体泄漏量较多，釜内压力较大的时候，可选用填料密封。填料的种类很多，包括绞合填料、编织填料、塑性填料、金属填料。图 2-13 是填料密封的结构，填料密封又称填料箱，是搅拌设备较早采用的一种转轴密封结构，具有结构简单、制造要求低、维护保养方便等优点。但其填料易磨损，密封可靠性较差，一般只适用于常压或低压低转速、非腐蚀性和弱腐蚀性介质，并允许定期维护的搅拌设备。

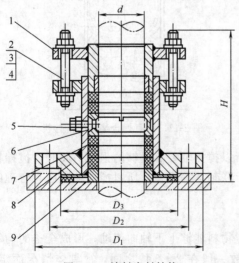

图 2-13　填料密封结构

1—压盖；2—双头螺栓；3—螺母；4—垫圈；
5—油杯；6—油环；7—填料；8—本体；9—底环

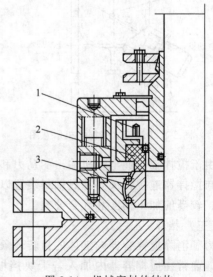

图 2-14　机械密封的结构

1—弹簧；2—动环；3—静环

允许液体泄漏量少、釜内正压力或真空度较高，并且要求轴与轴套之间摩擦较小时，可采用机械密封。图 2-14 是机械密封的结构。机械密封是把转轴的密封面从轴向改为径向，通过动环和静环两个端面的相互贴合，并作相对运动达到密封的装置，又称端面密封。机械密封的泄漏率低，密封性能可靠，功率消耗小，使用寿命长，无需经常维修，且能满足生产过程自动化和高温、低温、高压、高真空、高速以及各种易燃、易爆、腐蚀性、磨蚀性介质和含固体颗粒介质的密封要求。

二、混合分散机

（一）搅拌轴和搅拌容器

搅拌轴是混合分散机的主要工作零件，如图 2-3 所示。由电动机带动链轮或皮带轮进行传动。搅拌轴的底端可以安装不同形状的叶片，适用于搅拌不同黏度的液体物料。搅拌轴的高度可以通过立柱的液压油缸通入或输出液压油实现升降动作。搅拌轴的转速在 80～1400r/min 范围内进行无级变化。

搅拌容器是一个由不锈钢做成的圆柱桶，里面放入被搅拌的物料，搅拌轴和叶片伸入圆柱桶中进行混合搅拌。

搅拌轴要求具有足够的扭转强度和弯曲强度，因此搅拌轴一般都设计成刚性轴。搅拌轴的下端要安装一至两条叶片。

（二）传动装置

混合分散机的传动装置由电机、减速箱、链轮或皮带轮三部分组成，如图 2-3 所示。混合分散机的传动装置能实现无级变速，从而保证搅拌轴的转速在较大速度范围内变化。

（三）立柱

混合分散机的立柱是整台设备的支撑机构。立柱的底部设有进出油管，可以输入或输出液压油，立柱的中央有液压油缸，上部有托座和传动装置。在液压油缸中通入液压油后可以实现搅拌轴的升起。

三、Z 形捏合机

（一）混合室

混合室的结构如图 2-4 所示。混合室是一个 W 形或鞍形底部的钢槽，上部有盖和加料口，下部一般设有排料口。钢槽呈夹套式，可通入加热或冷却介质。有的高精度混合室还设有真空装置，可在混合过程中排出水分与挥发物。混合室底部设有排料口或排料门进行排料。此外，混合室可设计成翻转形式，通过倾斜混合室进行排料。

（二）转子

Z 形捏合机的转子装在混合室内。转子类型很多，常用的转子类型如图 2-15 所示。最基本类型如图 2-15（a）所示，图 2-15（b）是单螺棱转子。其形状如"Z"形，故称为 Z 形转子。驱动装置带动转子旋转，转子转速一般为 10～35r/min。

(a) Z形转子　　　　(b) 单螺棱转子

图 2-15　常用的转子类型

转子在混合室内的安装形式有两种，为相切式和相交式，相切式是两转子外缘运动迹线是相切的，而相交式是两转子外缘运动迹线是相交的。相切式安装时，转子可以同向或异向旋转，转子速比为 1.5∶1、2∶1 或 3∶1。而相交式安装的转子只能同速同向旋转。相交式安装的转子其外缘与混合室壁间隙很小，一般在 1mm 左右。间隙小，物料将受到强烈剪切、挤压作用，可以增加混合（或捏合）效果，同时可以有效地除掉混合室壁上的滞料。所以捏合机适合热塑性塑料的初混或 PVC 的配料。

大型捏合机的转子一般设计成空腔形状，以便向转子内通入加热或冷却介质。

四、高速分散机

（一）混合室

高速分散机的混合室结构如图 2-7 所示，混合室呈圆筒形，是由内层、加热冷却夹套、绝热层和外套组成。内层粗糙度低，耐磨性好。上部连接回转盖，下部连接排料口，为了排除混合室内的水分与挥发物，有的还装有抽真空装置。混合室下部有排料口，位于物料旋转并被抛起时经过的地方。排料口接有气动排料阀门，可以迅速开启阀门排料。

（二）叶轮

叶轮是高速分散机的最重要的工作零件。叶轮的形状以及工作状态对混合效果有着明显影响。叶轮有多种形式，其结构如图 2-16 所示。

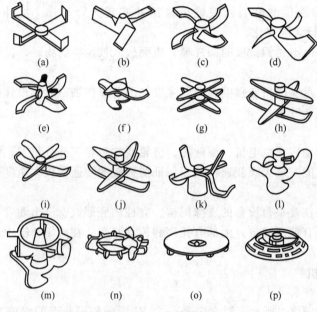

图 2-16　叶轮结构

叶轮在混合室内的安装形式有两种：一种为高位式，即叶轮装在混合室中部，驱动轴相应长些；另一种为普通式，叶轮装在混合室底部，由短轴驱动。高位式与普通式的结构及工作原理如图 2-17 所示。显然，高位式混合效率高，物料填充量更多。

叶轮是高速混合机的主要工作零件，因而也是影响高速混合机混合质量的主要因素之一。叶轮的形状、叶轮与器壁间隙、叶轮外缘线速度都会影响混合质量。为防止在混合过程中焦烧或降解，在旋转方向上叶轮的断面形状应是流线型。叶轮断面形状如图 2-18 所示。

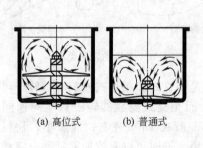

（a）高位式　　（b）普通式

图 2-17　叶轮安装位置

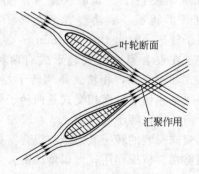

图 2-18　叶轮断面形状

此外，物料温度、物料填充率、混合时间、添加剂的加入次序及加入方式等也对物料的混合质量有一定影响。物料填充率小时，物料流动空间大，有利于混合，但由于填充量小而影响产量；填充率大时，又影响混合效果，所以有必要选择适当的填充率。填充率一般为0.5～0.7适宜，对于高位式叶轮，填充率可达0.9。

（三）折流板

折流板断面呈流线型，悬挂在回转盖上，可根据叶轮形式混合室内物料的多少调节其悬挂高度。折流板内部为空腔，装有热电偶，测试物料温度。

混合室内折流板的主要作用是当叶轮旋转对物料进行混合时，可以进一步搅乱物料的流态，使物料形成无规运动，并在折流板附近形成很强的旋涡，因而可以加快混合效率，提高混合质量。

第四节　主要性能参数与工作原理

一、主要性能参数

（一）有效容积

混合搅拌设备的有效容积是指被搅拌物料能够一次填充在釜体内的最大容积。因而有效容积大，物料一次填充量就大，设备的产量提高。因此，有效容积是反映混合搅拌设备的产量的一个重要参数。根据实际生产需要可以选择不同容积混合搅拌设备。如实验室用小型捏合机容积较小，而大型捏合机容积较大，可达10^4L。表2-1中SHR系列高速混合机的有效容积在3～330L之间。

（二）叶端线速度

叶端线速度决定着传递给物料的能量，同时也决定了搅拌效率。一般叶端线速度大，设备的搅拌效率较高，但叶端线速度对物料的运动和温升有重要影响，如果线速度过快，有可能会造成物料的焦烧或分解，影响物料质量。表2-6是某些内部器件旋转时的叶端线速度的参考值。

表 2-6　内部器件旋转时的叶端线速度

混合器的类型	叶端线速度/(m/s)	混合器的类型	叶端线速度/(m/s)
螺带式	1.42	双转子式	6.6
蜗轮式	3.05	单转子式	30.5～45.7
V式	8.64～16.8		

（三）电机功率

混合搅拌设备的功率受多种因素影响。高速混合机的驱动功率由混合室容积、叶轮形状、转速、物料种类、填充率、混合时间、加料方式等决定。硬PVC混合过程中功率消耗（以电流表示）曲线如图2-19所示。

对于大容积、高转速、高填充率的场合，功率消耗较大。当添加剂（如增塑剂）的加入方式不同时，功率消耗也不相同。一般的高速混合机的驱动功率为150～300W/kg。当增塑剂含量高时，驱动功率可达600W/kg以上。图2-20表示高速分散机将PVC和填料进行混合时的功率消耗和温度随时间变化的曲线。图2-11（a）表示增塑剂连续加入经过预热的PVC中时的电流、温度-时间曲线（增塑剂含量35%）。图

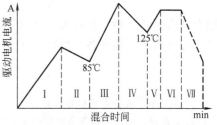

图 2-19　硬 PVC 混合过程中电流曲线
Ⅰ—混合和研细；Ⅱ—流动性增加；Ⅲ—润滑剂熔融；Ⅳ—干混合；Ⅴ—硬脂酸盐的熔融；Ⅵ—热混合；Ⅶ—在冷混器中混合

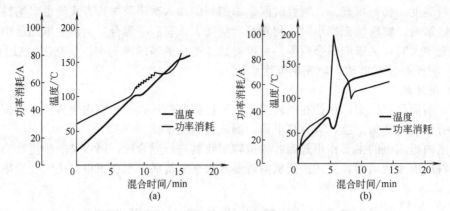

图 2-20　功率消耗、温度与混合时间关系图

2-20（b）表示在混合过程中，增塑剂一次性加入 PVC 中时的电流、温度-时间曲线（增塑剂含量 35％）。可见，功率消耗不仅与混合时间有关，而且与加料方式有关。

Z 形捏合机的驱动功率主要由转子结构形式和物料性质决定。一般可取 10～300kW/m³。

二、工作原理

固体粒子混合时有三种基本的混合机理，即：粒子在小尺寸范围内的随机运动，称扩散混合；粒子进行大尺寸的随机运动，称对流混合；剪切混合。

能增加单个粒子移动性的运动便能促进扩散混合。如果没有相反的离析作用，则扩散作用迟早会导致高度的均一性。

在两种情况下发生扩散混合作用：一种是不断在新生的表面上再分布；另一种是一个一个粒子相互间的移动性增加。要加快混合过程，必须在扩散混合上再加上使大的粒子群互相混合的作用，即对流混合或剪切混合。

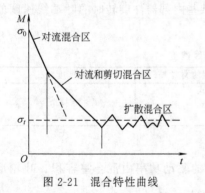

图 2-21　混合特性曲线

一个实际的混合过程可用由偏差 σ 表示的混合度 M 随时间 t 变化的曲线即混合特性曲线表示，如图2-21所示。

整条曲线可以分成三个区间，各个区间有不同的混合机理。混合初期，主要受对流混合支配；混合中期是对流和剪切进行恒速混合；后期以扩散混合为主。在混合过程中总是存在两种过程，即混合和反混合，混合状态是这两种相反过程之间建立起来的动平衡。混合过程中发生的对流、剪切和扩散两种混合机理不可能在各自的区间独立起作用，而是随混合过程进行同时出现。

习　　题

1. 混合搅拌设备主要有哪些类型？
2. Z 形捏合机和高速混合机在结构上有何不同？各适用于哪种工艺用途？
3. 液体物料混合搅拌设备有哪几种？在结构和用途上有何区别？
4. 高速混合机和高速分散机结构和用途有何不同？

第三章 开 炼 机

第一节 概 述

开放式炼胶（塑）机简称开炼机。它是橡胶塑料工业中使用最早、结构比较简单的最基本的设备。在1820年单辊开炼机就应用于生产中，至今已有一百多年的历史。随着橡胶塑料工业的发展，开炼机也逐步得到更新和完善，由于它们具有构造简单、加工适应性强、使用方便等特点，所以至今在橡胶塑料制品加工过程中，特别是中、小型工厂以及加工小批量特殊用途的物料或彩色物料方面的生产中，应用仍较普遍。但开炼机也存在着比较严重的缺点，如结构笨重、能耗大（效率低）、操作条件差等。虽然密炼机、冷喂料挤出机和连续混炼机等设备的发展和应用日益广泛，但开炼机仍然有其不能替代的用途。

一、用途与分类

开炼机主要用于橡胶、塑料和树脂的塑炼、混炼、热炼、压片和对压延机及挤出机热炼供料等，也可用于再生胶生产过程的破胶和精炼。

按开炼机的用途可分为：塑（混）炼机、压片机、热炼机、破胶机、洗胶机、再生胶粉碎机、精炼机、实验用开炼机等，见表3-1。

表3-1 开炼机分类

辊面形状	开炼机名称		主 要 用 途
	前辊筒	后辊筒	
塑（混）炼机	光滑面	光滑面	物料的塑（混）炼、预热供料等
压片机	光滑面	光滑面	供密炼机炼过的物料压片用
热炼机	光滑面	光滑或沟纹	物料的预热粗炼
破胶机	光滑面	沟纹面	生胶塑炼前破碎
洗胶机	沟纹面	沟纹面	除去生胶废胶中的杂质
精炼机	腰鼓形	腰鼓形	清除再生胶中硬杂物质
再生胶粉碎机	沟纹面	沟纹面	废胶块的破碎
实验用开炼机	光滑面	光滑面	小批量物料实验

二、规格表示与技术特征

开炼机规格用辊筒工作部分的直径和长度表示，例如 $\phi550mm \times 1500mm$，表示前、后辊筒工作部分的直径为550mm，辊筒工作部分长度为1500mm。

目前生产的开炼机前、后辊筒直径相同，并规定了直径和长度的比例关系，故只用辊筒直径表示规格，同时在直径数值前面还冠以符号，以表示为何种机台。如XK-400开炼机，X代表橡胶类，K表示开放式，400表示辊筒工作部分的直径为400mm；又如SK-400，S表示塑料类，是加工塑料的；X（S）K-400，表示橡胶、塑料均适用。对一些专门用途的开炼机，有时还在符号后面再加一代号说明，如XKP为破胶机，XKA为热炼机等。

开炼机的规格系列是：650×2100，550×1500，550×800，450×1200，400×1000，360×900，160×320，60×200等八种。

有些国家还用英制来表示开炼机的规格，如16in×46in❶（16in）开炼机，即表示辊筒

---

❶ 1in＝0.0254m。

工作部分的直径为 16in、工作部分长度为 46in 的开炼机。

表 3-2 是开炼机的规格与技术特征。

表 3-2　开炼机的规格与技术特征

型号	辊筒规格/mm			辊筒速度/(m/min)		最大辊距/mm	速比	电动机功率/kW	炼胶容量/(kg/次)	辊筒表面情况		外形尺寸/mm
	前辊筒	后辊筒	工作部分长度	前辊筒	后辊筒					前辊筒	后辊筒	
XK-650	650	650	2100	32	34.6	15	1:1.09	110	135~165	光滑面	光滑面	6260×2530×2300
XK-550	550	550	1500	27.5	33	15	1:1.2	95	50~65	光滑面	光滑面	5160×2320×1700
XKP-560	560	510	800	25.6	33.24	12	1:1.48	75	30~50	光滑面	光滑面	5258×2282×1808
XK-450	450	450	1200	30.4	37.1	15	1:1.227	75	50	光滑面	光滑面	5230×2200×1330
XK-400	400	400	1000	13.24	28.6	10	1:1.227	40	20~25	光滑面	光滑面	4660×2400×1680
X(S)K-400	400	400	1000	18.65	23.69	10	1:1.27	40	20~25	光滑面	光滑面	4235×1850×1800
XK-360	360	360	900	16.25	20.3	10	1:1.25	30	20~25	光滑面	光滑面	3920×1720×1740
XK-160	160	160	320	19.64	24	6	1:1.22	4.2	1~2	光滑面	光滑面	1050×920×1280
XK-60	60	60	200	2.68	3.62	—	1:1.35	1.0	0.5	光滑面	光滑面	615×400×920

第二节　基本结构

开炼机由辊筒、辊筒轴承、机架和横梁、机座等主要零部件及传动装置、调距装置、安全制动装置、辊温调节装置、润滑装置等组成。

一、整体结构与传动装置

图 3-1 是目前广泛生产和应用的标准式 XK-360 开炼机的整体结构。两个平行安放且能相对回转的空心辊筒 1 和 2，穿过辊筒轴承 3，安在机架 4 上，横梁 5 用螺栓与机架固定，机架下端用螺栓固定在机座 6 上。调距装置 7 通过调距螺杆与前辊筒轴承体连接，转动手轮 8 可进行辊距的调整。

辊筒的一端装有大驱动齿轮 9，电动机 10 通过减速机 11、小驱动齿轮 12 将动力传递到大驱动齿轮 9 上，使后辊筒转动。后辊筒另一端装有速比齿轮 13，它与前辊筒上的速比齿轮啮合，使前、后辊筒同时相对回转。

为了调节操作过程中辊筒的温度，通过进水管 14 把水导入辊筒的内腔，溢流从辊筒头端的喇叭口进入溢流收集室 16 排出。

为了操作安全，开炼机的横梁上装有紧急停车装置的安全拉杆 17，拉动拉杆后即自动切断电源，通过制动器 18 而紧急停车。

为了防止物体从辊筒两端挤入辊筒轴承部位，并控制料片宽度，装有挡胶板 19；为了防止物料落到地上，又设有盛胶盘 20。

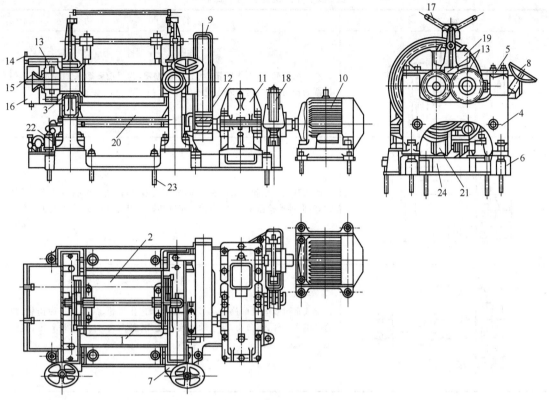

图 3-1 标准式开炼机

1—前辊筒；2—后辊筒；3—辊筒轴承；4—机架；5—横梁；6—机座；7—调距装置；8—手轮；9—大驱动齿轮；
10—电动机；11—减速机；12—小驱动齿轮；13—速比齿轮；14—进水管；15—喇叭口；16—溢流收集室；
17—拉杆；18—制动器；19—挡胶板；20—盛胶盘；21—小电机；22—油泵；23—地脚螺栓；24—油箱

辊筒轴承是由循环润滑装置供油的，油箱 24 上装有小电机 21、油泵 22，用以向轴承供油，润滑轴承后油又流回油箱过滤重复使用。

机座与基础用地脚螺栓 23 固定。

开炼机的传动装置主要包括电动机、减速机、大驱动齿轮、小驱动齿轮和速比齿轮等。

由一台电动机带动一台开炼机，称为单独传动；由一台电动机带动两台以上开炼机，称为联合传动或称多台传动。单独传动按生产实际需要有左传动和右传动之分，传动装置位于操作者右方的称右传动，反之称左传动。左、右传动不影响炼胶（塑）性能。

中国目前生产的开炼机传动方式基本上有如表 3-3 所示的三种类型。

（一）标准式开炼机（见图 3-1）

这是目前生产最多的一种结构形式。它是由电动机通过减速机，驱动大齿轮、小齿轮、速比齿轮，带动前、后辊筒以不同线速度相向回转。采用手动调距，干黄油或稀机油润滑，安全片及安全拉杆保护装置等。

（二）整体式开炼机（见图 3-2）

这是一种布置较为紧凑的结构形式。动力由设置在辊筒下部的电动机，经过安装在机架内部的齿轮减速后，而传动到大驱动齿轮、小驱动齿轮，速比齿轮从而带动前、后辊筒。采用液压调距和液压安全装置及稀机油润滑装置等。

表 3-3　开炼机结构特点比较

传　动　方　式	特　　点
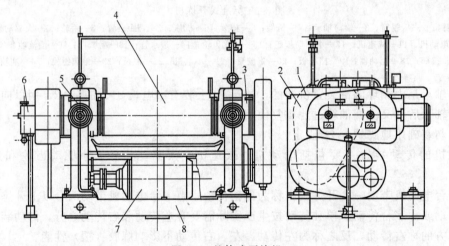	此式结构简单,工作可靠,制造维修方便,为目前多数采用的形式。但机器的轴向尺寸长,开式齿轮不易维护
	此式减速机箱和机架做成一体,故结构紧凑,占地面积小,质量轻,整体性好,但维护检修不便,因受传动布置的影响辊筒中心较高,不便于操作
	此式采用双电机单独传动形式,因取消速比齿轮,故改善了原齿轮、辊筒的工作条件,寿命长,高速轴可换位使用,轴向尺寸小,结构紧凑,但结构复杂,成本较高

图 3-2　整体式开炼机

1—横梁;2—机架;3—辊筒轴承;4—辊筒;5—调距装置;
6—加热冷却装置;7—电机;8—机座

（三）双电机传动开炼机（见图 3-3）

这是一种采用分离传动的结构形式。动力由两个电动机通过齿轮减速机和万向联轴节分别带动前、后辊筒转动。并采用电动调距和液压安全装置。

二、主要零部件

（一）辊筒

1.技术要求与材料

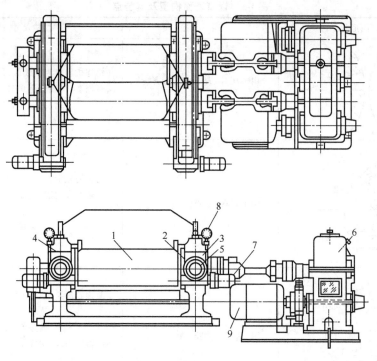

图 3-3　双电机传动开炼机

1—辊筒；2—轴承；3—机架；4—压盖；5—电动调距装置；
6—减速器；7—万向联轴器；8—液压安全装置；9—电机

辊筒是开炼机的主要工作部件，是直接完成炼胶（塑）过程的主要部分，因此，辊筒必须具有足够的机械强度和刚度，导热性能要好，工作面要耐磨，硬度要高，不低于肖氏硬度65～70。

辊筒一般用冷硬铸铁制造，冷硬法铸铁具有表层坚硬，耐磨损，内部韧性好，强度大，导热性能好，耐磨蚀，制造简单，造价低等优点，这些优点正好满足开炼机辊筒的技术要求，所以多数开炼机辊筒都是由冷硬法铸铁制造的。近年来辊筒也有采用铬钼合金或低镍铬合金制造，以提高其机械强度。

表 3-4 为各种规格开炼机辊筒工作表面硬度及白口层深度的要求。

表 3-4　辊筒工作表面硬度及白口层深度

项　　目	辊　筒　直　径					
	160mm	350mm	400mm	450mm	550mm	650mm
白口层深度/mm	3～12	5～20	5～20	5～24	6～25	6～25
工作表面硬度（肖氏）	68～75	68～75	68～75	68～75	68～75	68～75
轴颈表面硬度（肖氏）	37～48	37～48	37～48	37～48	37～48	37～48

2. 表面构型及各部分尺寸

开炼机用途不同，辊筒工作表面构型也不一样，用于塑炼、混炼、压片和供胶的辊筒表面均为光滑的；用于热炼、破胶、洗胶的辊筒表面设有沟纹；用于精炼的辊筒稍呈腰鼓形，但表面光滑，这种辊筒的特殊构型，有利于消除胶料中的杂质。用于破胶和热炼的辊筒有时采用一个光滑辊和一个沟纹辊相搭配。辊筒表面构型及其特点见表 3-5。

表 3-5　辊筒表面构型及其特点

辊筒表面形状	用　　途	结构尺寸/mm
光滑　　光滑 D　D	用于压片、塑炼、混炼、热炼、精炼等	精炼机辊筒为腰鼓形,其余为圆柱形 腰鼓度:前辊筒为 $0.15\sim0.375$ 后辊筒为 0.075
$\phi560$　$\phi510$ 前辊筒　后辊筒 h 光滑　沟纹 10 10 20 t	用于破料、粉碎	前辊筒光滑 后辊筒有沟纹:左旋 $4°\sim11°$, $z=80$ 纹距 $t=15\sim25$ 棱高 $h=2.5\sim8$
$\phi510$ $(\phi550)$ 20 前辊筒　后辊筒 $\phi560$ $(\phi550)$ R2.5 12 10 10 20 (21.55)	用于破胶、洗胶	前辊筒沟纹:左旋 $4°$, $z=88\sim120$ 纹距 $t=14\sim25$ 槽深 $R=2.5$ 后辊筒沟纹:左旋 $4°$, $z=80$ $t=10\sim25$ 棱高 $h=2.5\sim8$
$\phi456$ $\phi460$ $1.2\sim3$ $6\sim6.5$ $\phi456$ $\phi460$ $R1.2\sim3$ 前辊筒　后辊筒 12.7 25.4 12.7 12.7 $6\sim6.5$ 12.7	用于粗碎	前辊筒沟纹:左旋 $10°$, $z=56\sim57$ $h=6\sim6.5$ $R=1.2\sim3$ 后辊筒沟纹:左旋 $10°$, $z=56\sim57$ $t=25.4\sim25.6$ $h=6\sim6.5$
前辊筒　$\phi650$ 后辊筒 $h=4$ $\phi650$ 光滑辊　沟纹辊 10 10	用于热炼	前辊筒光滑 后辊筒沟纹:右旋 $4°$, $h=4$, $t=20$,面分 8 等分,其中 4 等分为沟纹。沟纹深,生产率高,但功率增大

开炼机辊筒各部分结构及各部分尺寸见表 3-6。

（二）辊筒轴承

辊筒轴承广泛采用的是滑动轴承，在大型开炼机中已采用滚动轴承。

滑动轴承由轴承体和轴衬两部分组成，轴承体用铸铁制造，而轴衬用青铜或尼龙制造。辊筒轴承承受负荷大，滑动速度低，温度较高，要求轴衬材料耐磨损，承载能力强，使用寿命长，制造和安装方便。一般采用 ZQSn8-12（化学成分铜 80％，铅 12％，锡 8％）和 ZQSn10-1 制造，使用效果较好。目前推广使用的浇铸型尼龙轴衬，具有制造加工容易，成

表 3-6 辊筒结构及各部分尺寸

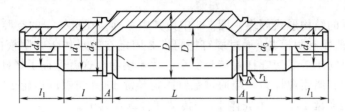

部 位	尺 寸 关 系	部 位	尺 寸 关 系
辊筒工作部分长度	$L=(1.3\sim3.2)D^{①}$	辊筒颈长度	$l=(1.05\sim1.35)d_1$
辊筒轴颈直径（滑动轴承）	$d_1=(0.63\sim0.7)D$	联结部分轴颈长度	$l_1=(0.85\sim1.0)d_1$
辊筒内径	$D_1=(0.55\sim0.62)D$	油沟尺寸	$A=(0.07\sim0.12)D$
辊筒联结部分直径	$d_4=(0.83\sim0.87)d_1$	圆角	$R=(0.06\sim0.08)d_1$
辊筒两端直径	$d_2=(1.15\sim1.2)d_1$	圆角	$r_1=(0.05\sim0.08)d_1$

　① 用于塑炼、混炼、热炼及压片时，$L=(2.2\sim3.2)D$；用于洗胶、破胶、精炼及粉碎时，$L=(1.3\sim1.6)D$。

本低、耐磨性能好、抗冲击、吸震、消声、自润滑性好，低速负荷下可不加油，并可节省有色金属等优点，但缺点是导热性差，热膨胀较大。不适合于高温炼塑机使用。

轴承衬套可做成整体式的，也可做成两半的。

轴承承受的负荷很大，故必须很好地进行润滑。润滑方式采用滴下润滑法、间歇加油润滑法和连续强制润滑法。滑动轴承的润滑剂为干黄油或稀机油。

图 3-4 是用稀机油连续强制润滑青铜轴衬的滑动轴承。轴承体 1 带有凸缘用以防止从机架中挤出，铜轴衬 2 用螺钉 3 与轴承体固定，通过螺钉 5 将轴承体与压盖 4 连接，密封圈 6 防止稀机油溢出，润滑油是通过进油孔 9 导入润滑面的。

近年来在大型开炼机上采用了滚动轴承，如图 3-5 所示。其特点是使用寿命长、电能消耗小，润滑油消耗量降低，安装方便，维护简单，但因配套困难，造价较高，国内尚未广泛应用。

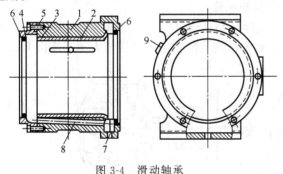

图 3-4 滑动轴承

1—轴承体；2—轴衬；3—螺钉；4—压盖；5—螺钉；
6—密封圈；7—出油孔；8—导油孔；9—进油孔

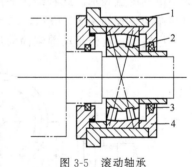

图 3-5 滚动轴承

1—轴承座；2—滚动轴承；3—密封圈；4—压盖

（三）调距装置

根据炼胶（塑）工艺的要求，辊距要进行调整。辊距调整量的大小视开炼机的规格而异，各种规格开炼机调距范围一般在 0.1～15mm 之间。若辊距过大，则速比齿轮会因啮合过小而断齿。

调距装置的结构形式分为手动、电动和液压传动三种。手动和电动的调距装置操作方便，结构紧凑，工作可靠，但手动的劳动强度较大；液压传动的调距装置结构简单，但不能自动退回,操作可靠性差。目前开炼机多以手动和电动为主,部分采用液压传动形式。本节介绍手动调距装置。

手动调距装置的结构形式颇多,图 3-6 中为其中一种。在机架 1 的空腔内装有调距螺母 7,调距螺杆 6 的前端有阴模 3,通过螺钉把阴模 3 固定在轴承体上,阴模内有安全垫片 4,并由固定在阴模上的压盖 5 使螺杆前端与安全垫片 4 接触。这就保证了螺杆旋转作往复移动时带动轴承体位移。调距螺杆另一端通过螺钉固定导键 11 并与螺旋齿轮 10 相接,在螺旋齿轮上固定有辊距刻度盘 13,并由壳体 12 把传动部分罩在其中。

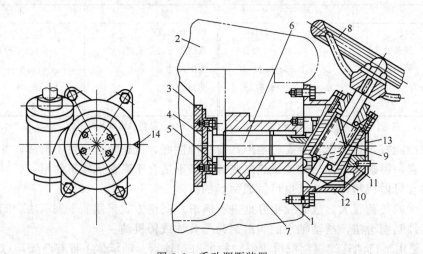

图 3-6　手动调距装置

1—机架;2—上横梁;3—阴模;4—安全垫片;5—压盖;6—调距螺杆;7—调距螺母;
8—手轮;9—螺杆;10—螺旋齿轮;11—键;12—壳体;13—刻度盘;14—指针

当需要调整辊距时,只要转动手轮 8 通过螺杆 9 使螺旋齿轮 10 转动,螺旋齿轮的键槽允许键 11 在其内滑动,故在调距螺杆 6 和螺母 7 的作用下,螺杆 6 作水平方向移动,其辊距的大小由刻度盘表示。此种结构适用中、小型开炼机。

电动调距装置如图 3-7 所示,调距时,可起动电动机通过摆线针轮减速机、蜗杆、蜗轮减速,再经螺母、丝杆带动前辊筒前后移动。此种结构比较复杂,多用于大型开炼机上。

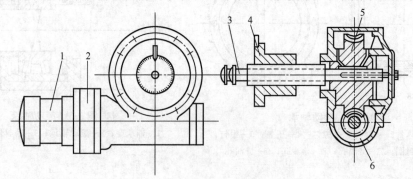

图 3-7　电动调距装置

1—电动机;2—减速器;3—丝杆;4—螺母;5—蜗轮;6—蜗杆

(四) 机架与横梁

开炼机机架,承受机械作用的全部作用力,要求具有足够的强度与刚度,耐冲击振动。制造材料一般选用铸铁 HT25-47 或 HT20-54。特点是具有良好的铸造性能,价格低廉。为了减轻质量，缩小外形尺寸，也有用铸钢材料。

机架结构多数采用如图 3-8 所示的开式机架。其特点是制造容易，安装方便。

为了使机架与横梁成为封闭的整体，要求止口配合要紧。因机架是开炼机的安装找正基础，要求左右机架的 A 平面在同一水平面上，其偏差不大于 0.05/1000。机架的后靠面 C 对 A 平面垂直，左右机构的 C 面应在同一平面上，前后偏差不应大于 0.05/1000。

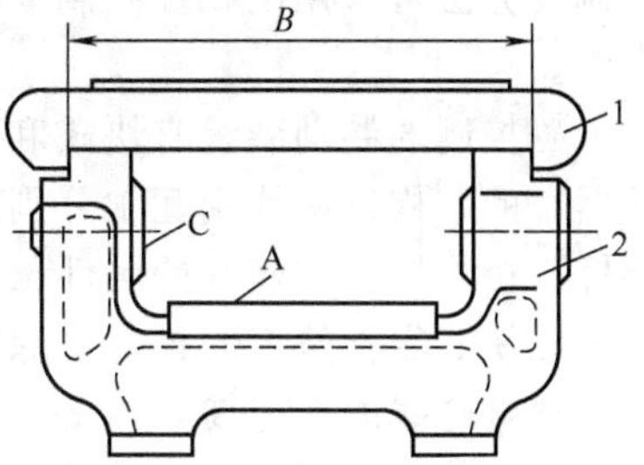

（五）安全制动装置

开炼机在使用过程中，由于手工操作多，工作负荷大、操作不当很易发生人身及机械事故，所以需要装设安全装置和制动装置。

图 3-8 开式机架
1—横梁；2—机架

1. 安全装置

为保护开炼机主要零件在机器发生故障时不受损坏，在辊筒轴承前端装有安全垫片，如图 3-6 所示。安全垫片的材料为铸铁或碳素钢，用铸铁制造垫片，当其破坏时灵敏性高，但制造质量不易保证；用碳素钢制造垫片，制造质量好，但破坏时灵敏性差，有延续作用，当瞬时横压力过大时，会影响机械的安全。

操作时，若峰值负荷超过安全垫片的剪切强度极限，安全垫片即被剪断，前辊筒便向调整螺杆方向移动，使辊距增大而避免开炼机破坏。

安全垫片制造容易、更换方便、成本低，但安全垫片承载与操作有关，在冲击负荷作用下，承载能力大大降低，产生早期破坏，更换频繁。还有在前辊筒轴承上装有液压油缸的液压安全装置（见图 3-9）。油缸内活塞与调距螺杆连接。当压力增大到一定限度。使电接点的线路接通控制接触器（使电接点压力表的摆动针与调整好横压力值的固定针相接触），即将开炼机的

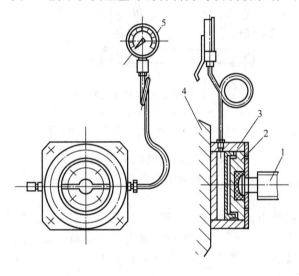

图 3-9 液压安全装置
1—调距丝杆；2—活塞；3—缸体；4—前辊
筒轴承；5—电接点压力表

电动机电源断开而停车。其特点是不用更换零件，操作人可随时观察横压力变化，便于控制，但停车后，不转动调距装置辊距就不能放大，且充油困难，易泄油，不易维护。

2. 制动装置

制动器一般装在电动机和减速机的联轴器上，而操纵装置则装在机器操作位置的附近，如在横梁上的拉杆或机台下面的脚踏机构。为确保安全可靠，要求机器在空转时，制动后前辊筒回转距离不允许超过 $1/4r$。

安全拉杆装置位于开炼机横梁上，如图 3-10 所示。紧急刹车时，拉动拉杆 1 使行程开关 2 动作。此行程开关完成两个动作：一个是切断主电机电源；另一个是接通制动器的电源。

安全拉杆切断主电机电源后，电动机因惯性转动而使开炼机辊筒不能立即停转，制动装置的作用就是要克服电动机的惯性转动，使开炼机迅速制动。

　　制动方法常采用电磁控制制动法。近年来，在小型开炼机的设计中已采用电机能量消耗制动法。

　　电磁控制的制动装置有块式和带式两种。图 3-11 是短行程块式制动器（又称电磁抱闸制动器）的结构。两块闸瓦 1 分别以活节方式与支柱 2 相连接，两个支柱与连杆 3、杠杆 4 和推杆 5 相连接，推杆 5 的尾部压紧电磁铁 9 的顶块 7，在正常状况下，电磁线圈 6 不接电源，电磁铁 9 靠弹簧 8 的推力，保持在虚线位置。此时，两块闸瓦与制动轮脱离。紧急刹车时，接通电磁线圈 6 电源，电磁铁被吸住（即图中的实线位置），推杆 5、杠杆 4 和拉杆 3 同时运动，使两闸瓦抱紧制动轮。因制动轮与电机轴连接，故能克服电动机的惯性转动。

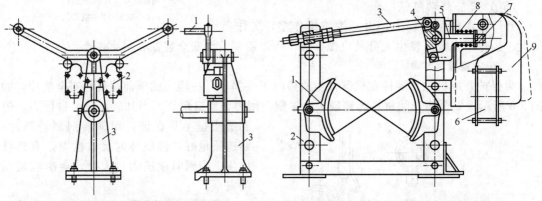

图 3-10　安全拉杆

1—拉杆；2—行程开关；3—支架

图 3-11　电磁控制的块式制动器

1—闸瓦；2—支柱；3—连杆；4—杠杆；5—推杆；
6—电磁线圈；7—顶块；8—弹簧；9—电磁铁

　　图 3-12 是带式制动器，当触动安全开关时，一方面切断电动机的电源，使电动机停转；同时也切断了电磁铁的电源，杠杆便在重锤作用下向下拉紧制动带而实现制动。此结构主要用于小规格的机器上。

　　如按制动时的操纵状态，则分通电制动和断电制动两类。如图 3-13 所示为通电块式制动器，当触动安全开关时，一方面断开电动机电源，另一方面同时接通电磁铁电源，通过杠杆的作用，使制动块抱紧制动轮而迅速停止转动。如图 3-14 所示为断电块式制动器，不同之处是电磁铁断电时在重锤作用下抱闸、实现制动。

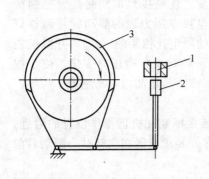

图 3-12　带式制动器

1—线圈；2—铁芯（重锤）；3—制动带

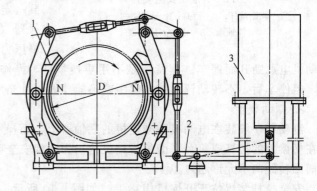

图 3-13　通电块式制动器

1—制动闸瓦；2—连杆机构；3—电磁铁芯（重锤）

　　在老设备中多数采用断电制动，由于电磁铁长期通电，发热严重，容易损坏，目前大部分改为通电制动。

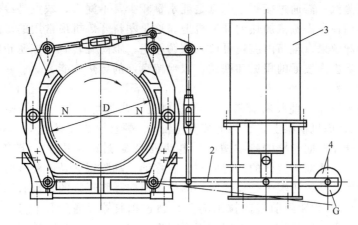

图 3-14 断电块式制动器
1—制动闸瓦；2—连杆机构；3—电磁铁；4—制动锤

（六）辊温调节装置

根据工艺要求，开炼机辊筒表面应保持一定温度，故在辊筒内腔设有加热冷却装置，用通入蒸汽或冷却水来调节辊温。因加工塑料时要求辊温较高，一般用蒸汽加热，但也有用电加热。辊温调节装置的结构主要有开式和闭式两种。

1. 开式加热冷却装置（见图 3-15）

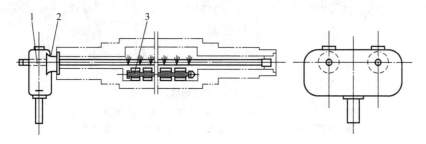

图 3-15 开式加热冷却装置
1—入水管；2—出水口；3—滚轮

冷却水由入水管上的小孔喷向辊筒内腔，由辊筒一端的喇叭口排出回水。其优点是构造简单，冷却效果好，易于测定水温，水管堵塞时易发觉。缺点是冷却水消耗量大，通入蒸汽加热时跑气严重，故主要用于需经常冷却的开炼机上。

2. 闭式加热冷却装置（见图 3-16）

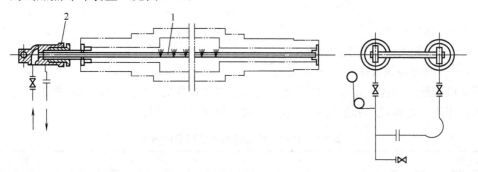

图 3-16 闭式加热冷却装置
1—进水冷管；2—接头

进、出水（蒸汽）需通过接头，优点是耗水量较少，不漏汽，缺点是冷却效果差，结构复杂些。故主要用在常需蒸汽加热的开炼机上。这是塑料开炼机最常用的形式。

为了提高冷却效果，辊筒内腔还可放入擦锈轮组，辊筒旋转时，擦锈轮组靠自重在辊筒内腔表面滚动，除去内表面的积垢和铁锈，以保持良好的导热性能。

（七）翻胶装置

翻胶装置用于压片时使胶料翻转，便于胶料进一步混炼均匀，其结构如图 3-17 所示。支架 5、6 固定在开炼机横梁上，支架上装有压辊 1、翻胶辊 2 及双向丝杆 3，挡胶器 4 上有一可转动的挡销插在双向丝杆的螺纹槽内。电动机 12 通过减速机 11、链轮 10 带动双向丝杆回转，挡胶器 4 可随双向丝杆的回转而左、右移动，翻胶辊 2 是由前辊筒轴颈上的链轮及传动链 9 的带动而转动，压辊 1 是靠弹簧 7 的作用压向翻胶辊 2 的（也有靠压辊的自重向下压而去掉弹簧的），从辊距经前辊筒拉出的胶片通过挡胶器 4 置于压辊 1 及翻胶辊 2 之间，再从两辊间进入辊距。这样，胶片不但在辊距间作周向运动，而且随挡胶器的左、右移动而作轴向运动，从而使胶片翻转以达到混炼均匀。

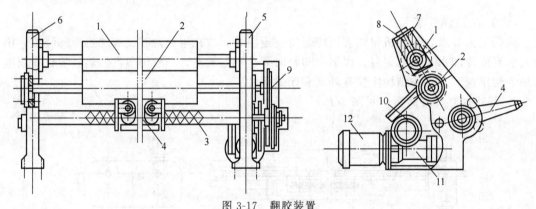

图 3-17　翻胶装置

1—压辊；2—翻胶辊；3—双向丝杆；4—挡胶器；5，6—支架；7—弹簧；
8—压杆；9—传动链；10—链轮；11—减速机；12—电动机

第三节　主要性能参数与工作原理

一、辊速、速比与速度梯度

开炼机的主要工作部分是两个相对回转的空心辊筒。为方便操作和安全起见，前辊筒的速度比后辊筒的速度小。后辊筒的线速度与前辊筒的线速度之比称为速比。

$$f = \frac{v_1}{v_2} \tag{3-1}$$

式中　f——速比；

　　v_1——后辊筒的线速度，m/min；

　　v_2——前辊筒的线速度，m/min。

开炼机辊筒的速比，是根据加工物料的工艺要求选取的，它是开炼机的重要参数之一。不同用途的开炼机，其速比有不同的要求，如表 3-7 所列。

表 3-7　各种用途的开炼机所要求的速比

用　途	速　比	用　途	速　比
塑炼、混炼	1：（1.2～1.3）	破胶	1：（1.25～1.35）
压片	1：（1.0～1.1）		

由于开炼机两辊筒速比不等于 1 : 1，故物料在辊距中便产生速度梯度，如图 3-18 所示。与转速较快的后辊筒表面接触的物料其通过辊距的速度较快，而与前辊筒表面接触的物料其通过辊距的速度较慢。这样，在辊距 e 的范围内就出现了速度梯度，其数值大小可按下式计算：

$$速度梯度 （min^{-1}）= \frac{v_1 - v_2}{e}$$

$$= \frac{V_2}{e}（f-1） \tag{3-2}$$

从式（3-2）可以看出，速度梯度值的大小与速比及辊距的大小有关。速比 f 大，辊距 e 小，速度梯值就大。一般塑炼、混炼、热炼、压片，速度梯度不超过 $7500 min^{-1}$。

二、接触角与横压力

（一）接触角

操作时，物料包覆前辊筒后在两辊筒间存有一定数量的积料，这些积料不断地被转动的辊筒带入辊距，而新的积料又不断形成。如果积料过多，物料便只能在原地抖动，而不能及时被拉入辊距，影响炼胶（塑）效果。

为了确定适宜的积料量，人们引入接触角这一概念。如图 3-22 所示，所谓接触角，即辊筒断面中心线的水平线和物料在辊筒上接触点 O 与辊筒断面圆心连线的交角，以 α 表示。

（二）横压力

物料在辊距间对辊筒作用的径向压力称为横压力。横压力的合力 P 作用在辊筒上，如图 3-19 所示，它可分解为水平和垂直的两个分力 P_x、P_y。横压力是作用在整个夹持弧上的，一般说来，横压力随辊筒间距逐渐减小而增大。横压力分布如图 3-20 所示。

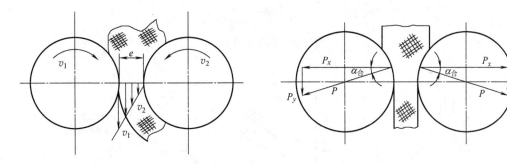

图 3-18　辊距中的速度梯度　　　　　　　　图 3-19　辊筒受力

从图 3-20 可见，横压力的合力是作用于接近辊距最小处，其与水平轴线的夹角 $\alpha_合$ 为 $5°\sim10°$。横压力的大小取决于许多因素如加工物料的性质、温度、辊距、辊筒规格和速比等。

① 物料愈硬，横压力愈大，如硬胶料混炼热炼的横压力值比天然胶塑炼值大 ［见图 3-21（a）］。

② 物料温度愈低，横压力愈大。如冷态破胶的横压力比预热到 70℃ 后热态破胶大 $10\%\sim15\%$ ［见图 3-21（b）］。

③ 辊距减小，横压力增加 ［见图 3-21（c）］。

因此，要精确计算横压力值较困难，通常是通过现有机台的实测来选择单位横压力值。表 3-8 所列为各种用途单位横压力（水平分力）数值。

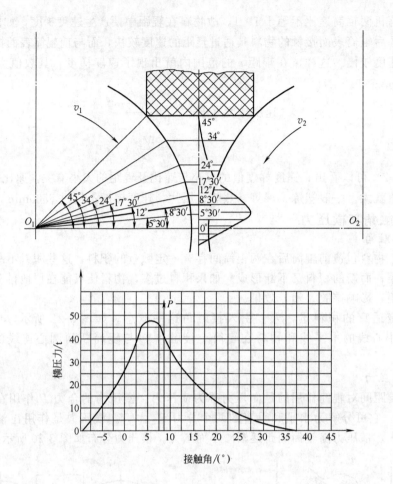

图 3-20 横压力分布

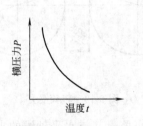

(a) 物料性质与横压力关系

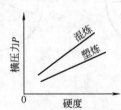

(b) 物料温度与横压力关系

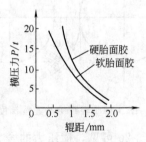

(c) 辊距与横压力关系

图 3-21 影响辊筒横压力的因素

表 3-8 单位横压力（水平分力）数值

开炼机规格	工艺用途	单位横压力 P_x /(kN/m)	开炼机规格	工艺用途	单位横压力 P_x /(kN/m)
XK-160	实验用	500	XK-550	塑炼、混炼、热炼	1000
XK-350	塑炼、混炼、热炼	700	XK-650	塑炼、混炼、热炼	1100～1200
XK-400	塑炼、混炼、热炼	800	XK-650	压片	800
XK-450	塑炼、混炼、热炼	900	XKP-550	破胶	1500

三、工作原理

当物料加到辊筒上时，由于摩擦力的作用使物料被拉入两辊筒之间的间隙，物料受到强烈的挤压和剪切，从而达到加工物料的目的。从图3-22可见，操作时物料对辊筒产生一个正压力 N，此力垂直于辊筒表面，即通过辊筒圆心。辊筒对物料亦产生一大小相等方向相反的反作用力 F。另外，由于辊筒回转，辊筒对物料产生一个摩擦力 T，T 的方向与 F 互相垂直。

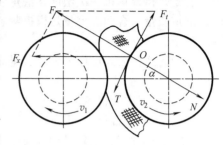

图3-22　炼胶（塑）时的操作条件

若将 F 分解为水平分力 F_x 和切向分力 F_t，水平分力 F_x 将起到挤压物料而变形的作用，切向分力 F_t 将物料自辊距间推出，而 T 则将物料带入辊距中。很明显，当 $T < F_t$ 时，物料就无法进入辊距，只有 $T > F_t$ 时，物料才被卷入辊距中，因此 $T > F_t$ 是炼胶（塑）的操作条件。

现确定摩擦力 T：

$$T = F\mu \tag{3-3}$$

式中　F——正压力的反作用力；

　　　μ——物料与辊筒的摩擦系数。

且有：

$$\mu = \tan\phi$$

式中　ϕ——物料与辊筒的摩擦角。

再确定反作用力的切向分力 F_t：

由直角三角形 F_tFO 中得：

$$F_t = F\tan\alpha \tag{3-4}$$

式中　α——接触角。

按操作条件：

$$T > F_t$$

则

$$F\tan\phi > F\tan\alpha$$

即

$$\phi > \alpha \tag{3-5}$$

因此，当摩擦角大于接触角时，物料即被拉入辊距中。摩擦角受物料可塑度和物料温度影响，其数值变化很大。物料的可塑度大，温度高，摩擦角就大。一般摩擦角 ϕ 为 $38° \sim 50°$。

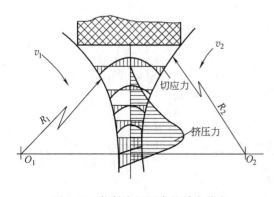

图3-23　物料在辊距中的受力分布

物料在辊隙中得到强烈的挤压和剪切（见图3-23）。挤压作用是由于物料通过逐渐缩小的辊筒间距而产生，随着横压力的增大而挤压力增大；剪切作用是由于前、后辊筒有速比而产生，速比越大，切应力越大。对同一机台来说，速比和辊筒线速度是一定的，可用减少辊距的方法来增加速度梯度，从而到增加对物料的剪切作用。如生胶的薄通塑炼，就是这个原理。速度梯度值大，炼胶的效果就好，特别对破胶及塑炼效果好。但对胶料剪切变形所需的能量增加时，胶料温度上升得快，所以要加强冷却。

四、容量与生产能力

容量是指开炼机一次塑炼、混炼装料量。容量是否合理，不仅影响生产能力，而且影响塑、混炼质量。合理的容量是根据物料全部包覆前辊筒后，并在两辊筒间有一定数量的堆积料来确定。

下面的经验公式可作为确定容量时的参考：

$$q=KDL \qquad (3-6)$$

式中　q——一次装料容量，L；

　　　D——辊筒直径，cm；

　　　L——辊筒工作部分长度，cm；

　　　K——经验系数，一般取 $0.0065\sim0.0085$，L/cm^2。

开炼机的一次装料量见表 3-2。

生产能力是单位时间内开炼机的作业产量，以 kg/h 表示。

常用开炼机塑炼、混炼生产能力的计算公式如下：

$$Q=\frac{60qr\alpha}{t} \qquad (3-7)$$

式中　Q——生产能力，kg/h；

　　　q——一次装料容量，L；

　　　r——物料的密度，kg/L；

　　　t——一次塑炼、混炼时间，min；

　　　α——设备利用系数，一般采用 $0.85\sim0.9$。

影响开炼机生产能力的因素很多，如一次装料量、辊筒直径、辊筒长度、辊速、辊距、速比、操作温度及时间等。在实际工作中，如采用计算和分析对比相结合的办法来确定生产能力。

五、塑炼、混炼过程中的功率变化规律

开炼机加工物料时要消耗大量的电能，电能的消耗受到各种因素的影响。如物料性质、温度、辊筒规格、辊筒回转速度、速比、辊距、加工时间及操作方法等。

辊筒的回转速度、速比增大，辊距减小时便要增加电能的消耗（见图 3-24）。

物料的加工时间和加料量增大，则电能的总消耗量便要增加。

开炼机加工物料时，电动机的功率在最初时间内会出现峰值负荷，其值可为工作数分钟后，所产生负荷的 $2\sim3$ 倍。如生胶塑炼时，只在开始很短的时间内出现最大值（见图 3-25），经过一段时间捏炼，胶温升高后功率消耗随即下降。

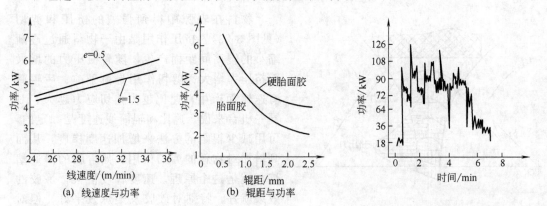

图 3-24　功率与辊速、辊距关系　　　　图 3-25　功率测定记录（$\phi560mm\times1530mm$）

　　开炼机工作负荷变动较大，发生事故时需要负载起动。所以，传动电动机广泛应用三相交流异步电动机，对这种电动机的要求是：①起动力矩大；②转速恒定；③可以正反转；④有耐超负荷的特性。

　　因此，采用 JR 系列卷线型三相交流电动机（即防护式滑环式异步电动机，多用于馈电线路容量不足，不能用鼠笼式电动机起动的机械上），这种电动机多用于大规格的开炼机；或采用 JO 系列三相交流电动机（即一般用途的扇冷式鼠笼式转子异步电动机，能防止尘埃、水滴、粒屑等飞溅物掉入电机中），这种电动机多用于小规格的开炼机。

习　　题

　　1. 开炼机由哪些主要零部件组成？

　　2. 开炼机的传动方式主要有几种类型？试画出单独右传动示意图。

　　3. 开炼式炼胶机与炼塑机有哪些异同点？

　　4. 开炼机的辊距调节装置有哪几种？为什么要规定一个最大辊距限度，并使两端辊距一致？

　　5. 开炼机上为什么要设置安全装置？一般可设置哪几种？试说明各自的作用原理。

　　6. 开炼机能完成塑炼和混炼的原理是什么？

　　7. 试述物料在开炼机辊距中受到哪些力的作用及其分布情况如何？

　　8. 开炼机辊温调节装置有几种结构形式？各有何特点？

　　9. 试计算 $\phi660mm \times 2130mm$ 开炼机在混炼胎面胶时每个辊筒轴承受的水平分力。已知：在混炼最初 2min 时单位横压力 $q=560kN/m$。设 $\alpha=10°$。（答：587kN）

　　10. 某厂准备车间每天生产混炼胶 25t，若全部用 $\phi550mm \times 1500mm$ 开炼机混炼，要用多少台？已知：胶料密度 $r=1.2kg/L$，混炼时间 25min，每天工作 22.5h，取经验系数 $K=0.0065$，设备利用系数 $\alpha=0.85$。（答：$G=131kg/h$，理论台数 = 9）

第四章 密炼机

第一节 概　述

橡胶和塑料与其他配合剂的混炼，最早是采用开炼机。开炼机操作时，粉尘飞扬严重，混炼时间长，生产效率低。如采用密炼机，则可减轻操作工人劳动强度，改善劳动条件，缩短生产周期，提高生产效率。

一、用途与分类

密炼机即密闭式炼胶（塑）机。主要用于橡胶和塑料的塑炼、混炼，也用于沥青料、油毡料、搪瓷料及各种合成树脂料的混炼，它是橡胶塑料工厂主要设备之一。根据密炼机转子断面形状不同，可分为椭圆形转子密炼机、圆筒形转子密炼机、三棱形转子密炼机三种。

另外，根据密炼机转子转速不同和转速可变与否，可分为慢速密炼机（转子转速在 20r/min 以下）、中速密炼机（转子转速在 30r/min 左右）、快速密炼机（转子转速在 40r/min 以上）、单速密炼机、双速密炼机（转子具有两个速度）、变速密炼机等。

椭圆形转子密炼机出现较早，且炼胶（塑）效果较好，因而得到广泛的应用。本章重点介绍椭圆形转子密炼机的结构性能，其他形式密炼机只给予一般介绍。

二、规格表示与技术特征

表 4-1 中为部分椭圆形转子密炼机的技术特征。

表 4-1　部分椭圆形转子密炼机的技术特征

型号		X(S)M-50	XM-75/35×70	XM-75/48	XM-75/70	XM-253/20①	XM-253/28	XM-250/40	F-270
混炼室总容量/L		50	75	75	75	253	253	253	270
混炼室工作容量/L		30	50	50	50	140	140	140	约180
转子转速/(r/min)	从动转子	29.1	30.5/60.9	40.7	61	18.14	24.2	36.4	
	主动转子	34.1	35/70	48.2	72.2	20.94	27.8	41.6	40/80
电动机	功率/kW	75	220/110	160	250	240	400	630	600/2000
	转速/(r/min)	980	980/490	1000	1500	980	1000	1500	980
冷却水消耗量/(m³/h)		9	约810/15~20	15	20	20	约30	40	约50
卸料机构运动形式		摆动	摆动	摆动	摆动	滑动	摆动	摆动	摆动
外形尺寸/mm		4000	8000	8000	8000	8660	9000	9000	
		1850	3000	3000	3000	3010	2000	2000	
		3800	4800	4800	4800	4685	5540	5540	
总重/t		11	17	17	17	45	41	42	

① XHM-X 代表橡胶，H 代表混炼，M 代表密炼机。

密炼机的规格一般以混炼室总容量和长转子（主动转子）的转速来表示。同时在总容量前面冠以符号，以表示为何种机台。如 XM-253/20 型，其中 X 表示橡胶类，M 表示密炼机，253 表示混炼室总容量 253L，20 表示长转子转速为 20r/min。又如 XM-75/35×70 型，它表示 75L 双速（35r/min、70r/min）橡胶类密炼机。如果前面冠以的符号是 SM 时，S 表示塑料类；冠以 X（S）M 时，就说明此密炼机既适用于橡胶，也适用于塑料。

第二节 基本结构

一、整体结构与传动系统

1. 整体结构

密炼机的结构，一般是由混炼室转子部分、加料及压料装置部分、卸料装置部分、传动装置部分、加热冷却及气压、液压、电控系统等部分组成。

图 4-1 是 XM-250/20 型密炼机的外形。

图 4-2 为 XM-250/40 型椭圆形转子密炼机的结构。

图 4-1　XM-250/20 型密炼机的外形

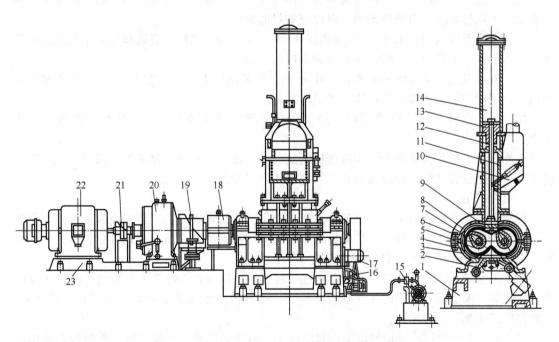

图 4-2　XM-250/40 型椭圆形转子密炼机的结构

1—机座；2—下顶栓锁紧机构；3—下顶栓；4—下机壳；5—下混炼室；6—上机壳；7—上混炼室；8—转子；
9—上顶栓；10—加料斗；11—翻板门；12—填料箱；13—活塞；14—气筒；15—双联叶片泵；16—往复式油缸；
17—旋转油缸；18—速比齿轮；19—齿形联轴节；20—减速机；21—弹性联轴节；22—电动机；23—传动底座

（1）混炼室转子部分　主要由上、下机壳 6、4，上、下混炼室 7、5，转子 8 等组成，下机壳 4 用螺栓紧固在机座 1 上。上机壳 6 与下机壳 4 用螺栓紧固在一起。上、下机壳内分别固定有上、下混炼室 7 和 5。上、下混炼室带有夹套，可通入冷却水（用于炼胶时）或通入蒸汽（当用于炼塑时）进行冷却或加热。转子两端用双列圆锥滚子轴承安装在上、下机壳中，两转子通过安装在其颈部的速比齿轮的带动，在环形的混炼室内作不同转速的相对回转。

为了防止炼胶（塑）时粉料及物料向外溢出，转子两轴端设有反螺纹与自压式端面接触密封装置。密封装置的摩擦端面由润滑系统强制供油润滑。

（2）装料及压料装置部分　由加料斗 10、上顶栓 9 及气筒 14 组成。安装在混炼室上的上机壳 6 上面。加料斗主要由斗形加料口和翻板门 11 所组成，翻板门的开关由气筒推动。

压料装置主要由上顶栓 9 和使上顶栓往复运动之气筒 14 所组成。各种物料从加料口加入后，关闭翻板门，由气筒 14 操纵上顶栓将物料压入混炼室中，并在炼胶（塑）过程中给物料以一定的压力来加速炼胶（塑）过程。在加料口上方安有吸尘罩，使用单位可在吸尘罩上安置管道和抽风机，以便达到良好的吸尘效果。加料斗的后壁设有方形孔，根据操作需要可将方形孔盖板拿掉，安装辅助加料管道。

（3）卸料装置部分　主要由安装在混炼室下面的下顶栓 3 和下顶栓锁紧机构 2 所组成。下顶栓固定在旋转轴上，而旋转轴由安装在下机壳侧壁上的旋转油缸 17 带动，使下顶栓以摆动形式开闭。

下顶栓锁紧机构 2 主要由一旋转轴和锁紧栓所组成。锁紧栓之摆动由往复式油缸 16 所驱动。在下顶栓上装有热电偶，用于测量物料在混炼过程中的温度。

（4）传动装置部分　主要由电动机 22、弹性联轴节 21、减速机 20 和齿形联轴节 19 等组成。减速机采用二级行星圆柱齿轮减速机。

（5）加热冷却系统　主要由管道和分配器等组成，以便将冷却水或蒸汽通入混炼室、转子和上、下顶栓等空腔内循环流动，以控制物料的温度。

（6）气压系统（图中未注）　主要由气筒 14、活塞 13、气阀、管道和压缩空气控制站等组成。用于控制上顶栓的升降、加压及翻板门的开闭。

（7）液压系统　主要由一个双联叶片泵 15、旋转油缸 17、往复式油缸 16、管道和油箱等组成。用于控制下顶栓及下顶栓锁紧机构的开闭。

（8）电控系统　主要由电控箱、操作台和各种电气仪表组成。它是整个机台的操作中心。

此外，为了使各传动部分（如减速机、旋转轴、轴承、密封摩擦面等）减少摩擦，延长使用寿命，而设有油泵、分油器和管道等组成的润滑系统。

2. 传动系统

传动系统是密炼机的主要组成部分之一，它是用来传递动力，使转子克服工作阻力而转动，从而完成炼胶（塑）作业。传动方式中，按采用不同的减速机构形式可分为带大驱动齿轮、不带大驱动齿轮及采用双出轴减速机三种形式。

图 4-3 为带大驱动齿轮的传动，它通过一对驱动齿轮 3 和 4 使转子 8 转动，因转子 8 较长，而且有三大支点，机器的总安装长度较大。这种传动系统比较分散，安装找正较费事，一般在旧式密炼机上多采用。

图 4-4 为不带大驱动齿轮的传动。它取消了一对驱动齿轮，由减速机 2 直接传动速比齿轮 3 和 4，因而结构较紧凑，减少一些零部件，但转子的轴承承受的载荷较大，减速机的速比和承载能力也增大，使减速机的结构庞大。

图 4-5 为行星齿轮减速机传动，它可使减速机的外形尺寸和质量大为减小，从而使整个

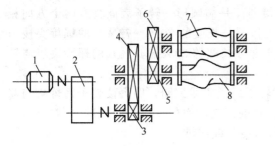

图 4-3　带大驱动齿轮的传动

1—电动机；2—减速机；3，4—驱动齿轮；

5，6—速比齿轮；7，8—转子

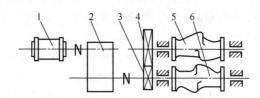

图 4-4　不带大驱动齿轮的传动

1—电动机；2—减速机；

3，4—速比齿轮；5，6—转子

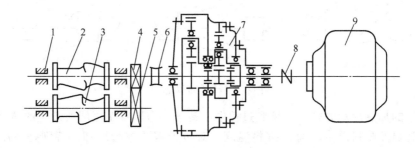

图 4-5　行星齿轮减速机传动

1—滚动轴承；2，3—转子；4，5—速比齿轮；6—齿形联轴节；

7—行星减速机；8—弹性联轴节；9—电动机

密炼机结构紧凑，质量减轻，但由于行星齿轮减速机的零件材质要求严格，制造精度要求高，因此目前还很少采用。

图 4-6 为采用双出轴减速机的传动。它把速比齿轮放在减速机中，减速机的两个出轴通过万向联轴节或齿形联轴节 3 与转子 1、2 联结，这样可以减轻转子轴承的载荷，但减速机显得更为庞大复杂。

根据工厂工艺流程的不同需要，传动装置可安装在操作者的左侧或右侧，通称左传动或右传动。

二、主要零部件

1. 转子

转子是密炼机的主要工作零件，转子的构造形式及强度对密炼机的工作性能、生产效率、使用寿命和炼胶炼塑质量都影响极大。因此在设计制造和使用过程中都要特别注意。

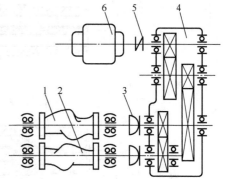

图 4-6　采用双出轴减速机传动

1，2—转子；3—万向联轴节；4—减速机；5—联轴节；6—电动机

（1）材料与技术要求　转子在工作时，承受着物料的摩擦及挤压作用，还有物料的腐蚀作用，这些作用比在开炼机中强烈得多，而且转子构型又比较复杂，故要求转子有足够的强度、刚度、耐磨性、耐化学腐蚀性和良好的传热性。一般对转子的材料要求其力学性能为大于 45 号钢的材料。目前，转子多采用 45 号钢铸造，并在突棱处堆焊一层 5～8mm 厚的耐磨硬质合金，其洛氏硬度为 55～62，其余工作表面堆焊或者喷涂 2～3mm 厚的耐磨硬质合金。

（2）转子的类型与结构　椭圆形转子按其螺旋突棱的数目不同，可分为双突棱转子和四突棱转子。

图 4-7 (a) 为双突棱转子，其工作部分的横断面是椭圆形，转子表面具有两个方向相反、长度不等的螺旋突棱。长螺旋段（占转子工作部分长度的 70％～72％）的螺旋突棱与轴线的夹角 $\alpha=30°$，短螺旋突棱段（占转子工作部分长度的 38％～43％）的螺旋突棱与轴线的夹角 $\alpha=45°$。

图 4-7 (b)、(c) 是两种不同类型的四突棱转子。经实践证明，四突棱转子密炼机与双突棱转子密炼机相比，生产能力高，单位质量物料的消耗功率低，改善了炼胶（塑）质量。转子内部均中空成腔，以便通入冷却水或蒸汽进行冷却或加热。

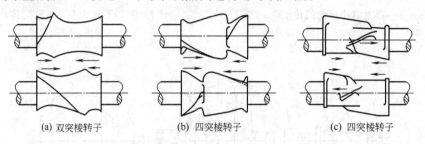

(a) 双突棱转子   (b) 四突棱转子   (c) 四突棱转子

图 4-7 转子的类型

（3）转子的加热冷却方式 在炼胶过程中，转子与密炼室壁之间所产生的热量最多，且难以散出，为提高胶料质量和降低排料温度，对转子需要进行冷却，特别是高压快速密炼机，转子的冷却就显得更为重要。而在炼塑过程中，转子需要通入蒸汽加热，因此，转子做成中空结构。为提高传热效果，使突棱也得以加热冷却，其中空的内表面做成近似于外表面的形状。转子的加热冷却方式，可分为喷淋式及螺旋式夹套式两种（见图 4-8）。

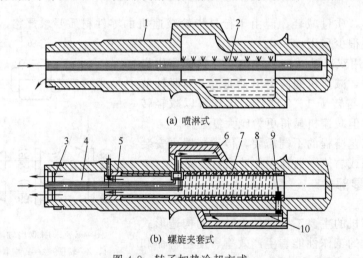

(a) 喷淋式

(b) 螺旋夹套式

图 4-8 转子加热冷却方式

1—转子；2—水管；3，5—挡板；4—进水管；6，10—隔板；7—套筒；8—转子；9—出水管

喷淋式为常用的冷却方式，其结构和开炼机辊筒的闭式加热冷却方式相同。但因转子形状复杂，且不规则，内腔不能进行加工，内表面粗糙，造成传热系数低，加热冷却效果差。

螺旋夹套为较新的结构，蒸汽或冷却水由进水管引入，先进入转子突棱的空腔内，然后通过螺旋形套筒流入另一突棱的空腔内，最后从套筒内腔流出。这种方式其传热面积远比喷淋式大。且蒸汽或冷却水更接近工作面，加热冷却效果好。

2. 混炼室

混炼室也是密炼机的主要工作部件。它和转子一样在工作过程中承受物料的强烈摩擦、挤压和化学腐蚀等作用。这种作用会对混炼室壁造成严重磨损。当内壁磨损后，转子和混炼室壁之间的间隙加大，就会直接影响混炼效果，严重者会使机器无法使用。因此，为增强混炼室内壁的耐磨性，在高速密炼机的混炼室内壁需堆焊一层 2～4mm 厚的耐磨硬质合金。

混炼室的结构形式是多种多样的，按其结构不同可分为对开组合式、前、后组合式、开闭式和倾斜式几种。

如图 4-9 所示为对开组合式混炼室，混炼室由上、下两部分组成，分界面在转子轴线位置上，上、下混炼室 3、6 为焊接件，带有通冷却水的夹套，为了提高内壁的强度和增大冷却水回流的路线，在夹套中焊有加强筋。上、下混炼室 3、6 是由上、下两个铸钢机壳 2、5 固定的。这种对开组合式混炼室，对制造安装和检修都比较方便。

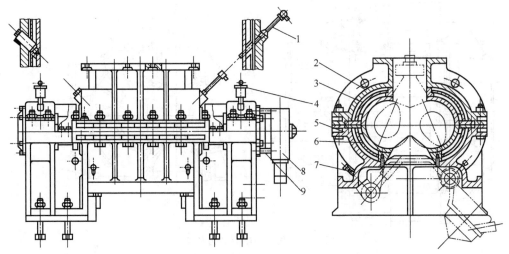

图 4-9　对开组合式混炼室

1—热电偶；2—上机壳；3—上混炼室；4—干油杯；5—下机壳；6—下混炼室；7—油杯；8—冷却水槽；9—压盖

如图 4-10 所示为前、后组合式混炼室，前、后两个正面壁 14、17 是壁厚不超过 30mm 的复杂铸钢件，它有利于混炼室内的热量散出（对炼胶）或有利于对混炼室内进行加热（对炼塑）。但为了保证壁的强度，在壳体外部有加强筋 12，并可使混炼室传热面积增大。加强筋 12 底部有孔，可使冷却水或冷凝水沿混炼室外圆弧面的上方向下流，防止冷却水或冷凝水积存在筋上。

混炼室的侧面壁 1、6 是铸铁件，它通过螺栓和销与正面壁固定在一起。

如图 4-11 所示为开闭式混炼室结构，这种结构的前、后混炼室可以打开，便于更换物料品种时进行清理和检查。因此结构比较复杂，一般实验室用的小型密炼机才采用此种结构形式。

如图 4-12 所示为倾斜式混炼室结构。

为了满足加工物料的工艺要求，混炼室应具有良好的加热冷却效果，因此混炼室在结构上应尽量增大加热冷却面积、提高混炼室的热导率和缩小导热距离——增大蒸汽或冷却水流速和使通道尽量靠近混炼室内表面。特别是对高压快速大功率密炼机，在工作时将产生更多的热量而导致热平衡的困难，如果没有良好的传热效果来控制物料温度，就会直接影响混炼料的质量。下面介绍几种加热冷却方式。

（1）喷淋式　混炼室的弧形筋上装有弧形总管 1（见图 4-13），在总管上装有许多支管 2，支管上装有喷嘴 3，冷却水以一定的压力（一般为 0.3MPa）从喷嘴向壁面喷射。这种形式结构简单，冷却效果一般。旧式慢速橡胶用密炼机多采用此种结构形式。

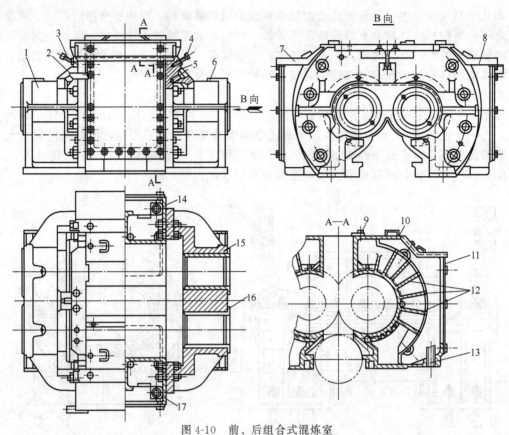

图 4-10　前、后组合式混炼室

1，6—侧面壁；2—左托架；3—热电偶；4—加油管；5—右托架；7，8—壳盖；9—密封
压板；10—上盖；11—正面盖；12—加强筋；13—管子；14，17—正面壁；15，16—轴套

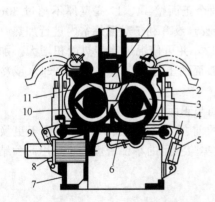

图 4-11　开闭式混炼室

1—上顶栓；2，11—正面壁；3—混炼室；4，10—转子；
5，8，9—液压筒；6—下顶栓；7—机座

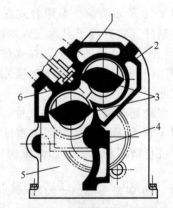

图 4-12　倾斜式混炼室

1—上混炼室；2—下混炼室；3—转子；
4—下顶栓；5—机座；6—上顶栓

　　（2）水浸式　混炼室壁为一盛水容器（见图 4-14），冷却水达到一定高度时，即由溢流管 2 流出。以上两种方式同侧面壁都不进行冷却，冷却面积较小，水流速慢，因此冷却效果一般。

　　（3）夹套式　混炼室壁为一夹套（见图 4-15），中间有许多隔板，夹套分两半部分，冷却水由一边进入后在夹套中沿轴线方向循环流动，再由侧壁流至另一边循环后流出，图中（b）

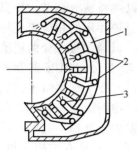

图 4-13 喷淋式冷却
1—总管；2—支管；3—喷嘴

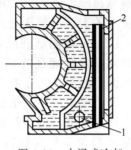

图 4-14 水浸式冷却
1—孔；2—溢流管

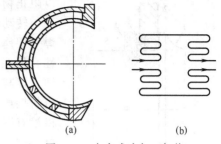

图 4-15 夹套式冷却（加热）

为流动路线。

因有中间隔板，且能冷却侧壁，增大了冷却面积和加快了水流速度，故冷却效果比前两种好。因此该种结构也适于蒸汽加热，因此，塑料密炼机的混炼室多采用这种形式或者采用钻孔式。

（4）钻孔式　在混炼室壁钻孔，使冷却水沿孔迅速循环流动。此种方式，因孔道截面积较夹套式的小，故水流速度较快，且通水孔与混炼室壁更为接近，传热快。故冷却效果较前三种好。

按钻孔方式不同又可分为大孔串联式、小孔并联式和小孔串联式三种。

大孔串联式由于是在浇铸时把孔铸出来的，孔道不均匀，且有毛刺、余砂等。因孔径大、冷却水流速慢，故对冷却效果改进不大。

对小孔并联式或称衬壁外周沟槽式（见图 4-16），因冷却水在孔中流动时有走捷径及呆滞现象，故冷却效果仅稍有改进，且在加工上也较困难。

采用小孔串联式（见图 4-17），因冷却水流速快，达 3～4m/min，热导率高，故冷却效果好。

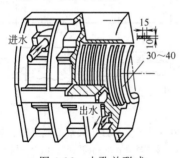

图 4-16 小孔并联式

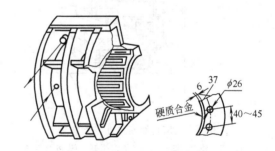

图 4-17 小孔串联式

3. 密封装置

密炼机的混炼室是密闭的，物料的损失比开炼机少得多，对工作环境的污染也大为减轻。但转子轴颈和混炼室侧壁之间的环形空隙在混炼时还是容易漏料的。为防止物料泄漏出来，创造良好的工作环境，故在此处需采用密封装置。特别是近年来，由于高压快速混炼机的发展，密封问题已显得更为突出，各国的制造厂对密封方式都在研究改进之中。目前，密封装置的结构形式很多，现将常用的几种介绍如下。

（1）外压式端面接触密封装置（见图 4-18）　主要由转动环 6 和压紧环 3 之间的接触面起密封作用。转动环 6 固定在转子轴颈上，与转子一起转动。压紧环 3 固定在混炼室侧面壁2 上，由弹簧 8 的作用使压紧环 3 压向转动环 6，使其接触面上产生一定的压力（0.2MPa）

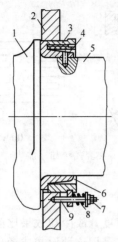

图 4-18 外压式端面
接触密封装置

1—转子；2—侧壁；3—压紧环；
4—定位螺钉；5—轴颈；6—转动
环；7—螺母；8—弹簧；9—螺栓

以阻止物料的泄漏出来。压力的大小可以由弹簧 8 调节。压紧环与转动环相接触的表面经淬火处理，而转动环的相应表面堆焊一层厚 2.5～4.5mm 的耐磨硬质合金，以增加接触面的耐磨性。另外，在两环接触面间还有油泵供给 1～1.5MPa 的润滑油，以减轻接触面间的摩擦。在混炼过程中有少量物料被挤到密封接触面时，即与润滑油相混形成膏状物而流出密封面，如果没有则可能是油孔堵塞，两接触面间发生干摩擦，应停机检修。这种密封装置适用于低压慢速密炼机，它具有结构简单，密封可靠，使用寿命长（保持良好的润滑时，可用2～3年）的特点，故慢速密炼机多采用此种结构形式。

（2）内压式端面自动密封装置　如图 4-19 所示，为内压式端面自动密封装置。它是在转子轴颈上固定一套圈5，并通过压板8、固定螺钉9及调节螺钉7把内密封圈4与套圈5连接起来，使之随转子一起转动，外密封圈2通过固定螺钉3固定在挡板1上，而挡板1是固定在混炼室侧壁上的。在套圈5内装有弹簧6，用于调节内、外密封圈互相接触面的压力。内、外密封圈的接触面上堆焊一层耐磨硬质合金，增加其耐磨性。

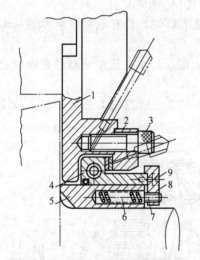

图 4-19　内压式端面自动密封装置

1—挡板；2—外密封圈；3，9—固定螺钉；4—内密封圈；
5—套圈；6—弹簧；7—调节螺钉；8—压板

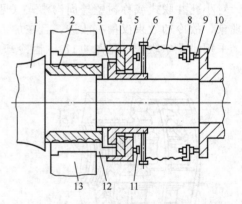

图 4-20　反螺纹与自压式端面接触密封装置

1—转子；2—螺纹轴套；3—旋转密封套；4—固定密封环；
5—压套；6，11—螺钉；7—弹簧；8—弹簧钩；9—螺栓；
10—轴套；12—二半固定套；13—混炼室壁

这种密封装置要依靠在混炼过程中物料向外挤出的压力来自动密封的。

因为内密封圈的里端面所接触物料的面积要比内、外密封圈之间接触的面积要大，所以内、外密封圈接触面上的单位压力大，而且随混炼室内压力之升高而增大，使内密封圈在混炼过程中始终紧压在外密封圈上，达到良好的密封效果。在每个密封装置上装有三个软化油注入口和两个润滑油注入口。软化油的作用是使泄漏出来的物料变成半流体状的黏性物（软化油是一种特殊的油，也可用 2 号锭子油代替）。以上两种油注入压力可达 60MPa。

（3）反螺纹与自压式端面接触密封装置　如图 4-20 所示为反螺纹与自压式端封装置。它是由弹簧7拉着旋转密封套3与固定密封环4相接触而形成的。同时从混炼室泄漏出来的物料以一定的压力作用于旋转密封套 3 的端面，使其进一步压紧固定密封环 4，泄漏出来物料的压力愈大，则压得愈紧，因而密封也愈严，旋转密封套 3 与固定密封环 4 的接触面堆焊耐磨硬质合金，而固定密封环 4 用青铜制成。密封面用高压油泵（10MPa）供油润滑。在密封面的前面还安有带螺纹的轴套 2，螺纹的方向与转子轴颈的旋转方向相反，有将泄漏出来的物料返回到混炼室去的作用。

这种结构的密封性能和寿命都比外压端面密封装置好，尤其是混炼室为对开式的高压快速密炼机，但其结构比较庞大。

目前亦有在此种结构的基础上，在反螺纹区增设了压力注油口，以注入 16MPa 的压力油，把泄漏出来的物料吸附变成黏流态，进一步提高了密封效果。

（4）反螺纹迷宫式复合密封装置　如图 4-21 所示为反螺纹迷宫式复合密封装置。它是由两个迷宫环组成。钢制可分圆环 1 用螺钉 2 固定在混炼室侧壁上，环内有 4～5 扣单线锯齿形反螺纹，挤出螺纹的物料随转子的回转又沿螺纹推回。用铸铁制成的迷宫圆环 4 用螺钉 5 固定在转子上，两环之间所形成的迷宫需注油润滑。

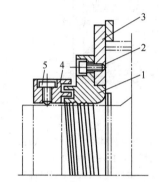

图 4-21　反螺纹迷宫式复合密封装置

1—可分圆环；2，5—螺钉；

3—端面圆环；4—迷宫圆环

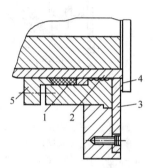

图 4-22　双重反螺纹填料式复合密封装置

1—填料；2—轴套；3—护板；

4—反螺纹；5—压盖

（5）双重反螺纹填料式复合密封装置　此密封装置（见图 4-22）是在护板 3 上有两扣单线锯齿形反螺纹，深 3～6mm，宽 8～12mm。转子轴套 2 上有第二重反螺纹。最后是用橡胶石棉作填料 1，由压盖 5 压紧密封。这种密封装置结构简单，在低、中压情况下密封效果较好，但填料磨损厉害，使用寿命不长。

4. 加料及压料装置

密炼机的加料及压料装置，主要是向混炼室中加料，并在炼胶（塑）过程中给物料以一定的压力。

加料装置是安装在混炼室的上部，如图 4-23 所示，装料斗 1 由两块铸铁侧板和前、后两个门（翻板门 3 和后门 6）所组成。翻板门 3 位于操作方向，为便于加料时开闭，将它的下端固定在轴 4 上，固定在 1 的铸铁侧板外侧的气筒 17，其活塞杆 18 通过连杆与轴 4 相连接。当活塞杆 18 在压缩空气操纵下，从而使翻板门 3 关闭（如图示位置）。反之则开启。两个缓冲胶垫 5 是用于减轻翻板门开启时的撞击震动。

在填料箱 2 上安有上顶栓 8 和气缸 7，活塞杆 11 用销栓 10 和上顶栓 8 相连接。气缸 7 是使上顶栓升降及对物料加压。上顶栓的材料，一般为铸铁，并铸成中空形式，以便通冷却水或蒸汽进行冷却或加热（小型密炼机除外）。高压快速密炼机的上顶栓多采用焊接结构，与物料接触的工作表面堆焊一层耐磨硬质合金。

上顶栓气缸使用的压缩空气的压力一般为 0.7～1MPa。在一定的压缩空气压力下，上

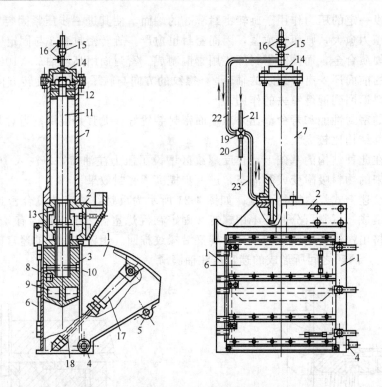

图 4-23 加料及压料装置

1—装料斗；2—填料箱；3—翻板门；4—翻板门轴；5—缓冲胶垫；6—装料斗后门；7—气缸；
8—上顶栓；9—冷却水循环槽；10—销栓；11，18—活塞杆；12—活塞；13—填料；14—气缸盖；
15—油壶；16—活门；17—气筒；19—四通阀；20—输送管；21—排气筒；22，23—导气筒

顶栓对物料施加的压力大小决定于气缸的内径。内径大则活塞直径大，所产生的总压力就大。慢速密炼室的上顶栓气缸直径较小，为 200mm（有些已改为 410mm），对物料压力为 0.05～0.07MPa，快速密炼机的气缸直径增大，对物料压力增至 0.55MPa，上顶栓下降时间也由 10～15s 减至 6s。

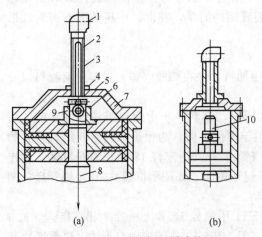

(a)　　　　(b)

图 4-24　上顶栓气缸缓冲装置

1—管接头；2—缓冲器外套管；3，10—缓冲器
内套管；4—连接块；5—钢球；6—弹簧；
7—气缸盖；8—活塞杆；9—安全销

向混炼室加料，可以打开翻板门加入，亦可打开后门 6 的活页或在左、右侧板上开孔安上管道加入。在装料斗上方设有排尘罩，可以与通风管道相连接，以排除混炼室飞扬出来的粉尘，保持环境卫生。

上顶栓上升时由于速度很快，易造成活塞杆顶部撞击气缸盖，以致使上盖损坏。为防止这一损坏，有些密炼机采用上顶栓上升缓冲装置（见图 4-24）。其工作原理是：当管接头 1 通进压缩空气时，压缩空气通过缓冲器内套管 3、10 的内孔，把钢球 5 压下，使压缩空气通过缓冲器内套管的内孔进入气缸中，使活塞向下移动。当缓冲器内套管 3 离开缓冲器外套管 2 时［见图 4-24（b）］，钢球 5 在弹簧 6 的作用下重新压住缓冲器内套管的

内孔。同时，压缩空气通过缓冲器外套管内孔时不受缓冲器内套管的阻隔，迅速进入气缸内，使活塞迅速下移。当气缸下端通进压缩空气时，活塞上升，气缸上端的压缩空气从缓冲器外套管2的内孔排出。活塞上升至缓冲器内套管刚插入缓冲器外套管的内孔时，排气通道即减小，此时活塞杆8就缓慢上升，起着缓冲作用。

5. 卸料装置

在密炼机工作时，需关闭卸料口，以防止物料泄漏出来。混炼结束时，需打开卸料口，把物料排出。这种开闭卸料口的装置为卸料装置。卸料口设在混炼室的下部，卸料装置的结构形式有以下两类：滑动式和摆动式。

（1）滑动式 滑动式卸料装置又分为气缸移动式和活塞杆移动式两种。通常用的是气缸移动式，如图4-25所示，主要由下顶栓4和气缸1组成。下顶栓是中空的铸钢件或板焊接件，可通水冷却。其上端呈三角形，工作面应淬火处理或堆焊一层耐磨硬质合金。下顶栓用键3固定在气缸1的上部，气缸是铸铁件，两边有翼，翼下有导板2。气缸安装在密炼机底座相应的导轨上。活塞杆8的一端用横梁9固定在导轨的端面上。当向气缸通入压缩空气时，由于活塞10固定不动，故使气缸沿着导轨往复滑动，以打开或关闭卸料口，如图4-25（b）所示为其工作原理图。

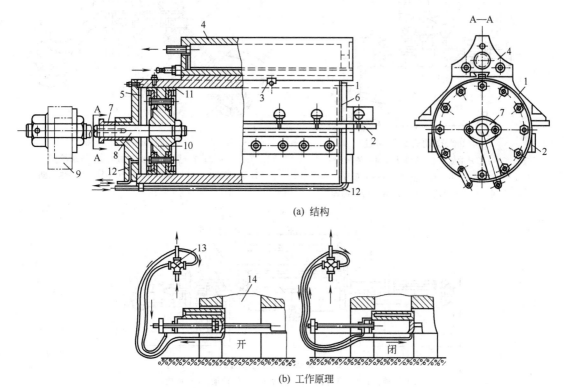

(a) 结构

(b) 工作原理

图 4-25 滑动式卸料装置

1—气缸；2—可换导板；3—键；4—下顶栓；5，6—气缸盖；7—密封帽；8—活塞杆；9—横梁；
10—活塞；11—密封皮碗；12—空气导管；13—四通阀；14—混炼室

这种卸料装置的结构比较简单，维修方便，但密封性不好（因需避免间隙太小，将下顶栓卡紧，其间隙一般为0.5mm），也易产生死角积存余料，影响物料质量，而且卸料慢（当压缩空气的压力为0.6MPa时，移动时间需20～35s），因此滑动式卸料装置仅用于慢速密炼机上。

（2）摆动式　随着快速密炼机的出现，混炼时间降到 1.5～3.5min，故对装卸料速度提出了新的要求，用滑动式开关卸料门的时间太长，故设计了摆动式卸料装置。其开关速度快，可大大缩短卸料时间，一般开闭一次仅需 3～6s，且密封性好。其结构如图 4-26 所示，下顶栓 7 支承在下顶栓支座 8 上，并用螺栓 11 固定。上、下顶栓支座套在旋转轴 9 上，且通过安装在机座上的旋转油缸（图中未注）来驱动。当开关时，下顶栓可绕旋转轴中心摆动 120°～135°。锁紧油缸 2 支承在底座 1 上，锁紧油缸活塞杆 3 连接着锁紧块 4，当下顶栓关闭卸料口后，锁紧块 4 通过油压的作用向前顶住下顶栓支座上的锁紧垫块 6。当需要打开下顶栓时，先将锁紧块退出松锁，然后才能转动下顶栓。下顶栓多为焊接件，材质不低于 A3 钢，内腔可通冷却水。为提高其耐磨性，在弧形的工作表面应堆焊一层 4mm 厚的硬质合金。

摆动式卸料装置的锁紧机构可分为正面平锁（见图 4-26）、斜锁（见图 4-27）和两头平锁（见图 4-28）三种。

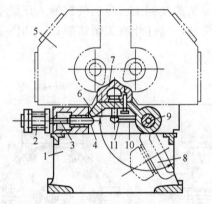

图 4-26　摆动式卸料装置

1—底座；2—油缸；3—活塞杆；4—锁紧块；
5—混炼室壳；6—锁紧垫块；7—下顶栓；
8—支座；9—旋转轴；10—管路；11—螺栓

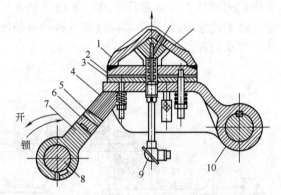

图 4-27　摆动式斜锁机构

1—下顶栓；2—胶垫；3—垫板；4—下顶栓座；
5，6—垫块；7—锁紧栓；8，10—轴；9—热电偶

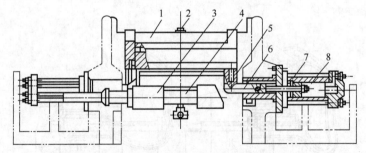

图 4-28　摆动式两头平锁机构

1—下顶栓；2—热电偶；3—轴承；4—旋转轴；5—垫块；
6—锁紧块；7—活塞杆；8—锁紧油缸

6. 转子轴向调整装置

在混炼过程中，转子所受到的轴向力会使转子顺轴线方向发生移动。若转子的轴承是滑动轴承时，其轴向载荷不能由轴承承受。为了承受轴向载荷，防止转子发生轴向移动或移动后能进行调整，以保证转子肩部与混炼室两侧壁间的间隙符合原规定的要求，故采用专门的调整装置，其结构如图 4-29 所示。

转子轴向调整装置是安装在每个转子轴颈（没有齿轮的一端，即在冷却水出口的一端）

的端部。它由两部分组成：一部分是用螺纹拧在转子轴颈上的内钢环1；另一部分是用螺纹拧在套筒9上的外钢环6。套筒9通过耳孔11用螺栓固定于混炼室侧壁10上。内、外钢环之间有一青铜环8，外钢环通过青铜环将内钢环压向转子轴承的青铜轴套5上。

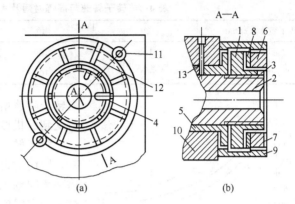

图4-29　转子轴向调整装置

1—内钢环；2—转子轴颈；3—内钢环凹槽；4，12—键；5—青铜轴套；6—外钢环；7—外钢环凹槽；8—青铜环；9—套筒；10—侧壁；11—耳孔；13—给油沟

每一部分的固定都通过键来实现。即转子轴颈2和内钢环1的端面上均有凹槽［见图4-29（a）］，当调整到两者的凹槽相对正时，就可用键4固定之。而套筒9和外钢环6的端面上亦有凹槽，同样可用键12固定之。因内、外钢环上均有八条凹槽，故它在轴向上可移动八种不同的位置，因此能将转子向左或向右移动所需的距离，以达到轴向调整的目的。

其调整方法如下：如需要转子向左移动时，则将键4和12均拔出，将外钢环6逆时针旋转而向右松出一些，然后将内钢环1逆时针旋转向右松出一定距离（即相应于转子需向左移动的距离），接着将键4楔入固定好，然后将外钢环顺时针旋转压迫内钢环，即能实现将转子向左推移，最后再将键12楔入固定好，此时调整完毕。

如果需要将转子向右移动，则仅需将键4拔出，将内钢环按顺时针方向旋转就可将转子向右移动所需的距离，然后再将键4楔入固定便可。

转子轴向移动的距离大小，取决于内、外钢环所转动的角度，通常转向一个凹槽时，等于转子轴向移动0.2mm。

第三节　主要参数与工作原理

一、转子转速与速比

转子转速是密炼机的重要性能指标之一。它直接影响密炼机的生产能力、功率消耗、物料质量及设备的成本。

密炼机向高转速发展是提高生产效率最有效的办法之一。据资料介绍，在混炼过程中，物料所产生的剪切应变速度和转子转速呈正比例关系，并与转子突棱端部与混炼室壁间的间隙呈反比例关系，即大体上可列成以下公式：

$$r = \frac{v}{h} \tag{4-1}$$

式中　r——剪切应变速度，s^{-1}；

　　　v——转子突棱回转线速度，m/s；

　　　h——转子突棱端部与混炼室壁之间的间隙，m。

在某台密炼机上，h是一个定值，由上式可见，物料的剪切应变速度将随着转子转速的加快而增大。所以，提高转子转速可以加速物料的剪切应变，缩短操作时间，提高生产率，它们的关系见表4-2及如图4-30所示。

从图4-30可见，转子转速增加，混炼时间缩短，这时因为转子转速增加后，物料剪切应变增加，被搅拌的物料表面更新频繁，这就加速了配合剂在物料中的分散作用；另一方面

表 4-2 转子转速与混炼时间及生产能力的关系

转子转速/(r/min)	20	40	60	80
混炼时间比/%	133	100	64	48
生产能力比/%	80	100	140	160

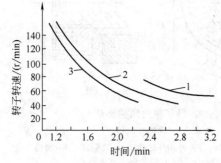

图 4-30　转子转速与混炼时间的关系
1—上顶栓压力为 0.23MPa；2—上顶栓压力
为 0.42MPa；3—上顶栓压力为 0.6MPa

当转子转速增加后，物料对混炼室的压力增大，物料受到的机械作用增强，因而能缩短混炼时间。

转子转速的提高，相应也增大了电动机的功率，因而对设备的结构提出了更高的要求。特别是热平衡问题难以解决。物料在混炼时，必须保持料温在一定限度以下，转子转速过分加快，将使物料温升过高，物料黏度随之下降，影响剪切效应，将降低物料的分散度。对炼胶来说一般在第一段混炼时，排胶温度控制在 150～170℃以下，否则除了会引起分散不良外，还易使胶料内的物料发生化学变化，如凝胶、蒸发以及热裂解等。在最终混炼时，为了防止胶料焦烧，一般排胶温度控制在 100～120℃以下，因此为了获得最有效的混炼，应按照不同的胶料品种，选择最适宜的转子转速。一般采用高速 40～60r/min，甚至 80r/min 作一段混炼，中低速 20～40r/min 的作二段加硫混炼用。

用炼塑工艺来说，亦要选择适宜的转子转速，因为转子转速过分加快，使混炼温度难以控制，物料温升过高，可能引起热分解，难以保证混炼质量。近年来，为适应不同混炼工艺和满足一机多用的要求，多速或变速密炼机的应用已日益增多。

密炼机两转子具有一定的速比，使物料受到强烈的搅拌捏合作用，有利于物料与粉料的均匀捏合，分散均匀，提高混炼质量，椭圆形转子的速比一般在 1∶(1.1～1.18) 之间，也有个别达到 1∶1.2 的。

二、上顶栓压力

上顶栓对物料的压力是强化混炼或塑炼过程的主要手段之一，增加上顶栓对物料的压力，能使混炼室基本上填满物料，所余留的空隙减少到最低的限度，可使每份物料的料重增加到最大限量，并可使物料与机器的工作部件之间及各种物料之间更加迅速地互相接触和挤压，加速各种粉料混入的过程，从而缩短混炼时间，显著提高密炼机的功效。它们的关系见表 4-3 和如图 4-31、图 4-32 所示。

表 4-3 上顶栓对物料的压力与混炼时间及生产能力的关系（40r/min 密炼机）

压力特征	上顶栓对物料的压力/MPa	混炼时间/s	生产能力/%
低压	＜0.175	100	100
中压	≤0.245	84	120
高压	0.49	70	143

同时由于材料间的接触面积增大和物料在机器部件表面上的滑动性减小，间接地导致混炼过程中物料切应力增大，从而改善分散效果，提高混炼物料的质量。

上顶栓对物料的压力范围，一般在 0.05～0.1MPa 之间，如 XHM-253/20 型密炼机上顶栓压力为 0.1～0.12MPa，XM-245/40 型密炼机上顶栓压力为 0.36～0.47MPa。目前国外通常采用 0.7MPa，最低为 0.2MPa，最高已达到 1MPa，而且这种压力可随物料性质的

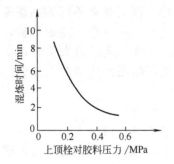

图 4-31　用 11 号密炼机混炼合成橡胶时上顶
栓对胶料压力与混炼时间的关系

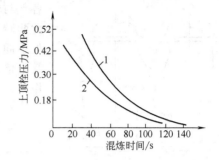

图 4-32　用 11 号（20r/min）密炼机混炼时
上顶栓压力与混炼时间的关系
1—胎面胶；2—帘布层胶

不同进行调节，加工硬料比软料要求更高的压力。

但上顶栓压力的提高是以物料填满混炼室为限的，超过此限，既不起作用，混炼时间也不会缩短。随着上顶栓压力的提高，密炼机的功率消耗也随着增加。

目前，提高上顶栓压力的方法，一般采用加大上顶栓气缸直径和风压。现在的空压机的压力是 0.6～0.8MPa，要再提高风压则带来不少困难。因此，用提高风压提高上顶栓压力的方法是有限度的，对 11 号密炼机来说，多采用加大气缸直径的办法，即把原来的 $\phi200$mm 加大到 $\phi410$mm。亦有试用液压来代替气压的，这样就可以缩小原气缸的直径。

三、工作原理

在混炼室内，胶料的塑炼或混炼过程，比开炼机的塑炼或混炼要复杂得多。物料在混炼室内不仅在两个相对回转的转子间隙中，而且在转子与混炼室壁之间的间隙中，以及转子与上、下顶栓的间隙中受到不断变化的剪切、挤压作用，促使物料产生剪切变形而实现捏炼。密炼机转子的形状不同，其作用情况是不同的。对椭圆形转子密炼机来说，其炼胶（塑）过程主要受到以下三方面的作用。

1. 转子外表面与混炼室壁之间的作用

物料加入混炼室后，首先通过两个相对回转的转子之间的间隙，然后由下顶栓突棱将物料分开而进入转子与混炼室之间的间隙中，最后两股物料相会于两转子的上部，在上顶栓压力下，并再次进入两个转子间隙中，如此往复进行。

由于转子外表面与混炼室壁之间的间隙是变化的，如 XM-75 型密炼机为 4～80mm，XM-250 型密炼机为 2.5～120mm，其最小间隙在转子突棱尖端与混炼室壁之间。当物料通过此最小间隙时，便受到强烈的挤压、剪切作用（见图 4-33 中 A 部放大）。这种作用与开炼机的作用相似，但它比开炼机的效果更好，因为转动的转子与固定不动的混炼室壁之间物料的速度梯度比开炼机大得多，而且转子突棱尖端与混炼室壁的投射角度尖锐。物料是在转子突棱尖端与混炼室壁之间边捏炼边通过，继续受到转子其余表面的类似滚压作用。

2. 两转子之间的作用

由于两转子的转速不同（速比不等于 1:1），因此两个转子突棱的相对位置也是时刻变化着，这使物料在两转子之间的容量也经常变动。又由于转子的椭圆形表面

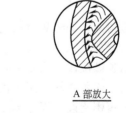

A 部放大

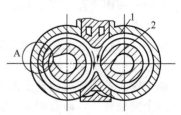

图 4-33　物料在混炼室中的捏炼情况
1—混炼室壁；2—转子

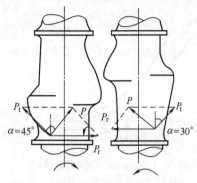

图 4-34　转子的轴向切割作用

各点与轴心线距离不等，因而具有不同的圆周速度，因此两转子间的间隙及速比不是一个恒定的数值，而是处处不同、时时变化的。速度梯度的最大值和最小值相差几十倍，结果使物料受到强烈的剪切和剧烈的搅拌捏合作用。

3. 转子轴向的往返切割作用

密炼机的每个转子都具有两个方向相反、长度不等的螺旋形突棱，如图 4-34 所示。其长螺旋段的螺旋夹角 $\alpha=30°$，短螺旋段的螺旋夹角 $\alpha=45°$，物料在相对回转的转子作用下，不仅围绕转子作圆周运动，而且由于转子突棱对物料产生轴向力作用使物料沿着转子轴向移动。

现将两部分作用情况分析如下。

由于转子的转动，转子的螺旋突棱对物料产生一个垂直的作用力 P（见图 4-34），作用力 P 可分解为两个分力，如下所示。

圆周力 P_r 使物料绕转子轴线转动：

$$P_r = \frac{P}{\cos\alpha} \tag{4-2}$$

切向力 P_t 使物料沿转子轴线移动：

$$P_t = P\tan\alpha \tag{4-3}$$

螺旋突棱以 P 力作用于物料，物料同时也以 P 这样大的力反作用于突棱，实际上 P 力可以看作是物料对转子表面的正压力，所以企图阻止物料作轴向移动的摩擦力 T 为：

$$T = P\mu = P\tan\varphi \tag{4-4}$$

式中　μ——物料对转子表面的摩擦系数；

φ——物料与转子金属表面的摩擦角。

很明显，只有当使物料沿转子轴线移动的切向力 P_t 大于或等于企图阻止物料移动的摩擦力 T 时，物料才能作轴向移动，即 $P_t \geqslant T$，这是使物料产生轴向移动的必要条件。

因　　　　　　　　　　$P_t = P\tan\alpha$

而　　　　　　　　　　$T = P\tan\varphi$

故　　　　　　　　$P\tan\alpha \geqslant P\tan\varphi$

即　　　　　　$\tan\alpha \geqslant \tan\varphi$（必须 $\alpha \geqslant \varphi$）

从实验得知，聚合物材料与金属表面的摩擦角 $\varphi=37°\sim38°$。这样即可得出物料在转子上的运动情况如下。

在转子长螺旋段，因 $\alpha=30°$，所以 $\alpha<\varphi$，$P_t<T$，因此，物料不会产生轴向移动，仅产生圆周运动，起着送料作用及滚压揉搓作用。

在转子短螺旋段，因 $\alpha=45°$，所以 $\alpha>\varphi$，即 $P_t>T$，因此物料便产生轴向移动，对物料产生往返切割作用。

由于一对转子的螺旋长段和短段是相对安装的，从而促使物料从转子的一端移到另一端，而另一个转子又使物料作相反方向移动，因此使物料来回混杂，进行强烈的混炼。

四突棱转子和双突棱转子的工作原理对比简介如下。

四个突棱转子，即有两个长突棱和两个小短突棱。增加两个小短突棱能增强搅拌作用，如图 4-35 所示是转子展开图。双突棱的两个转子旋转时，物料沿 1、2、3 三个方向流动，第一股分流物料受到突棱 A 与混炼室壁间的剪切捏炼，2、3 股分流物料直接流向突棱 C，其中一部分被突棱 C 所捏炼。可见双突棱转子每一转对物料的剪切混炼仅一次，但增加两个小短突棱 B、D 以后，捏炼情况就不同了，第一股分流经突棱 A 第一次捏炼后，有相当部分被突棱 B 所折回与 2、3 股分流混合后一又经突棱 C 作第二次捏炼。而且物料左右来回搅拌的作用也加强了，因而在小短突棱的作用下，对物料的混炼效果更为显著，缩短了混炼时间。

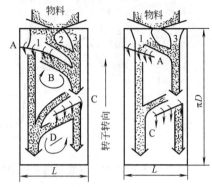

图 4-35 转子展开图（1～3 指物料流动的三个方向）

A，C—长突棱；B，D—短突棱

四、容量与生产能力

密炼机混炼室的容积称为密炼机的理论容量，而混炼室的容积（理论容量）减去混炼室中两个转子的体积称为密炼机的总容量。它是表示生产能力大小的主要数据，一般都是按系列标准制造的。

密炼机的生产能力是按一次捏炼量（工作容量）来决定的，而一次捏炼量又是由混炼室总容量与所选择的填充系数来确定，其计算公式如下：

$$G = 60\frac{Vr}{t}\alpha \tag{4-5}$$

式中　G——密炼机的生产能力，kg/h；

　　　V——一次捏炼量，L；

　　　r——物料重度，kg/L；

　　　t——一次捏炼时间，min；

　　　α——设备利用系数（$\alpha = 0.8\sim0.9$）。

一次捏炼量：

$$V = V_0\beta \tag{4-6}$$

式中　V_0——混炼室总容量，L；

　　　β——填充系数（$\beta = 0.55\sim0.75$）。

填充系数 β 直接影响密炼机工作容量和混炼质量。因为每一种密炼机有其固定的混炼室总容量 V_0，显然，影响 V 值的大小仅取决于 β 值。当 β 值小时，则生产能力下降，而且因物料过少，未能受到或很少受到上顶栓的压力而导致物料滑动，不易分散均匀，降低捏炼质量和延长混炼时间，反之，当 β 值提高时，生产能力随之增大，但由于粉状配合剂疏松密度小，在混炼开始时，物料和配合剂的容量常常比混炼室总容量要大，只有当配合剂不断捏合渗入聚合物材料后，容量才逐渐变小。因此，物料增加过多时，即填充系数 β 值过大时，则会使部分物料停留在上顶栓附近的喉道处，不利于物料翻转而导致混炼困难，从而引起混炼质量降低。

影响填充系数 β 值大小的因素很多，如设备的结构、转子转速、聚合物性质和操作方法等均有影响。如加大上顶栓对物料的压力，提高转子转速，增加转子突棱与混炼室壁之间的间隙等均能提高填充系数 β 值。从工艺操作来看，根据物料性质正确地选择每种物料的最大 β 值也是十分重要的。但目前对 β 值仍未有一个确切的选定方法，只是通过试验或采用现有机台类比法确定。根据以上分析，一般 β 值在 $0.5\sim0.8$ 范围内选择。

国内现有密炼机技术水平一般 β 值只能选为 $0.6\sim0.7$ 左右。一次混炼时间 t 对生产能力的影响也是十分明显的，提高转子转速和上顶栓对物料的压力都可以大大缩短混炼时间，提高生产能力。

五、混炼过程功率变化规律和电动机的选择

密炼机在一个混炼周期中，功率消耗变化是很大的，不同加料方式及工艺条件将得到不

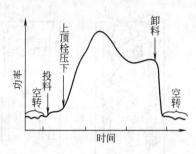

图 4-36　XHM-253 密炼机功率消耗

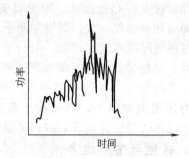

图 4-37　典型功率曲线

同的功率消耗曲线，图 4-36 是 XHM-253/20 型密炼机在某种加料方式及工艺条件下所测得的功率消耗。

图 4-37 是典型功率曲线。从上面两图可见，在混炼过程中，随着配合剂的加入，在大约 1.5～2min 的过程中有强烈的捏炼过程，因而出现高峰负荷。当功率增长达到最大限度后，随着物料温度的升高，配合剂也进一步分散，功率即逐渐下降。不同的工艺条件不但最大功率不同，就是功率消耗曲线也是不同的。对 XM-253/20 型密炼机来说，在整个混炼过程中，平均功率约为 228kW，但最大功率为 326kW，密炼机所用电动机的额定功率为 240kW，其超载系数：

$$K = \frac{N_{最大}}{N_{额定}} = \frac{326}{240} = 1.46 \tag{4-7}$$

因此，密炼机的整个传动装置是在考虑到过载情况下，以电动机的额定功率的 1.5 倍来进行设计计算的。

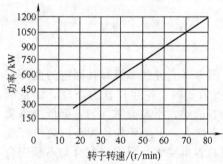

图 4-38　转子转速与功率的关系

密炼机的功率消耗受许多因素的影响，例如，聚合物和配合剂的性质、混炼温度、投料方式和顺序、上顶栓压力大小、转子转速（见图 4-38）及密炼机结构等都影响到功率的消耗。

对密炼机功率值的确定，目前尚没有准确的理论计算公式，也没有比较实用的经验公式。因此，对密炼机功率值一般是基于中国现有的密炼机使用情况，并参考国外密炼机的系列标准，用类比推算的方法得出功率值。

由于转子转速和上顶栓对胶料压力的提高，输入的功率也相应加大。实践表明，输入功率已由传统的每升工作容量 2～4kW 增至 4～8kW。另外，密炼机的工作容量也在不断增大，大型号密炼机的应用也日益增多，已成为近几年来的发展趋势。工作容量的增加，也需增加输入功率。据介绍，工作容量增大 100%，则需增加装机功率 60%。

密炼机用电动机应满足如下要求：

① 电动机应有耐超负荷的性能，这是由于混炼过程中，峰值负荷与平均功率相差很大，在选择电动机时必须考虑其允许的超载系数大于混炼过程中出现峰值负荷时的超载系数；

② 起动转矩要大；

③ 可以正反转；

④ 能防尘，选用封闭电动机。

根据上述要求，密炼机常用 JRO 系列、JZS 系列和 JO_2 系列电动机。

第四节　其他类型密炼机简介

除了前面详细介绍的椭圆形转子密炼机外，还有圆筒形转子密炼机和三棱形转子密炼机等形式，下面分别简单介绍。

一、圆筒形转子密炼机

如图 4-39 所示为圆筒形转子密炼机的主要结构情况，它与椭圆形转子密炼机相仿，只是转子形式不同而已。

其转子形状如图 4-40 所示，转子的本体是圆筒形，每个转子有一个大的螺旋突棱和两个小突棱。两个转子的转速相同，一转子的凸出面啮入另一转子的凹陷面中，由于凸面和凹面上各点线速度不同而产生速比，产生摩擦捏炼作用，突棱螺旋推进角大约为 $40°\sim42°$。螺

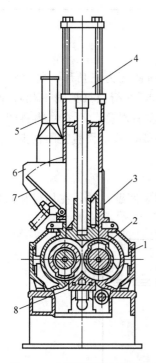

图 4-39　圆筒形转子密炼机

1—混炼室；2—转子；3—上顶栓；
4—气筒；5—排尘罩；6—加料斗；
7—加料门；8—下顶栓

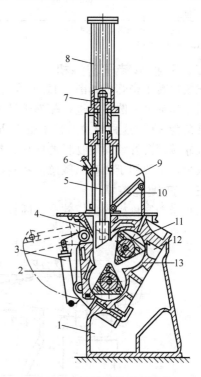

图 4-41　三棱形转子密炼机

1—机架；2—翻转门；3—液压缸；4—上顶
栓；5—连杆；6—定位销；7—活塞；
8—气缸；9—加料斗；10—加料门；
11—转子；12—空腔；13—下混炼室

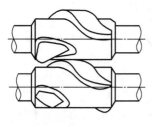

图 4-40　圆筒形转子

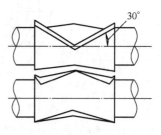

图 4-42　三棱形转子

旋突棱是使每个转子以相反方向推动物料而排列的。由螺旋突棱产生的螺旋作用与两转子间辊距处的速比相结合，产生了像开炼机一样的捏炼作用，即由辊距中的速比所造成的分散作用和越过开炼机辊筒表面被切割和打卷而造成的捣料作用。它的捏炼作用主要是在两个转子之间，混炼效果好，混炼室壁不易磨损，转子无左、右窜动现象，机器维修费用低，寿命长。其技术特征见表 4-4。

表 4-4　圆筒形转子密炼机技术特征

型　号	K₂	K₄	K₅	K₆	K₇
混炼室总容量/L	15	69	112	161	266
混炼室工作容量/L	12	45	63	93	145
转子转速/(r/min)	30	16 或 33	16 或 33	16 或 33	16 或 33
电动机功率/hp	50	111 或 220	150 或 300	200 或 400	250 或 500
外形尺寸(长×宽×高)	16ft×8ft× 6in×10ft	23ft×8ft× 15ft6in	23ft6in× 11ft×16ft	28ft6in× 13ft6in×20ft	35ft× 12ft×23ft
质量(不包括电动机)/t	10.2	20	28.4	47.7	63.5

注：1. K₂ 等为英国密炼机的型号。
　　2. 1hp＝745.700W。

二、三棱形转子密炼机

三棱形转子密炼机如图 4-41 所示，转子的工作部分横截面为三角形，每个转子的三个凸棱沿工作部分的圆周前进，相遇于转子中部形成约为 120°的折角（见图 4-42），凸棱与轴线的夹角为 30°。这种形式的转子由于凸棱的排列及构造左右对称，不能使物料产生轴向移动，仅靠转子混炼室间对物料的剪切、挤压作用，故混炼效率低，目前应用较少。因其混炼生热较少，主要用于对高温敏感的物料的混炼。

三、连续混炼机

近年来，密炼机的混炼效率不断提高，但由于其工作是间歇性的，在加料和卸料时不能

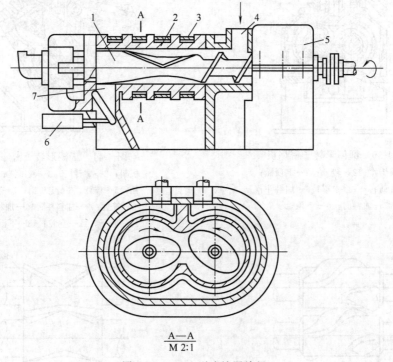

图 4-43　FCM 型连续混炼机

1—转子；2—机筒；3—温度调节装置；4—加料口；5—减速机；6—排料口开度调节油缸；7—排料口

进行混炼，因此，无法实现连续生产。为了进一步提高设备的效率，简化生产工艺，提高混炼质量，连续混炼便引起国内外的重视，已先后出现各种类型的连续混炼机。由于连续混炼机的生产是连续的，容易实现生产过程自动化，所以已成为目前国外橡胶塑料加工机械中发展较快的机台之一。

如图 4-43 所示是美国生产的 FCM 型连续混炼机。

它有两根相切地并排着的转子，作相对旋转。转子的工作部分主要由喂料段、混炼段和排料段组成。物料自加料口加入，被喂料段螺杆输送入混炼段。混炼段中的转子结构和工作原理与密炼机相似。使物料受到良好的混炼效果。排料段的排料口开度的大小，可通过控制油缸来调节，从而调节了物料的混炼程度与排料温度。

第五节　密炼机的上下辅机（配炼系统）

现代混炼系统的工艺流程包括以下几方面：

① 生胶及配合剂的自动称量及自动投料；

② 在密炼机中进行混炼；

③ 将炼好的混炼料卸落在压片机或挤出机上压片，然后进行冷却。

如图 4-44 所示为橡胶工业的最具代表性的炼胶工艺流程图。

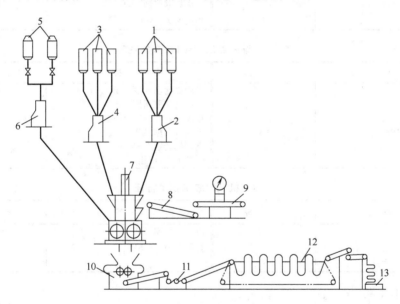

图 4-44　炼胶工艺流程图

1—粉料贮斗；2，4，6—秤；3—炭黑贮斗；5—油料贮罐；7—密炼机；8—输送带；
9—生胶皮带秤；10—压片机；11—冷却槽；12—胶片冷却装置；13—胶片

一、切胶机

橡胶工厂使用的生胶，一般有 50kg 的烟片胶和标准胶、35kg 的合成胶等。为了便于在开炼机或密炼机中进行塑炼或混炼，需将生胶或合成胶切成小块，这样也便于称量和投料，因此切胶工序实际上是原材料的准备工作，切胶机是完成这一工序的主要设备。

（一）用途、分类

切胶机专供切割生胶之用。切胶机有多种类型，有单刀和多刀、立式和卧式之分，按传动方式可分为机械传动、液压传动和气压传动几种。

显然，多刀切胶机比单刀切胶机的生产能力高，而卧式切胶机比立式切胶机更容易组织联动作业线，但立式切胶机占地面积比卧式切胶机要小。

（二）技术特征

表 4-5～表 4-8 分别介绍了单刀立式水压切胶机、多刀立式液压切胶机、卧式油压切胶机、机械切胶机的技术特征。

表 4-5　单刀立式水压切胶机技术特征

技　术　特　征	指　标	技　术　特　征	指　标
切胶刀宽度/mm	610	推胶盘气缸直径/mm	100
切胶刀行程/mm	750	压缩空气压力/MPa	0.4
切胶刀活塞筒直径/mm	240	推胶盘总推力/N	3000
切胶总压力/t	11	切胶能力/(t/h)	1～1.5
切胶动力水压/MPa	2.5		

表 4-6　多刀立式液压切胶机技术特征

技　术　特　征	指　标	技　术　特　征	指　标
切胶刀数目	6	切胶总压力/t	50
切胶刀分布形式	星形	油泵压力/MPa	4.5
液压筒活塞直径/mm	375	一次切胶时间/min	1～2
切胶台行程/mm	757	切胶能力/(t/h)	3～5

表 4-7　卧式油压切胶机技术特征

技　术　特　征	指　标	技　术　特　征	指　标
切胶刀数目	10	推胶盘起动速度/(m/s)	1.33
切胶刀分布形式	辐射状	推胶盘切胶速度/(m/s)	0.56
最大切胶力/t	100	推胶盘回程速度/(m/s)	2.44
高压油泵压力/MPa	6.0	电动机功率/kW	14
低压油泵压力/MPa	3.0	电动机转速/(r/min)	970
推胶盘行程/mm	1120	切胶能力/(t/h)	5～7

表 4-8　机械切胶机技术特征

技　术　特　征	指　标	技　术　特　征	指　标
切胶刀宽度/mm	760	电动机功率/kW	28
切胶刀最大行程/mm	630	切胶能力/(t/h)	5
每分钟切胶次数/(次/min)	7		

（三）基本结构

1. 单刀立式水压切胶机

这种切胶机如图 4-45 所示，它由切胶刀水压缸 1、机架 2、推胶盘 3、推胶气缸 4 及切胶刀 5 组成，因其结构简单，故被橡胶工厂普遍采用。其动力水一般采用硫化用的低压水，现在已逐步被单独设立的油泵之动力油所代替。

2. 多刀立式液压切胶机

这种切胶机结构简单，一般为 6 刀或 10 刀，其生产能力较单刀式切胶机高，多刀立式液压切胶机其结构如图 4-46 所示。它由上横梁 1、切刀 3、切胶台 4、下横梁 5 及液压缸 6 等组成。切刀呈星形排列，动力采用水压或油压。

3. 卧式油压切胶机

这种切胶机适用于大型橡胶工厂。它有 10 把切胶刀，辐射状布置，一次可以将生胶切成 10 小块。其生产能力较高，每小时可切生胶 5～7t。如图 4-47 所示为卧式油压切胶机及

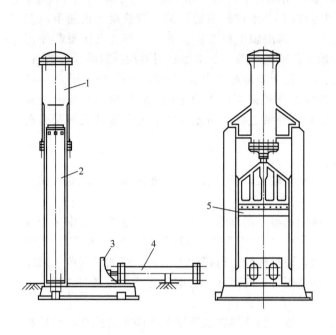

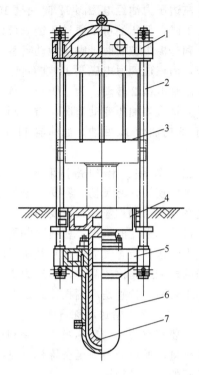

图 4-45　单刀立式水压切胶机

1—切胶刀水压缸；2—机架；3—推
胶盘；4—推胶气缸；5—切胶刀

图 4-46　多刀立式液压切胶机

1—上横梁；2—圆柱；3—切刀；4—切
胶台；5—下横梁；6—液压缸；7—柱塞

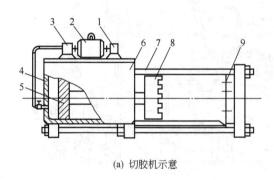

(a) 切胶机示意

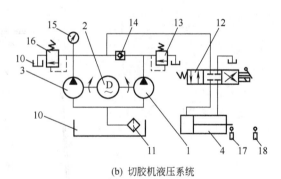

(b) 切胶机液压系统

图 4-47　卧式油压切胶机

1—低压泵（3MPa）；2—双出轴电机；3—高压泵（6MPa）；4—油缸；5—活塞；6—机座；7—机架横梁；
8—推胶盘；9—切胶刀；10—油槽；11—滤油器；12—三位四通电磁阀（带手动）；13—溢流阀
（3MPa）；14—单向阀；15—压力表；16—溢流阀6MPa；17，18—行程开关

液压系统图。卧式油压切胶机由油缸 4、机座 6、机架横梁 7、推胶盘 8、切胶刀 9 及液压系统等组成。当双出轴电机 2 起动后，低压泵 1 和高压泵 3 一起工作，压力油经三位四通电磁阀 12 被输送到油缸左边，使推胶盘 8 向右移动。当油缸 4 左边充满压力油后，油压逐渐升高，当压力油超过 3MPa，由于单向阀 14 的作用，高压油不能经单向阀 14 流向低压回路，而低压油也不能流过单向阀 14 向油缸 4 供油，低压油经溢流阀 13 向油槽 10 回油。高压泵 3 则继续给油缸 4 供油加压，推胶盘将生胶推至切胶刀处把生胶切开。这时推胶盘已达极限位置，安装在推胶盘上的触块触动行程开关 18，三位四通电磁阀 12 即自动改变油液通路，油

缸 4 左边压力油经电磁阀 12 向油槽 10 回油，而油缸 4 右边开始进油。由于单向阀 14 左边压力下降，低压油可以通过，经三位四通电磁阀 12 给油缸右边供油，推胶盘 8 迅速退回左边，到达极限位置时，触块触动行程开关 17，双出轴电机 2 停止转动，高、低压泵都停止工作，而三位四通电磁阀 12 重新恢复开始工作前的状态。下次切胶则要重新起动开关按钮，使双出轴电机 2 转动。为了防止过载，高压回路上安装有压力表 15 和溢流阀 16。压力表 15 用以直接观察油压变动情况，溢流阀 16 起安全作用。当压力油超过 6MPa 时，高压油经溢流阀 16 向油槽 10 回油。滤油器 11 的作用是将油液过滤，防止油液中的杂质进入油泵而造成堵塞。

二、炭黑、粉料输送和称量系统

炭黑较轻，易飞扬，容易污染环境，且用量较大，所以从仓库至车间采用密闭的机械化输送系统及自动称量是很重要的。

目前，采用的炭黑、粉料（如陶土、碳酸钙等）的输送方法，有气流输送（其中又分真空气力输送和流态气力输送）及机械输送（其中又分埋沉式刮板输送和螺旋输送等）。气流输送的机械结构比较简单，但动力消耗较大，而机械输送所需动力小些，但加工制造和装配的要求较高，特别是埋刮板输送，若加工制造不好，在运转中会增加链条和机壳的磨损。

1. 炭黑真空输送和称量

炭黑真空输送（又称吸式）是利用负压管道，将炭黑输送至准备车间里的贮斗，然后经自动称量，通过顺料筒至密炼机（见图 4-48）。原理是将空气与炭黑一起吸入管内，靠低于大气压的气流进行输送。

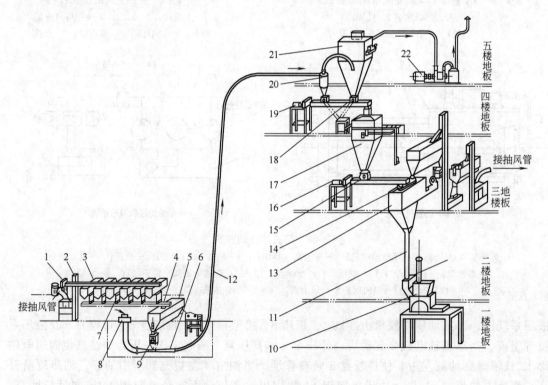

图 4-48　炭黑真空输送系统图

1，4，19—螺旋输送机；2—平式提升机；3—圆鼓筛；5，17—炭黑贮斗；6—文丘里管；7—筛选检查管；8—空气过滤器；9，15，18—十字加料器；10—密炼机；11—顺料筒；12—真空输送管道；13—炭黑自动秤；14—进料阀；16—双联螺旋输送机；20—旋风分离器；21—袋滤器；22—真空泵

真空输送又可分为高真空（－0.05～－0.01 MPa）和低真空（－0.01MPa以下）两种。

2. 流态气力输送和称量

流态气力输送（又称吹式或称空气输送）是一种新的输送方法，其原理如图4-49所示。在单仓压送罐的底部送入压缩空气，利用压缩空气通过微孔板，使粉状物料与空气混合形成流态化。在压送罐内装有连接输送管道的喇叭口，它位于流态化的料柱之内，在罐内压缩空气的压力作用下，使物料沿管壁运动，进行远距离的管道输送。物料由加料斗进入压送罐内，加料斗与罐口连接处装有锥形阀，当罐内加满物料后，关闭锥形阀，开启罐底部的压缩空气阀门，使悬浮物料在压缩空气压力作用下沿管道从仓库输送至准备车间四楼，并沿切线方向与

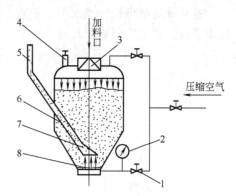

图4-49　流态输送原理图
1—球心阀；2—压力表；3—锥形阀；
4—安全阀；5—输送管；6—单仓压
送罐；7—喇叭口；8—微孔板

圆形贮斗连接，压缩空气从贮斗上部的布袋中排出。贮斗下部接电磁振荡给料机，向自动秤加料。秤的上部有四个进料阀，可累计称量三种炭黑和一种白色粉料。物料称量后，经顺料筒、装料斗进入混炼室（见图4-50）。

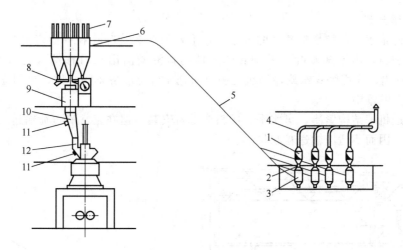

图4-50　流态气力输送粉料系统图
1—加料斗；2—锥形罐；3—压送罐；4—排风管；5—输送管；6—贮斗；7—布袋；
8—电磁振荡给料机；9—自动秤；10—顺料筒；11—振动器；12—装料斗

流态气力输送的特点：结构简单，输送管径小，输送浓度高，能力大，维修量小，能远距离输送，输送过程保持密闭，物料不致泄漏，也不会混入杂质，无噪声，操作安全简便。但消耗动力较大，在水平输送管道过长时，易形成"脉动流"，使物料输送不稳定，甚至造成管道堵塞。

3. 埋刮板输送机

埋刮板输送机是在链条上以一定的间隔装设可拆卸式的刮板，这些刮板装在一封闭的壳体内，当刮板运动时，刮板与被输送的物料同时向前移动。因此，物料除了与输送机壳体光滑的内表面有接触，产生摩擦外，其余不发生任何摩擦，被输送物料之间的压力增加得极小，即使输送极易碎的物料也很少损坏或破碎。故常用于输送炭黑。

这种输送机可设计成水平、垂直、倾斜或三者结合的形式（见图 4-51）。其特点是输送效率高，但加工安装要求较高。

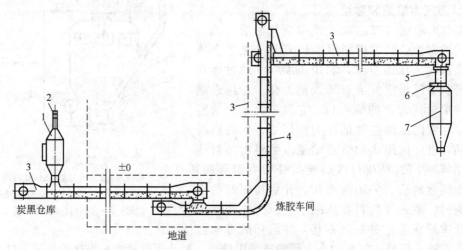

图 4-51　埋刮板输送装置图

1—炭黑加料斗；2—吸尘装置；3—水平埋刮板；4—垂直埋刮板；

5—水平分配埋刮板；6—气动闸门；7—炭黑贮斗

4. 螺旋输送机

螺旋输送是运送散粒物料最老的方法，它主要为一螺旋叶片在一固定的封闭槽内旋转，加入槽内的物料，由于螺旋叶片的旋转作用使物料沿槽向出料口移动（见图 4-52）。从图 4-52 中可以看出，先用卧式螺旋输送机把物料从仓库送至准备车间一楼，再用立式螺旋输送分段送至楼上贮罐中。

螺旋输送机，结构紧凑，可水平、倾斜或垂直安装。但在正常满负荷输送时，物料的料粒易被破碎，因而不适应输送粒状炭黑。

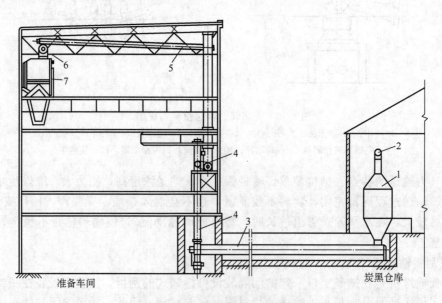

图 4-52　炭黑螺旋输送机装置图

1—炭黑装料斗；2—吸尘装置；3，5—卧式螺旋输送机；4—立式螺旋输送机；

6—分配用螺旋输送机；7—炭黑贮斗

三、油料输送及称量系统

油料的输送主要由油料保温罐及油泵、管路、阀门等组成。如松焦油或三线油，用泵打进三楼油料保温槽，利用油料的高位能进行输送和投料。

在输送称量过程中，油在较低温度下黏度较高，不能在管道内顺畅流动，故需用蒸汽加温，一般可采用套管法加温，即输油管套在较粗的钢管内，两管间用蒸汽加热，这方法加温较好，但不易检修。也有采用夹管法，即输油管夹在三根蒸汽管之间，外面用石棉缠裹。

图 4-53 为油料自动输送称量示意图。称量部分主要由量筒、浮子和标尺盒等组成，量筒的下端两侧分别有进油管和出油管。当油进出量筒时，量筒的浮子就上升或落下，浮子带动游标尺在标尺盒内上下移动，从而指示出量筒内油料的容量。这种称量法又称容积称量法。

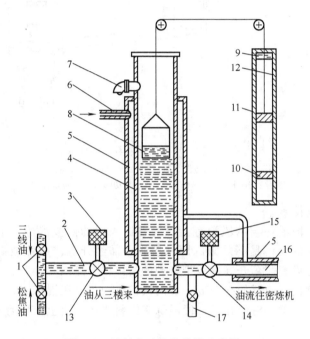

图 4-53　油料自动输送称量示意图

1—来油总阀门；2—进油管；3—电磁阀；4—量筒；5—保温管；6—保温管蒸汽入口；7—溢流管；
8—浮子（内填沙）；9—上限位开关（固定）；10—下限位下关（可上下移动）；11—游尺；
12—标尺盒；13—进油阀门；14—出油阀门；15—电磁铁；16—出油管；17—排油管

如图 4-54 所示为增减砝码油料自动秤。

松焦油经脱水保温后，通过电磁阀进入称量筒，在称量筒的外部套有一个带蒸汽夹套的保温筒，称量筒与杠杆连接，用增减砝码的方法来称量油料。称量筒下部的锥形阀用连杆同上面的弹簧与牵引电磁铁相连。称量时，利用弹簧的压力使锥形阀和称量筒的卸料口均严密关闭。卸料时，牵引电磁铁通电打开锥形阀，将油料排入混炼室内。

四、生胶及胶料的输送与称量系统

小块生胶、塑炼胶片、一段母炼胶片等如果采用人工称量和投料，不仅劳动强度大，而且不能适应快速炼胶的要求。采用半自动的皮带秤或辊道秤可得到相应的改善。胶料的自动输送称量与投料仍然是目前研究的内容之一。如图 4-44 所示的炼胶工艺流程图中 9 为生胶皮带秤。

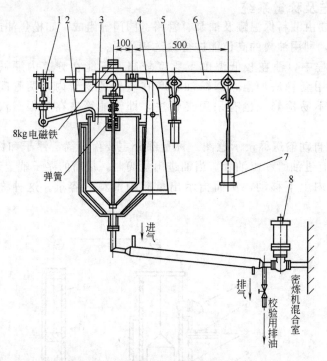

图 4-54   增减砝码油料自动秤

1—电磁铁油阀；2—保温筒；3—油料筒；4—支座；5—平
衡锤；6—杠杆；7—砝码盘；8—气动阀（用电磁铁控制）

五、加硫与压片系统

胶料的混炼分一段混炼与两段混炼。目前普遍采用的两段混炼。不管是一段或两段混炼，从混炼室中卸出的胶料是不规则的团状胶料，需经开炼机压片或螺杆挤出机出片或造料。故密炼机下面应设有配套开炼机或带口型的挤出机（见图 4-44）。

硫黄和一些温度比较敏感的配合剂，在两段混炼中第二段混炼时，有的在低速密炼机进行第二段混炼时加入硫黄，有的在第二段混炼完卸料于压片机上，然后再加硫黄混炼均匀出片冷却。

六、胶片冷却系统

经压片后的胶料，一般需经冷却停放。冷却的目的是降低胶片温度和涂隔离剂，避免胶片停放时相互黏结和发生自硫。冷却方法如下：

① 胶片浸入盛有中性肥皂液的冷却槽，然后挂置晾干；

② 用冷风吹或空气自然冷却；

③ 胶片挂在运输装置上喷水冷却；

④ 造粒胶料用浸水或喷陶土混浊液冷却。

胶片冷却装置是将从压片机上引下来的胶片连接进行涂隔离剂、冷却吹干和切片等一系列作业的机械操作装置。目前采用的有运输带式的吹风冷却装置及挂链式的吹风冷却装置。因后者冷却效果好，且装置较短，得到普遍采用。其结构示意图如图 4-55 所示，它由浸泡槽、夹持带、挂链和切刀等部分组成。

1. 浸泡槽

胶片浸泡部分有长方形开口槽一个，上面安装运输带 1，以便牵引胶片入槽。为压紧前、后胶片的接头及防止胶片的运输带上打滑，在运输带上装有压辊 3，由风筒 2 加压。油

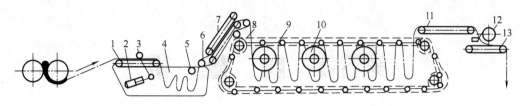

图 4-55　挂链式胶片冷却装置示意图

1—运输带；2—压紧风筒；3—压辊；4—油酸钠水槽；5—托辊；6—下夹持运输带；7—上夹持运输带；
8—链轮；9—挂链；10—轴流式通风机；11—上运输带；12—圆切刀；13—下运输带

酸钠水槽 4 内盛冷却液（隔离剂），胶片通过槽内后，一方面使胶片冷却，另一方面使胶片涂上一层隔离剂。槽内装有托辊 5，当胶片拉紧时，托辊随着上升控制电位限制器，将夹持运输带停止。

由于胶片离开压片机后，不同胶料有不同的厚度和收缩率，故采用直流电动机或无级变速器来调整运输带的速度。

2. 夹持带

夹持运输带由上、下两层组成，上夹持运输带 7 靠下夹持运输带 6 压紧而被传动。胶片由这两条运输带夹持上升，存放在挂链 9 上。

3. 挂链

挂链由电动机通过减速机和链轮而驱动，链条节距为 180mm，运行速度约为 1m/min。

挂链一侧安有 ϕ500mm 轴流式通风机 10 三台，向存放在挂链上的胶片吹风，使胶片干燥和冷却。

4. 切刀

由上、下两层上运输带 11、下运输带 13、圆切刀 12 和电动机减速机构组成。上运输带 11 牵引挂链上来的胶片供圆切刀切断，并由下运输带 13 运出叠堆存放。

习　题

1. 密炼机按转子断面形状不同可分几类？规格如何表示？
2. 椭圆形转子密炼机主要由哪些零部件和系统所组成？各起什么作用？
3. 密炼机在结构上与开炼机相比主要有哪些不同的地方？
4. 密炼机的混炼室结构及加热冷却方式有几种形式？各有何特点？
5. 密炼机比开炼机混炼快速而均匀的原理是什么？为什么提高转子转速可以提高生产效率？
6. 填充系数是指什么？其大小如何决定？它在生产上有何意义？
7. 混炼室的密封装置有哪些结构形式？各有何特点？
8. 卸料装置有哪几种结构形式？快速密炼机应选用哪种形式？为什么？
9. 哪些密炼机需要安装轴向调整装置？是怎样进行轴向调整的？
10. 密闭式炼胶机与炼塑机有何区别？两种机器能否通用？
11. 密炼机需要哪些附属设备？各起什么作用？
12. 某厂准备车间每天生产混炼胶 25t，若用 XM-250/40 密炼机混炼。设胶料密度 $r=1.2$kg/L，混炼时间 6min，全天工作 22.5h，设备利用系数 $\alpha=0.85$，填充系数 $\beta=0.66$，问需几台机器才能满足生产需要？

第五章 压延机

第一节 概述

压延机是橡胶制品加工过程的基本设备之一，也是塑料薄膜或片材成型的主要设备，属于重型高精度机械。

橡胶加工应用压延机已有一百五十多年历史，1843年三辊压延机应用于橡胶生产。1880年又制造出了四辊压延机。以后，随着橡胶工业的发展，新材料的应用，促使压延机不断更新。尤其是近四十年来，塑料工业的突飞猛进的发展，导致各种新型压延机的出现。新型压延机的特点是规格大，辊速快，精度高，自动化。目前橡胶用压延机最大规格已达$\phi1015mm\times3000mm$；辊筒线速度达到120m/min；压延半制品厚度精度高达$\pm0.0025mm$；塑料压延机压延的薄膜最小厚度及其公差可达$(0.025\pm0.0025)mm$，最大幅宽达4500mm（压延后再拉伸得到）。用电子计算机控制可达到整个压延过程实现全部自动化。

中国在1958年就成功地制造了XY-4F-1730型的四辊压延机，随后各种不同规格和用途的压延机相继生产出来，并且形成了系列化。20世纪70年代又先后设计生产了XY-4S-1800四辊压延机和XY-3S-1730三辊高精度压延机，高精度橡胶和塑料压延机的制造成功和应用于生产，标志着中国压延技术开始跨入国际先进行列。

一、用途与分类

压延机主要用于橡胶胶料的压片、纺织物贴胶与擦胶、钢丝帘布的贴胶、胶坯的压型、胶片贴合和轮胎帘布层的贴隔离胶片等。也用于压延多种类型的塑料薄膜、人造革、墙纸、片材、板材、地板胶以及复合片材等。

压延机常按用途、辊筒数目和辊筒排列形式分类如下。

① 按用途可分为压片压延机、贴合压延机、压型压延机、擦胶压延机、压光压延机和实验用压延机。

② 按辊筒数目可分为两辊压延机、三辊压延机、四辊压延机和五辊压延机。

③ 按辊筒的排列形式可分为Ⅰ型压延机、△型压延机、L型压延机、Γ型（即F型）压延机、Z型压延机和S型压延机。

二、压延工作图

由于压延机的工艺不同，其压延工作流程亦各异，如图5-1～图5-3所示是各种不同用途的压延机的工作图。其中，橡胶工业和塑料工业中三辊压延机和四辊压延机应用最广泛，塑料工业中还应用到五辊压延机。

三、规格表示与技术特征

压延机规格用辊筒外直径（mm）×辊筒工作面长度（mm）×辊数表示。如$\phi230mm\times635mm\times$

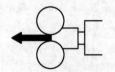

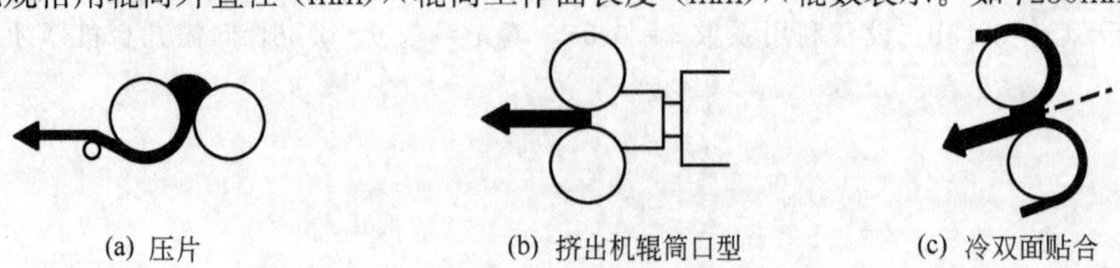

(a) 压片　　　　　　　　(b) 挤出机辊筒口型　　　　　(c) 冷双面贴合

图 5-1　两辊压延机工作图

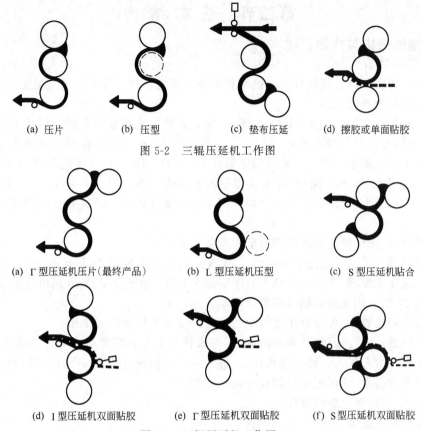

(a) 压片　　　　(b) 压型　　　　(c) 垫布压延　　　(d) 擦胶或单面贴胶

图 5-2　三辊压延机工作图

(a) Γ型压延机压片（最终产品）　　(b) L型压延机压型　　　(c) S型压延机贴合

(d) I型压延机双面贴胶　　(e) Γ型压延机双面贴胶　　(f) S型压延机双面贴胶

图 5-3　四辊压延机工作图

4，表示辊筒直径为 230mm，辊筒长度为 635mm 的四辊压延机。目前生产的压延机已规定了直径和长度的比例关系（即规定长度与直径比在 2.6～3 之间），所以压延机的规格可以仅用辊筒长度表示，并在长度前面冠以符号，以表示为何种类型。如 XY-4S-1800。X 表示橡胶类，Y 表示压延机，4 表示四辊，S 表示辊筒的排列形式为 S 型，1800 表示辊筒长度为 1800mm。表 5-1 中为几种压延机的技术特征。

表 5-1　压延机规格及技术特征

| 名　称 | 排列形式 | 主要技术规格特征 | | | | | | 供电容量/kW | | 外形尺寸（长×宽×高）/m | 质量/t |
		辊筒直径/mm	辊筒长度/mm	辊筒速度/(m/min)	辊筒速比	压延厚度/mm	压延宽度/mm	主电机	总容量		
两辊压延机	I	230	630	前:11 后:11	1：1			8	8.3	1.7×1.1×1.4	2.5
三辊压延机	L	230	635	中:8.7	1：1：1.33 1：1：1 1.33：1：1	0.2～6	100～550	7.5	7.5	1.9×1.4×2.1	3.5
三辊压延机	Γ	550	1700	5～50	无级	0.2～10	1450	115			
三辊压延机	1	610	1700	5.4～54	1：1：1 1：1.4：1	0.2～10	1500	100	143	3.95×7×3.7	51
四辊压延机	Γ	360	1120	中 7.11～21.29 钢丝 3～9	0.73：1： 1：0.73	0.2～10	500～1000	40/133	42.6	3.87×3×2.27	17.3
四辊压延机	倒L (Γ)	610	1730	5.4～54	1：1.4：1.4：1 1：1.4： 1.4：1.4	0.2～10	1500	160	236	4×7×3.37	64.7
四辊压延机	S	700	1800	6～60	1：1.5：1.5：1	0.2～10	1500	125×2	291.5	10×9×4.3	120

第二节 基本结构

一、整体结构与传动系统

(一)整体结构

压延机主要由辊筒、辊筒轴承、机架和机座、调距机构、传动装置、温度调节装置、控制系统和润滑系统所组成。

图 5-4 为 XY-3I-1200 压延机。在铸铁机座 1 上平行地安装两个用上横梁 2 相连的机架 3,在机架上装有三对辊筒轴承 4、5、6 及三个辊筒 7、8、9。中辊筒 8 的轴承 5 固定在机架上,上、下辊筒轴承 4 和 6 分别与调整螺杆 10 和 11 相连。用电动机 12 或手轮 13 通过垂直杆 14、蜗杆蜗轮 15 和蜗轮箱 16 完成辊距调整工作,用爪形离合器 17、18 分别控制上、下辊的调整,用爪形离合器 19、20 分别控制左、右端的调整。辊距指示器 21 指示辊筒的调整大小。

安全装置 38 用以控制辊距的调整范围及紧急停车。

压延机辊筒的传动是通过电动机 22、减速机 23、驱动齿轮 24 传动中辊筒 8 的,在中辊筒 8 上装有速比齿轮箱 25 用以传动上、下辊筒 7 和 9,速比更换器 26 用以变更速比。

制动器 27 用以制动传动轴以便紧急停车。

加热与冷却装置 28 可根据压延作业的需要向辊筒中供蒸汽或冷却水。

机器的润滑油通过油泵 29 和滤油器 30 与油管与机器各润滑点相通,润滑油循环使用。扩布装置 3 可使帘布扩张,通过递布板 34 进入辊距,切胶边装置 35 可以切除胶片两边多余的胶条,切胶片装置 36 可把胶片切成一定的宽度。

挡胶板 37 用以控制加胶宽度。

如图 5-5 所示是 XY-4F-1730 压延机。

该机的特点是辊筒呈 Γ 型排列,速比齿轮在辊筒的两侧各装一组;调距装置分别用单独电动机传动;电动机与减速机出轴呈垂直布置,减少了占地面积,此种机台广泛地应用于轮胎、管带的生产中。

如图 5-6 所示的为 XY-4S-1800 压延机,它的优点是速度高,精度高,可提高生产能力和产品质量。

辊筒 1 为合金冷硬铸铁,采用钻孔辊筒,用过热水循环方式的自动温度调节机构调节辊筒温度。四个辊筒呈 S 型排列,这样不但使其受力状态合理,而且操作方便。辊筒轴承 2 由轴承体、轴瓦组成,轴承体为标准结构。调距装置 3 分别装在 1 号、2 号和 4 号辊筒上,3 号辊筒固定。辊筒左、右端的调距可成对同时调节,也可每端单独分别调节。调距装置是由电动机、电磁离合器和行星摆线针轮减速机、蜗轮减速机以及调距螺杆组成。轴交叉装置 4 设在 1 号和 4 号辊筒上,目的是使辊筒在负载状态下产生的弹性变形得到一定的补偿,辊筒轴交叉装置的调节是由电动机经过行星摆线针轮减速机、蜗轮减速机和调节螺杆来实现的,用液压缸油压来平衡,其调节范围可通过指示器指示。拉回装置 5 装在每个辊筒上,它是由装在机架外侧辊筒轴端的油缸,通过液压系统向油缸内供压力油而产生预负荷力,使辊筒轴颈在工作时紧密地靠在轴承的负荷面上,从而保证压延机精度。刺气泡装置装在 3 号辊筒附近,对包辊胶片刺孔、排除气泡以保证压延质量。四个辊筒用两个电动机通过减速机 11 及万向联轴节 10 驱动,调整装置采用可控硅调节,省电,效率高,结构紧凑,维护方便。因此,可在不改变流程情况下贴胶、擦胶或压延胶片。装有自动测厚计和温度自动记录测量装置,可自动控制制品厚度和辊筒温度。供料装置 18 可自动加料,安全装置用于紧急停车以保证机械与人身安全。

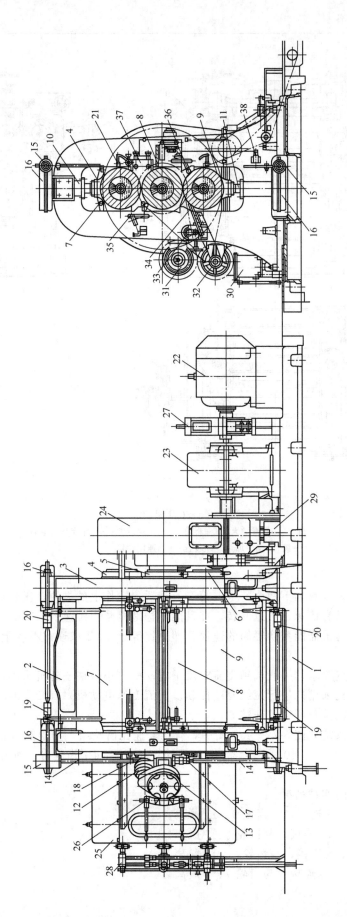

图 5-4 XY-3I-1200 压延机

1—机座；2—横梁；3—扩布装置；4～6—辊筒轴承；7～9—辊筒；10，11—调整螺杆；12，22—电动机；13—手轮；14—垂直杆；15—蜗杆蜗轮；16—蜗轮箱；17～20—离合器；21—辊距指示器；23—减速机；24—卷取装置；25—速比齿轮箱；26—速比更换装置；27—制动器；28—加热与冷却装置；29—油泵；30—滤油器；31—号开装置；32—卷取装置；33—扩布装置；34—递布板；35—切胶边装置；36—切胶片装置；37—加热板；38—安全装置

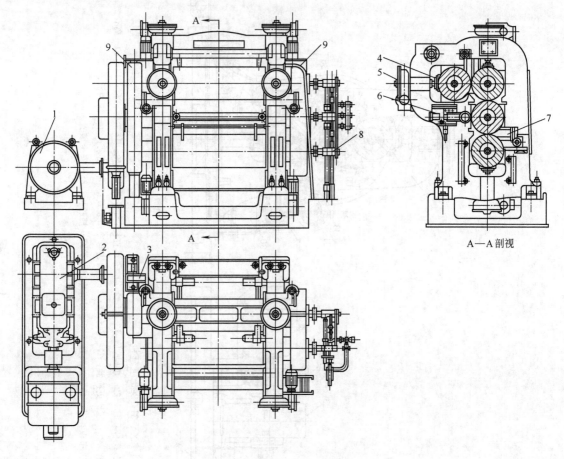

图 5-5   XY-4F-1730 压延机

1—电动机；2—减速机；3—润滑油泵；4—辊筒；5—调距装置；6—帘布压紧装置；
7—胶板；8—加热冷却装置；9—速比齿轮

（二）传动系统

压延机在传动要求上具有如下两个特点：第一，为适应操作上的方便，压延机需要变换辊筒的压延速度，即要具有快速、慢速回转，并且能平稳地调整压延速度；第二，为适应不同的压延工艺要求，压延机需能变换辊筒的速比，即速比等于 1∶1 或速比不等于 1∶1 进行压延操作。

为了满足第一个特点要求，一般选用交流整流子电动机（小规格压延机采用）或直流变速电动机（大规格压延机采用）进行无级变速传动。直流变速电动机附有交直流电动发电机组供直流电，现代压延机推荐用可控硅整流。

三辊压延机的传动系统如图 5-7 所示。图中具有两套速比齿轮组，使辊筒可在不同的速比下工作，从动齿轮 7、8、9、10 用离合器 12 与辊筒连接，这四个齿轮分组使用以便得到不同的速比。

下列为离合器连接的四种情况。

① 离合器与齿轮 7、8 连接，与齿轮 9、10 脱离。

② 离合器与齿轮 7、10 连接，与齿轮 8、9 脱离。

③ 离合器与齿轮 9、8 连接，与齿轮 7、10 脱离。

④ 离合器与齿轮 9、10 连接，与齿轮 7、8 脱离。

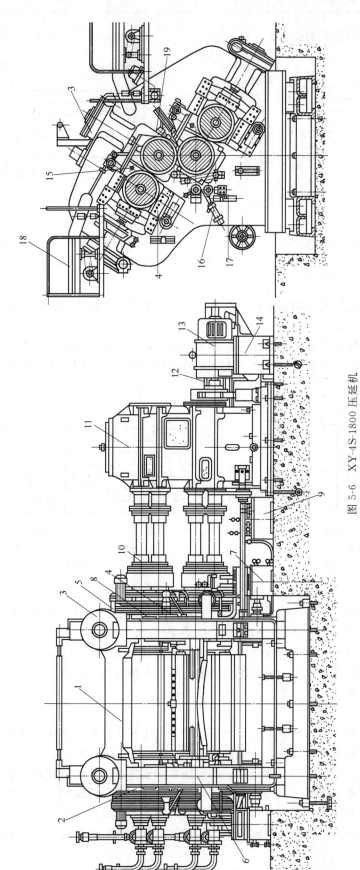

图 5-6 XY-4S-1800 压延机

1—辊筒；2—辊筒轴承；3—调距装置；4—轴叉装置；5—拉回装置；6—机架；7—稀机油润滑系统；8—干黄油润滑系统；9—液压系统；10—万向联轴节；
11—减速机；12—减速机润滑系统；13—电动机；14—电机底座；15—挡胶板；16—扩布器；17—刺气泡装置；18—供料装置；19—切边装置

四辊压延机的传动系统如图 5-8 所示。

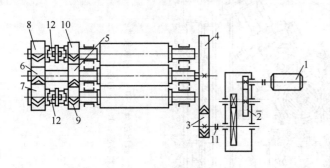

图 5-7　三辊压延机传动系统图

1—电动机；2—减速机；3，4—驱动齿轮；5，6—主动齿轮；

7~10—从动齿轮；11—联轴节；12—离合器

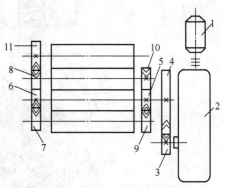

图 5-8　四辊压延机传动系统图

1—电动机；2—减速机；3，4—驱动齿轮；

5，6—主动齿轮；7~11—速比齿轮

与三辊延机相比同样具有两组速比齿轮及四种组合形式，用键连接代替离合器连接。上侧辊上与上辊的速比一定。

如图 5-9 所示为 S 型四辊压延机的传动系统，由于采用了轴交叉装置和拉回装置，需使用独立的齿轮箱，通过万向联轴节由两个或一个电动机传动，或采用单独电动机传动，如图 5-10 所示。

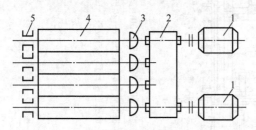

图 5-9　S 型四辊压延机传动系统图

1—电动机；2—变速箱；3—万向联轴节；

4—辊筒；5—轴承

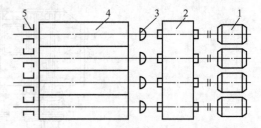

图 5-10　S 型四辊压延机传动系统图

1—电动机；2—变速箱；3—万向联轴节；

4—辊筒；5—轴承

这种传动方式可以使辊筒之间的速比在一定范围内（从等速到高达 1：3）任意调节，从而可在 S 型四辊压延机上进行擦胶、贴胶压延胶片以及薄层胶片复合等多种作业，并可按照配方的要求，随意调节，保证压延质量，工作适应性好。

另外，由于将驱动轮等放在独立的减速箱内，这就可以采用大模数斜齿轮与人字齿轮、圆弧齿轮及行星摆线针轮来传动，采用滚柱轴承，建立润滑机构。但占地面积大，造价高。

二、主要零部件

（一）辊筒

压延机辊筒和炼胶机辊筒相似，但要求更精密，由于压延机用于半成品或成品生产，因此工艺上就要求辊筒表面粗糙度低，一般要求达到 $0.4\sim0.8\mu m$；并且要求辊筒有足够的刚度，从而减少在横压力作用下的弯曲变形，同时还要求辊筒在加热或冷却时，辊筒温度尽可能达到一致，因而要求对中空辊筒内腔整个工作长度镗孔，以保证辊筒厚度一致，否则由于辊筒回转时产生弯曲和表面温度不均匀，从而导致压延制品的精度误差。

压延机辊筒材料多采用冷硬铸铁或铸钢。辊筒的结构形式有两种：一种是中空辊筒；另一种是钻孔辊筒。

中空辊筒如图 5-11（a）所示，其加热或冷却采用密闭式的加热冷却装置，加热介质一般用蒸汽或过热水，蒸汽或水经分配器 1 进入辊腔内带孔的小管 3 中，然后从小孔喷出，对辊筒 2 进行加热或冷却。经交换后的废水或蒸汽从辊腔经分配器排出。

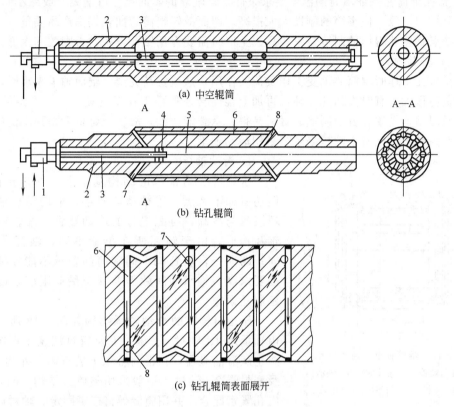

(a) 中空辊筒

(b) 钻孔辊筒

(c) 钻孔辊筒表面展开

图 5-11　压延机辊筒

1—分配器；2—辊筒；3—小管；4—塞子；5—中心镗孔；6—纵向孔；7，8—倾斜径向孔

这种辊筒表面温度分布不均匀，中部温度比两端温度高，一般相差 7～8℃，造成压延厚度不均匀。因此有在中空辊筒两端头附近装设高频交流电磁板加热以减小辊筒表面温度不均匀性，从而达到提高压延质量的目的，但现代压延机一般采用钻孔辊筒。

钻孔辊筒如图 5-11（b）所示，它在辊筒表面冷硬层内钻有一系列互相平行的纵向孔 6，蒸汽或冷水经分配器 1 进入辊筒 2 的中心镗孔 5 后，即沿倾斜径向孔 7 进入周边的纵向孔 6，对辊筒进行加热或冷却，废水从倾斜径向孔 8、中心镗孔 5、小管 3 经分配器 1 排出，图 5-11（c）为钻孔表面展开图。辊筒轴向钻孔的两端用装有石棉橡胶垫的端盖封闭，端盖用双头螺栓及螺母与辊筒端面压紧，双头螺栓固定在辊筒上。也有的厂采用金属堵塞，把轴向钻孔的两端封闭。

钻孔辊筒比中空辊筒具有下列优点。

① 传热面积约为中空辊筒的两倍。

② 辊筒传热快，表面温度均匀，且易于调节温度，与同规格中空辊筒比，其工作面与传热面的距离（厚度）大大减少，热阻力小，因此传热效率高。例如，ϕ610mm 的辊筒，若采用中空辊筒，其壁厚达 127～140mm；若采用钻孔辊筒，辊筒表面与钻孔中心的距离为 63.5mm，钻孔直径为 25.4mm，辊筒表面与钻孔表面的厚度为 50.8mm。这样，传热介质在辊筒表面接近的位置通过，热介质的温度与表面温度传热时间非常短，传热效果好，温度

分布均匀，且易于调节温度，保证制品质量。

③ 钻孔辊筒中央部位与两端的厚度一致（中空辊筒两端的厚度略大）。因而辊筒的工作部分表面温度均匀一致，其两端温差不超过±1℃，有利于提高压延成品质量。

④ 钻孔辊筒在保证辊筒的温度要求条件下，辊筒的断面尺寸可增大（或缩小），且整个工作部分均匀一致，使辊筒的刚性大大提高。因而减轻辊筒弯曲，提高产品质量。

其缺点是钻孔辊筒的制造技术较高，生产时需要专用钻孔设备，否则效率太低。

（二）辊筒轴承

压延机在工作时辊筒要承受工作负荷的作用，这些负荷完全由辊筒轴承来承受，故辊筒轴承所负荷很大，有时高达几十吨，再加上辊筒转速低而工作温度较高，工作条件极恶劣。滑动轴承因结构简单、方便制造、材料易得、承载能力大，故在压延机上得到广泛应用。近年来，在高精度压延机上则越来越多采用滚动轴承。

1. 滑动轴承

压延机滑动轴承的结构基本上与开炼机的相似，但还有如下特点：①轴承体较小，采用稀机油强制循环润滑与冷却，且配置过滤冷却装置；②轴衬由扇形轴瓦构成，由于轴瓦所在位置不同，轴瓦角度也不同；③同一台压延机不同辊筒的轴承不能互换；④精度要求高，轴承的间隙需要减至最低限度，以减少压延制品误差。

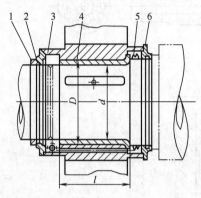

图 5-12 辊筒轴承（滑动轴承）
1—密封端盖；2—密封圈；3—轴承体；
4—轴衬；5—挡油环；6—压盖

压延机辊筒的滑动轴承结构如图 5-12 所示。主要由轴承体 3、轴衬 4、压盖 6 及密封端盖 1 等组成。为防止润滑油泄漏，在辊筒轴颈上装有内、外侧挡油环 5 及密封圈 2。轴衬 4 一般采用整体式结构，与轴承体 3 内孔紧密配合，并用骑缝螺钉或键固定。轴衬内有进油孔及油沟。进油孔与油沟的位置应设在轴衬加压区中点前 90°～120°内，油沟应偏于进油孔后方位置，如图 5-13（a）所示。考虑到空载及负荷情况下均能获得充分润滑，所以在不同位置上设置两个进油孔及油沟，如图 5-13（b）所示。

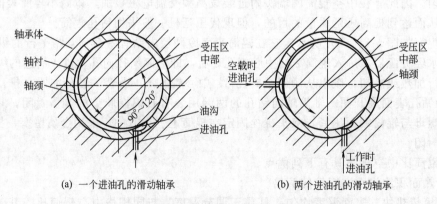

(a) 一个进油孔的滑动轴承　　　(b) 两个进油孔的滑动轴承

图 5-13 辊筒滑动轴承进油孔及油沟设置位置

轴衬长度通常为（1～1.2）d，厚度为（0.035～0.06）d，d 为轴直径。轴颈小者取大值，大者取小值。辊筒滑动轴承的轴颈与轴衬的配合间隙除保证润滑所需间隙外，还要考虑热膨胀及机械加工误差的影响。根据实际使用经验，轴颈与轴衬的径向及轴向间隙见表 5-2。

表 5-2　辊筒轴颈与轴衬的径向及轴向间隙　　　　　　　　　　单位：mm

间隙 ＼ 辊筒规格	$\phi230\times630$	$\phi360\times1120$	$\phi450\times1200$	$\phi550\times(160\sim170)$	$\phi610\times1730$	$\phi700\times1800$
径向间隙	0.16～0.32	0.26～0.44	0.30～0.45	0.35～0.55	0.40～0.64	0.44～0.68
轴向间隙（每边）	0.55～0.80	0.08～1.30	1.00～1.50	1.20～2.00	1.40～2.50	2.00～3.00
轴颈直径	140	230	300	360	430	460

　　轴承体一般做成整体式，按其运动情况又可分为固定、移动、调心等形式。调心式用在轴交叉装置上。

　　压延机辊筒轴承由于工作负荷大、转速低、温度高，故需要采用承载能力大、强度高、耐磨耗及散热性好的材料作轴衬，广泛采用的有 ZQSn10-1、ZQPb12-8 等铸锡青铜，小规格机也有用 ZQSn6-6-3 青铜的。

　　轴承体采用优质铸铁 HT20-40、HT25-47 或 ZQ35 制造，铸后要人工时效处理。

　　2. 滚动轴承

　　用滚动轴承代替滑动轴承作压延机辊筒轴承具有明显的优点：①无轴颈的磨损及拉伤问题，轴颈表面状况对轴承寿命无影响，不必镶钢套；②可节省功率消耗 10%～20%；③减少辊筒回转时产生的偏心及浮动；④承载能力大，寿命长，减少维护费用。缺点是制造技术和安装技术要求高，成本高。

　　压延机辊筒用的滚动轴承多为双列或四列圆锥滚子轴承，也有采用滚子轴承和推力轴承组合，如图 5-14 所示。

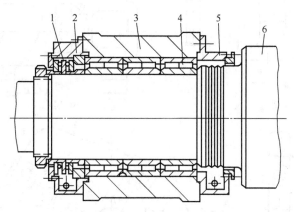

图 5-14　滚子轴承及推力滚子轴承组成的辊筒轴承
1—推力滚子轴承；2，5—壳体；3—轴承体；
4—滚子轴承；6—辊筒

　　（三）机架

　　机架的结构形式根据辊筒数量及排列形式不同而异。为保证各种形式的机架有较大的刚度和强度，机架一般都制成封闭式空心框架。如图 5-15 所示为几种典型的压延机机架的结构形式。

　　机架一般采用铸铁 HT20-40 或铸钢制造，个别大型特殊用途的可采用厚钢板焊接，但必须要经过充分地消除内应力处理，以免变形。

　　目前机架结构和尺寸，一般是根据资料和实测应力分析以及同类型机架进行类比而确定。但压延机机架受力复杂，变化大，一般都要对危险截面和应力集中处进行强度和挠度的验算。

　　机架是压延机的主要大型零件，在设计时所取用的安全系数都大于辊筒、调距螺母等其他主要零件的安全系数，是全机中安全系数最大者，其安全系数 $n=4\sim5$。

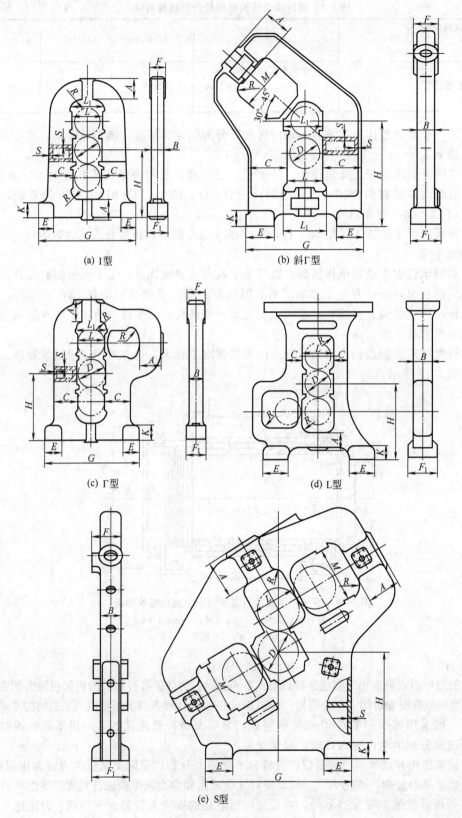

(a) I型

(b) 斜Γ型

(c) Γ型

(d) L型

(e) S型

图 5-15　各种压延机架外形图

（四）调距装置

调距装置用于调整压延机辊筒的辊距。调距范围根据用途一般在 0.1~10mm 之间，特殊用途的压延机可以达到 30mm。调距装置设在左右机架需要移动辊距的部位，与两端辊筒轴承体相连，需要调距时操作灵活，方便，准确可靠。

调距装置的结构根据驱动形式分为手动、电动和液压传动三种。手动调距装置结构简单，制造容易，但操作不方便，目前仅在小型压延机中使用。液压调距装置是较新发展的，特点是调节速度快，操作安全，效率较高，但结构复杂，制造困难，目前尚未广泛应用。电动调距装置是应用最广泛的结构。

电动调距装置一般又分为整体式和单独式两种。全部调距装置只用一台电机和一台减速器传动的为整体传动。每个调距端配用一套电机和减速装置的为单独传动，整体传动调距装置操纵复杂，使用不方便，精度不高，现已很少采用。

如图 5-16 所示是用两级蜗杆蜗轮减速器的单独电机调距装置，可以保证每个轴承单独的动作，也可以协调动作，便于实现调距的机械化与自动化。电动机是双向双速的，$\phi610\text{mm} \times 1730\text{mm}$ 压延机的快速调距为 5.04mm/min，慢速调距为 2.52mm/min。

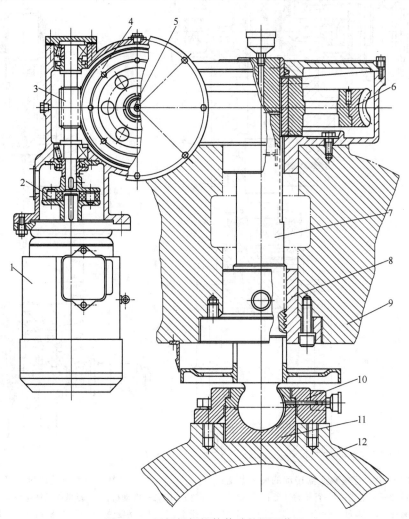

图 5-16　两级蜗杆蜗轮传动的调距装置

1—双向双速电动机；2—弹性联轴节；3—蜗杆；4，6—蜗轮；5—蜗杆轴；7—调距螺杆；
8—调距螺母；9—机架；10—压盖；11—止推轴承；12—辊筒轴承

如图 5-17 为压延机上采用行星摆线针轮减速器传动的单独电机调距装置。

该装置由电动机 1、变速器 2、行星减速器 3、蜗杆与蜗轮 4、调节螺杆 6 和螺母 7 组成。辊筒左、右端的辊距可以成对的调节也可以单独调节，由于采用了绕线式电动机，这就保证了左、右端同步作业。另外通过装在变速器内的两个电磁离合器（它是采用连锁控制的）进行快、慢两个速度的选择。为防止辊距调节过大造成机械的损伤，在机架外侧装有辊距行程限位开关，当辊距达到 20mm 时，限位开关动作，电动机自动停止转动。

（五）轴交叉装置

轴交叉装置的作用是在辊筒两端施加外力，使两平行辊筒产生轴向交叉，从而补偿由于辊筒挠度引起的胶片厚薄不均匀的误差。

如图 5-18 所示为轴交叉装置。电动机 1 经过行星摆线针轮减速器 2、蜗杆和蜗轮 3 使固定着调整螺母 5 的轴 4 转动，在调整螺母 5 内为螺杆 6，并在其上面装有弧面支座 7，弧面支座 7 紧紧压合轴承体弧面块 8。由于蜗轮轴 4 与调整螺母 5 转动，螺杆 6 则上、下运动，因

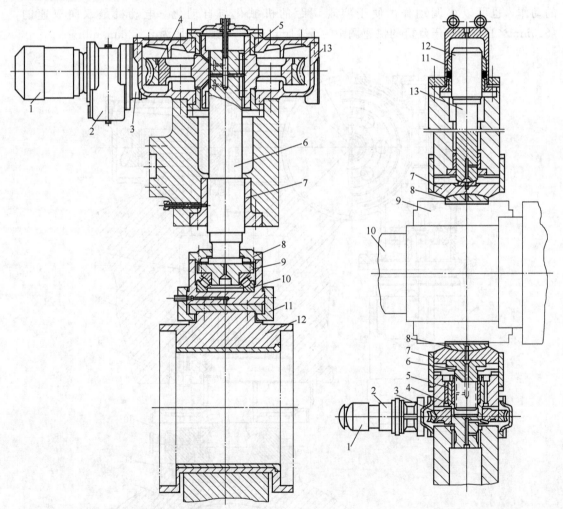

图 5-17　行星减速器传动的调距装置
1—电动机；2—变速器；3—行星减速器；4—蜗轮；5—键；6—调节螺杆；7—螺母；8—压盖；9—止推块；10—止推轴承；11—夹板；12—轴承体；13—蜗轮罩

图 5-18　压延机轴交叉装置
1—电动机；2—行星摆线针轮减速器；3—蜗轮；4—蜗轮轴；5—调整螺母；6—螺杆；7—弧面支座；8—弧面块；9—辊筒轴承；10—辊筒；11—油压缸；12—柱塞；13—压杆

而带动辊筒轴承 9 及辊筒 10 偏移，使之与另一平行辊筒产生轴向交叉。辊筒轴承 9 靠油压缸 11 和柱塞 12 通过压杆 13 来平衡。

（六）预负荷装置

预负荷装置又称为零间隙装置或拉回装置。无论滚动轴承或滑动轴承，其辊筒轴颈（对滚动轴承来说，轴颈套在内圈上）和轴衬（对于滚动轴承是轴承不动的外圈）之间都有一个间隙。

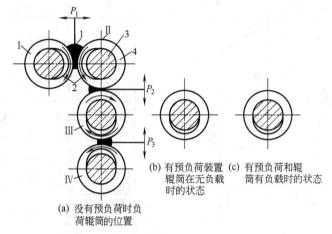

(b) 有预负荷装置 (c) 有预负荷和辊
辊筒在无负载 筒有负载时的状态
时的状态

(a) 没有预负荷时负
荷辊筒的位置

图 5-19 辊筒轴颈的负荷及其在轴承内的位置（P_1、P_2、P_3 为横压力）

Ⅰ、Ⅱ、Ⅲ、Ⅳ—辊筒

1—胶料；2—工作负荷时辊筒轴颈和轴衬间的间隙；

3—辊筒轴颈；4—辊筒轴承

因为辊筒可能产生热膨胀。当压延机负荷工作时辊距充满胶料，辊颈和轴衬间的间隙在横压力作用下逐渐减到零，因而对胶片厚度无影响［见图 5-19（a）］。但在辊距中的存胶量变化时，作用到辊筒中的压力 P_1、P_2、P_3 就发生变化，此压力首先引起胶片厚度的改变。因此，在压延机上通常采用预负荷装置，预先对轴承加一负荷［见图 5-19（b）］，工作时轴承就处在图 5-19（c）所示的位置［见图 5-19（c）］，以避免由于辊筒负荷变化而影响产品的精度。通常在每个辊筒轴承体的外侧装一个较小的辅助轴承体，用预负荷装置对这个辅助轴承体施以足够的外力（液压或机械）以消除间隙，防止辊筒抖动。

如图 5-20 所示为单油压缸预负荷装置，在机架 1 的外侧固定有油压缸 2 的支承轴 3，油压缸的活塞 4 通过活塞杆 5 的末端用销轴 6 固定轴承外壳 7，其内紧压滚动轴承 8，轴承两端用半圆形上压盖 9 和下压盖 10 封闭。

当往油压缸内通入压力油时，活塞及活塞杆带动轴承体及辊筒移动，使辊筒得到预负荷。预负荷装置在辊筒工作前即应起动，保证辊筒达到预先指定的位置。

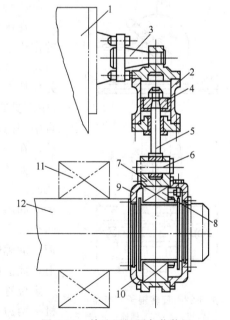

图 5-20 单油压缸预负荷装置

1—机架；2—油压缸；3—支承轴；4—活塞；5—活塞杆；
6—销轴；7—外壳；8—滚动轴承；9—上压盖；
10—下压盖；11—主轴承；12—辊筒轴颈

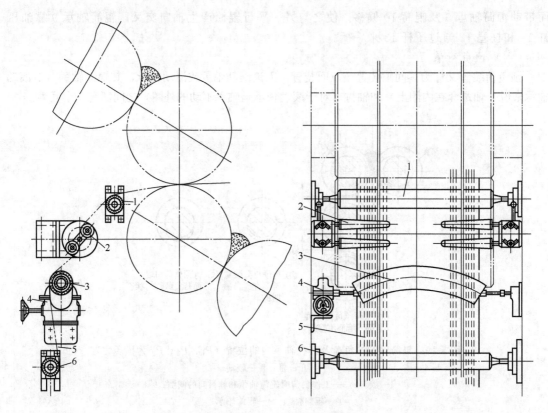

图 5-21　扩布与扩边装置

1—导辊；2—双锥辊扩边器；3—扩布辊；4—扩布调节装置；5—帘布；6—导辊

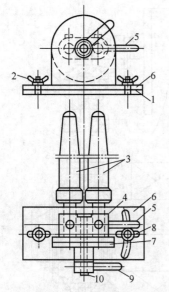

图 5-22　旋转辊子扩布器

1—下固定板；2—双头螺栓；3—辊子；

4—转动圆盘；5—手柄；6—上活板；

7—支架；8—螺母；9—拧紧手柄；

10—螺栓

（七）扩布装置

在压延机上给纤维帘布或细布上挂胶时，在牵伸张力的作用下，会使帘布或细布幅宽被拉窄，造成帘线疏密不均匀的现象。扩布装置的作用是消除帘线密度分布不均匀并保持布幅不减小。常用的扩布装置按其结构可分为弧形（中间具有 70～100mm 的挠度）扩布器、螺旋（表布刻有自中间向两端延伸的螺纹）扩布器和旋转辊子扩布器三种，在一台设备中往往是联合使用这几种扩布器。

如图 5-21 所示为扩布装置在压延机上联合使用的情况。

如图 5-22 所示是旋转辊子扩布器的结构和工作状态。两个辊子 3 固定在带手柄 5 的转动圆盘 4 上，用带拧紧手柄 9 的螺栓 10 将圆盘固定在支架 7 上，支架 7 焊在活板 6 上，此活板可沿双头螺栓 2 转动，并用螺母 8 将其固定在一定位置上。下固定板 1 由支架固定在机架上，此装置在机架两边各安装一个。

辊子的构型稍带圆锥形，以保证帘布扩展均匀及增大边缘的展布能力。

图 5-23 为旋转辊子扩布器工作状态。

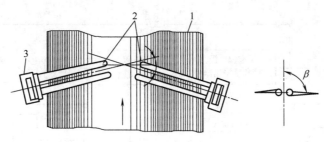

图 5-23 旋转辊子扩布器工作状态

1—帘布；2—辊子；3—支架

扩布的方法如下：帘布夹在两对辊子之间，当辊子沿总回转轴转动时，扩布张力角 β 增大，帘布张力随之增大，此时若 α 增大，帘布张力也增大，由于这个原因帘布扩展能力及伸张力均有增加。

此种扩布器的优点是结构简单，操作方便又可靠。提高了帘布使用面积，消除了帘布中间的伸张，帘布密度均匀。

（八）测厚装置

人工测量压延胶布或薄膜厚度时测量频繁，误差较大，不能及时纠正，造成质量不稳定和浪费。现代压延联动装置中设置了自动测厚装置。这对保证产品质量十分重要。在压延机联动装置中普通应用的有电感应测厚仪和同位素测厚仪。测厚仪通常安装在压延机和冷却机之间，沿胶布幅宽两端各设一套，或沿胶布纬向来回扫描检测。

图 5-24 是电感应测厚仪安装位置及结构原理。电感应测厚仪由可转动的小辊、铁芯及感应线圈等组成，胶布从小辊与导辊之间通过，随着胶布厚度的变化，小辊产生微量的上、下移动，使电感电流变化，电流信号经过放大后，由指示仪反映厚度的变化。使用时，设标准厚度为标准，把厚度仪调整为零。当厚度有偏差时，指示仪的指针产生偏摆，根据指针的读数，可调整胶片厚度，这种电感应测厚仪测量精度可达±0.005mm。

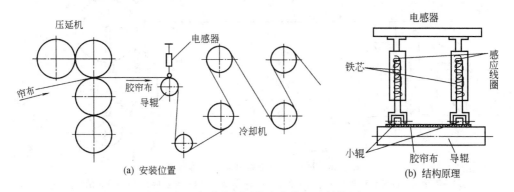

图 5-24 电感应测厚仪安装位置及结构原理

同位素测厚仪是利用放射性同位素的 β 射线具有穿透橡胶、塑料和纺织物的能力，射线透过的强度与被测物厚度按一定关系衰减的原理而设计的。射线穿透量与被测材料厚度成反比，当厚度一定时，穿透量也一定，当厚度变化时，用穿透量的大小测定其厚度。同位素测厚仪分穿透式和反射式两种。

图 5-25 是穿透式同位素测厚仪工作原理。当 β 射线穿透胶片进入电离室产生电离电流，因 β 射线穿透量与胶片厚度成反比，如果胶片厚度有变化，则电离电流也有变化，在标准厚度时可测得一个电位差，若实际电位差与标准电位差有差别，通过放大器放大信号，用偏差

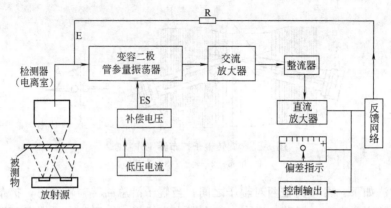

图 5-25　穿透式同位素测厚仪工作原理

指示器指示记录。穿透式测厚仪只能测出挂胶帘布的总厚度，为了严格控制挂胶帘布的单面胶片厚度，则需分别测量和控制贴于帘布两面的胶片厚度，这就要使用反射式同位素测厚仪，其工作原理如图 5-26 所示。

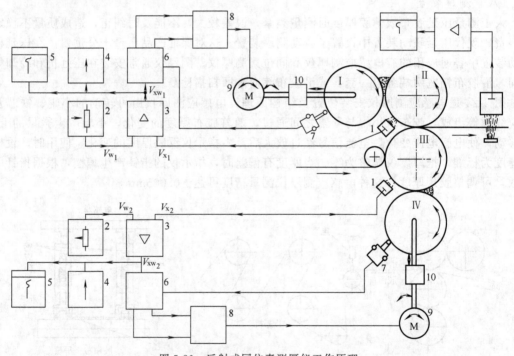

图 5-26　反射式同位素测厚仪工作原理

1—测量头（放射源和电离室）；2—给定值；3—放大器；4—偏差指示器；5—记录仪；
6，8—转换器；7—转矩安全器；9—调距电机；10—调距装置

同位素测厚仪测量胶片最大厚度为 2.1mm，最小厚度为 0.1mm，测量精度可达±0.005mm，最大辊筒线速度 90m/min。

第三节　主要性能与参数

一、辊筒直径与长径比

辊筒直径是指辊筒工作部分直径，它是压延机的重要参数。当辊筒转速一定时，辊筒直径越大，其线速度越大，即压延线速度越大，产量越高，但辊筒直径又与横压力和功率成线

性关系，辊筒直径越大，横压力越大，功率也越大。

辊筒工作部分长度与直径的比（L/D）称为长径比，它也是压延机的一个重要参数。工作长度表征压延机可压延制品的最大幅宽（约为 $0.8\sim0.9$ 倍的工作长度）。而长径比是反映辊筒刚度的一个重要数据，对压延制品精度影响很大，长径比越大，刚度越低，压延精度越低，反之亦然。辊筒的长径比一般为 $2.5\sim3$，个别的可到 3.4。物料硬度大或横压力大的，长径比宜取小值，反之则取大值。由于新型材料的应用，加上对压延制品精度要求越来越高，辊筒长径比有减小的趋势，日本推荐采用的长径比为 $2.5\sim2.7$。

二、辊速与速比

压延机辊筒的线速度与速比直接影响到工艺的用途、产量和质量，并取决于生产的机械化、自动化水平。

辊筒的线速度一般是指支承于固定轴承内的辊筒的圆周线速度，以"m/min"表示。

由于压延工艺操作上的要求，辊筒的线速度是可变化的。在压延机工作开始时，辊筒回转的线速度应当稍慢，而决定压延机的生产能力的工作速度则应尽可能大。因为辊筒线速度与生产能力成正式，与功率成反比。

压延机辊筒的线速度应满足下列条件：辊筒线速度应能广泛、平稳地调速，在压延工艺可能的条件下，压延线速度尽可能用高值。一般根据压延工艺要求及压延机组的机械化与自动化水平以确定压延机辊筒线速度。如采用四辊压延机进行纺织物帘布双面贴胶，一般线速度在 60m/min 以下，有高达 114m/min 的。用于钢丝帘布挂胶，其辊筒线速度选用 $30\sim40$m/min；用于细布擦胶，其辊筒线速度在 25m/min 以下；用于帆布擦胶，其辊筒线速度在 30m/min 以下。用于压延塑料片材时，辊筒线速度为 $20\sim30$m/min；压延薄膜时，辊筒线速度为 $60\sim80$m/min，有的高达 150m/min。

辊筒速比与压延工艺方法、工艺材料（布料和胶料）、辊筒线速度和操作方法等有关。如贴胶与擦胶对速比的要求就不同，贴胶作业速比为 $1:1$，对擦胶作业必须使速比不等于 $1:1$ 才能使胶料擦入纤维中。国内外压延机用于擦胶作业的辊筒速比一般为 $1:(1.2\sim1.5)$，有的高达 $1:1.75$，最常使用的为 $1:1.5$。

擦胶时纺织物是以慢速辊筒的回转速度运动，而胶料包在快速辊上。因此，两辊筒速度差越小，压延机的生产能力越高。但其极限速比为 $1:(1.3\sim1.4)$，低于这个值纺织物擦胶不好或根本擦不上。

在万能压延机中，辊筒的速比力求小些，只有热炼与擦胶时才需要大速比。在某些情况下生产胶片的压延机是带有速比的，其速比为 $1:1$ 或 $1:2$。在辊筒线速度比较低的情况下压延硬质胶料时，采用较大的辊筒速比对工艺质量很有利的；相反在辊筒线速度较高的情况下，压延软质胶料时采用较小的辊筒速比，也是对工艺质量有利的。

为了补充热炼以提高胶料的可塑度，要求加料的两个辊筒具有一定的速比，其速比一般为 $1:(1.1\sim1.4)$。

压延塑料薄膜时，速比通常是根据薄膜厚度和辊速的不同而加以调整，表 5-3 是压延塑料薄膜时四辊压延机各辊筒的速比。

表 5-3　压延塑料薄膜时四辊压延机各辊筒的速比

速 比 范 围	薄膜厚度 0.1mm	薄膜厚度 0.14mm	薄膜厚度 0.23mm	薄膜厚度 0.50mm
	主辊辊速 45m/min	主辊辊速 50m/min	主辊辊速 35m/min	主辊辊速 $18\sim24$m/min
v_{II}/v_{I}	$1:(1.19\sim1.20)$	$1:(1.20\sim1.26)$	$1:(1.21\sim1.22)$	$1:(1.06\sim1.23)$
v_{III}/v_{II}	$1:(1.18\sim1.19)$	$1:(1.14\sim1.16)$	$1:(1.16\sim1.18)$	$1:(1.20\sim1.23)$
v_{VI}/v_{III}	$1:(1.20\sim1.22)$	$1:(1.16\sim1.21)$	$1:(1.20\sim1.22)$	$1:(1.24\sim1.26)$

因此随着新工艺、新材料的不断应用，尤其是压延线速度的不断提高，采用使辊筒速比固定在某一数值上远远满足不了工艺要求。只有采用能够无级改变辊筒速比的压延机，才能完全适应生产工艺的需要。

三、超前系数与生产能力

（一）超前系数

在研究生产能力以前，要注意到一种现象，即胶料通过辊距时，胶料的线速度大于辊筒线速度，这种现象称为超前现象。

在压延过程中，假设胶料除几何形状变化外，其体积不变，因此在辊距内，变形的胶料厚度缩小，但实际宽度并不改变，只是使其长度剧烈增大，即速度增大，则离开辊距后，胶料的厚度便要增大，用公式表示如下：

$$ebv_e = hbv \qquad (5\text{-}1)$$

式中　e——辊距，m；

　　　b——胶片宽度，m；

　　　h——辊筒非辊距处胶片厚度，m；

　　　v_e——胶片于辊距中运动速度即压延线速度，m/min；

　　　v——胶片在辊筒非辊距处的运动速度即辊筒线速度，m/min。

把式（5-1）简化得：

$$\frac{h}{e} = \frac{v_e}{v} = \rho \qquad (5\text{-}2)$$

式中　ρ——超前系数。

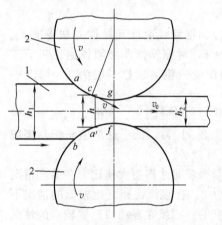

图 5-27　胶料的压延过程
1—胶片；2—压延机辊筒

下面根据压延过程进一步分析 ρ 值。

胶料的压延过程如图 5-27 所示。

当胶料在 ab 截面区域，胶料的宽度增加与厚度减少是成比例的，当达到 cd 截面后宽度便不再增加，因此在这个区内胶片的运动速度低于辊筒的线速度，称为胶料对辊筒的滞后，$abcd$ 区域称为滞后区。当胶料越过 cd 截面，在 $cdfg$（fg 的距离等于辊距 e）区域时，胶料的平均速度与两辊间距离成反比。从流体力学的观点分析：当胶料厚度减少后，其速度必然增大，即胶料运动速度大于辊筒的线速度，称为胶料对辊筒的超前，$cdfg$ 区域称为超前区。超前区与滞后区的交界面称为临界面，其临界面厚度为 h。当胶料通过辊距 e 时，胶料运动速度 v_e 达到最大值，此时超前系数 ρ 也达到最大值，胶料不同，ρ 值也不同，一般取 $\rho = 1.1$。

人们研究超前的作用是：第一，压延机被加工材料仅一次通过辊距，它的生产能力是按材料的线速度计算的，因此必须了解物料的实际速度；第二，压延半制品的厚度影响产品质量，因此必须了解辊距与压延半制品厚度的关系；第三，是为了正确地选择压延机联动装置。

（二）生产能力

压延机的生产能力按半制品质量或长度计算，无论哪一种计算方法必须确定压延半制品的线速度。取得速度的方法有二：第一，按测得的压延半制品实际速度取平均值；第二，按辊筒的直径和转速计算，即按下式计算：

$$v = \pi D n$$

式中　v——辊筒线速度，m/min；

　　　D——辊筒直径，m；

　　　n——辊筒转速，r/min。

当辊筒有速比时，以慢速辊筒为计算依据。压延机的生产能力计算如下：

（1）按压延半制品长度计算：

$$Q=60v\rho\alpha \tag{5-3}$$

式中　Q——压延机的生产能力，m/h；

　　　v——辊筒线速度，m/min；

　　　ρ——材料超前系数，一般取 1.1；

　　　α——压延机使用系数，按生产条件及工作组织定，取 0.7～0.9。

（2）按压延半制品质量计算：

$$Q=60vhbr\rho\alpha$$

或　　　　　　　　　　$$Q=60\pi Dnhr\rho\alpha \tag{5-4}$$

式中　Q——压延机生产能力，kg/h；

　　　v——辊筒线速度，m/min；

　　　h——半制品厚度，m；

　　　b——半制品宽度，m；

　　　r——半制品密度，kg/m³；

　　　ρ——超前系数，一般取 1.1；

　　　α——压延机使用系数，取 0.7～0.9；

　　　D——辊筒直径，m；

　　　n——辊筒转速，r/min。

四、压延制品精度误差及挠度补偿办法

（一）产生误差的原因

从压延机两辊筒压延出来的胶片（或胶布）总要产生厚薄不均匀的误差，即中部厚、两边薄。产生此种误差的原因主要是由于辊筒的挠度引起的。所谓挠度是指在压延过程中，由于横压力的作用，使辊筒产生弹性弯曲，其弹性弯曲方向与横压力方向一致，弹性弯曲后其横截面形心的线位移称为挠度。

辊筒的挠度是在横压力作用下产生的，因此挠度值大小又与横压力有关。在一定的横压力作用下，辊筒的挠度值大小又与辊筒的材料及直径有关。为了减小辊筒的挠度，总是希望辊筒的直径愈大愈好，即希望辊筒长径比愈小愈好。不管长径比如何小，在横压力的作用下，挠度总是要产生的。有挠度，则压延胶片中央和边缘必然有厚度差。因此必须对辊筒中部的挠度和边缘挠度差进行研究，才能正确合理地解决胶片的厚度误差。

如图 5-28 所示，若把作用在辊筒上的负荷视为沿辊筒工作表面均匀分布，则其受力情况相当于均布载荷作用下的简支梁。辊筒在弯矩和切应力作用下产生挠度变形，辊筒中部挠度最大，边缘较小，这样就形成了辊筒中部和边缘挠度差值，其挠度差值为弯矩和切应力产生的挠度之和。即：

$$\Delta y=\Delta y_M+\Delta y_\tau \tag{5-5}$$

式中　Δy——辊筒的总挠度差，cm；

　　Δy_M——辊筒弯矩产生的挠度差，cm；

　　Δy_τ——辊筒由切应力产生挠度差，cm。

辊筒中部和压延制品边缘的挠度差可用下式计算：

$$\Delta Y = \frac{qb^2}{8} \left[\frac{b(12l-7b)}{48EJ} + \frac{\alpha}{FG} \right] \tag{5-6}$$

式中　ΔY——辊筒中部总挠度差，m；

　　　q——单位横压力，N/m；

　　　b——加工胶片宽度，m；

　　　l——两支承轴间距，m；

　　　E——辊筒材料的弹性系数，Pa；

　　　J——辊筒的惯性矩，m⁴；

　　　G——辊筒材料的剪切弹性系数，Pa；

　　　F——辊筒的横断面积，m²；

　　　α——计算系数，即中央部位切应力与平均应力之比。

（二）挠度补偿办法

在压延过程中由于辊筒的挠度引起胶片（或胶布）厚薄不均匀，因此为了获得厚度均匀的胶片，必须对挠度采取补偿的方法。目前采用的方法有三种：①用辊筒凹凸系数补偿；②用辊筒轴线交叉补偿；③用辊筒反弯曲补偿。

1. 凹凸系数法

凹凸系数法即把辊筒筒身加工成凸形面，或凹形面，其形式如图 5-29 所示。

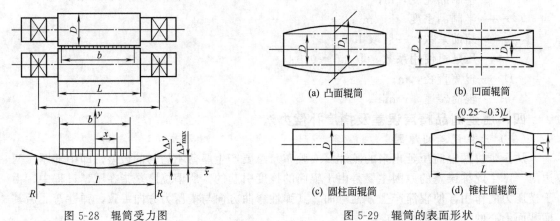

图 5-28　辊筒受力图　　　　　图 5-29　辊筒的表面形状

辊筒工作部分中央直径 D_1 减去边缘直径 D 的一半称为凹凸系数，又称中高度，以 K 表示：

$$K = \frac{D_1 - D}{2}$$

凹凸系数的大小，取决于辊筒的挠度，根据辊筒的规格、构造、转速、辊温、排列方式、压延制品的厚薄及加工物料的可塑性等因素决定。

辊筒呈凸形时，凹凸系数为正值；辊筒呈凹形时，凹凸系数为负值。

由于压延胶片和贴合胶片时横压力不一样，故辊筒凹凸系数可相应取为正值或负值，如图 5-30 所示。

胶料先经过上、中辊筒间，其横压力大，然后再从中、下辊筒间压出，其横压力相对较小，因此上辊筒为凸形，中辊筒为圆柱形或略呈凸形，下辊筒为凹形，凹形的绝对值小于凸形的绝对值。

辊筒表面凹凸系数加工曲线近似于抛物线。如图 5-31 所示，其曲线方程为：

$$Y = \frac{4K}{L^2} \left(x - \frac{l}{2} \right)^2 - \frac{Kl^2}{L^2} \tag{5-7}$$

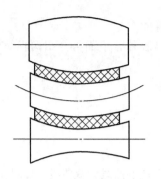

图 5-30　三辊压延机辊筒挠度图

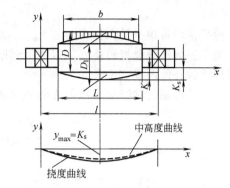

图 5-31　中高度曲线

经过计算及图示，抛物线的最大弯度为 K_s，凹凸系数为 K：

$$K_s = \frac{Kl^2}{L^2} \tag{5-8}$$

为了补偿挠度应使：

$$Y_{max} = K_s \tag{5-9}$$

凹凸系数法是一种古老的补偿方法，其优点是可根据辊筒挠度曲线来磨削辊筒的曲线，对某一台压延机，其辊筒的凹凸系数是一个常数。这对在特定条件下工作的压延机来说，会得到较好的补偿。但是由于物料品种的改变，或压延胶料配方、压延线厚度、宽度、压延线速度、温度等的改变，均导致横压力的变化，因而导致筒挠度的变化，而辊筒的凹凸系数只按某一特定值来设计，所以不能补偿由于各种情况所引起的辊筒挠度变化，对制品精度无法保证。

2. 辊筒轴交叉法

所谓辊筒轴线交叉，就是采用轴交叉装置使一个辊筒的轴线相对于另一辊筒的轴线偏转一个极小角度，因而形成两个相邻辊筒表面间距离的改变（从辊筒中央向辊筒两端逐渐扩大），即最小辊距在中央，最大辊距在两端，用以补偿辊筒的挠度。其工作原理如图 5-32 所示。

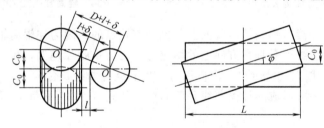

图 5-32　辊筒轴交叉工作原理

从图 5-32 中看出：

C_0——两辊筒轴线偏离程度；

ϕ——两辊筒轴线偏离角（一般为 1°～3°）；

δ——两辊筒距离的增量；

l——两辊筒距离；

D——辊筒直径。

经过计算得两辊筒距离的增量 δ 与偏离程度 C_0 的关系如下式：

$$C_0 = \sqrt{2D\delta} \tag{5-10}$$

两辊筒距离的最大增量 δ 应能补偿辊筒产生的最大挠度差 ΔY_{max}，因此式（5-10）可写成：

$$C_0 = \sqrt{2D\Delta Y_{max}} \tag{5-11}$$

此式说明可根据最大挠度差 ΔY_{max}，确定辊筒端偏离量 C_0。

为了正确地补偿辊筒挠度，以便得到厚薄均匀的压延胶片，下面再介绍两辊筒轴线交叉后所形成的补偿曲线（见图 5-33）。

计算后得辊筒轴线交叉后形成的补偿曲线方程式如下：

$$\frac{\left(Y + \dfrac{D}{2}\right)^2}{D^2} - \frac{X^2}{\dfrac{D^2 l^2}{4C_0^2}} = 1 \tag{5-12}$$

从式（5-12）可知，两辊筒轴线交叉后，相邻两辊面间形成的曲线为双曲线，如图 5-34 所示。

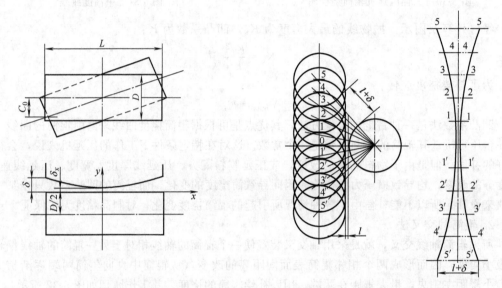

图 5-33　辊筒轴交叉原理　　　　　　　　图 5-34　辊筒轴线交叉时辊距的变化

用辊筒轴交叉法补偿压延制品厚度的误差也是有缺点的。因为在辊筒轴线交叉时，压延胶片会向一端移动，它要承受垂直方向上的切应力，为防止胶片跑偏，需要用一个专门的定中心机构。另外，从式（5-6）看出，由横压力产生的挠度曲线是包含 X_4 和 X_2 项的一条曲线，而由辊筒轴交叉法所形成的补偿曲线是双曲线，如式（5-12）所示，因此对挠度不能完全补偿。

3. 辊筒反弯曲法

所谓反弯曲就是在辊筒外侧采用预负荷装置加一外力 F，使辊筒产生弯曲，其弯曲方向与辊筒的挠度方向相反，这样便起到补偿挠度的作用，如图 5-35 所示。

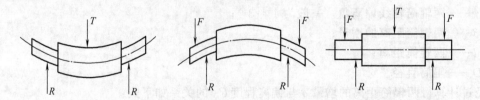

(a) 模压力作用下辊筒产生挠度的方向　　(b) 外力作用下辊筒的弯曲方向　　(c) 两种力补偿后的情况

图 5-35　辊筒反弯曲补偿

T—横压力；F—反弯曲外力；R—轴承支承力

图 5-36 为辊筒反弯曲时受力情况，其挠度差曲线方程式为：

$$\Delta Y_x = \frac{F c x^2}{2EJ} \tag{5-13}$$

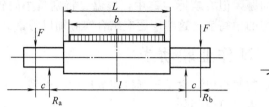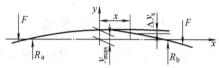

图 5-36 反弯曲图

反弯曲法与轴交叉法相似，由于它的曲线是一条抛物线，如式（5-13）所示。因此不能完全补偿挠度。另外，这种方法的反弯曲与横压力方向一致，这就增加了轴承的负荷，因此反弯曲力不能过大，即由它补偿的挠度不能过大。所以此法较少单独采用，而只用作辊筒拉回以消除辊颈与轴承间隙对制品厚度的影响和防止出现碰辊等现象。

上述三种辊筒挠度补偿方法都各有其优缺点，都不能完全解决制品的厚度误差。因此，近代新型压延机的挠度补偿，多数是将上述方法综合使用，其中，一种是将凹凸系数法与辊筒轴交叉法综合使用。例如，用磨削较小的凹凸系数值来补偿一部分挠度，余下的再用轴交叉法补偿。

当用凹凸系数法和轴交叉法去补偿辊筒的挠度时，仍会产生挠度曲线与补偿曲线的差异，因而仍会引起胶片的厚度误差，如图 5-37 所示。若一个辊筒中央处的最大挠度为 Y_{max} 时，一对辊筒中央处的最大挠度即为 $2Y_{max}$，若两辊筒之一的中高度最大值为 K_s，另一辊筒为平辊，为补偿辊筒最大挠度，其交叉量应为 $2Y_{max} - K_s$，补偿后胶片的误差如图 5-37 所示。

另一种是将反弯曲法与轴交叉法综合使用，如图 5-38 所示。图 5-38（a）为反弯曲法补偿结果；图 5-38（b）为轴交叉法补偿结果。

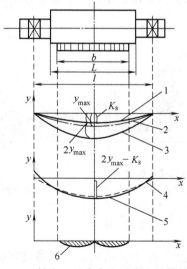

图 5-37 轴交叉及中高度对挠度补偿结果
1—中高度曲线；2——个辊筒的挠度曲线；
3——对辊筒的挠度曲线；4—挠度曲线与
中高度曲线之差；5—适合的交叉曲线；
6—补偿后胶片的厚度误差

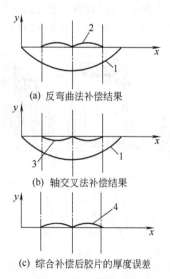

图 5-38 反弯曲法与轴交叉法对挠度补偿结果
1—对辊筒的挠度曲线；2—辊筒反弯曲法补偿结果；
3—轴交叉法补偿结果；4—补偿后胶片的厚度误差

图 5-38（c）为两种方法综合使用所产生的胶片厚度误差。

综上所述，虽然采取综合补偿措施，但仍不能获得厚度绝对一致的胶片，当压延胶片厚度要求较高时，这种误差是否容许，必须经过检查和验算。

另外，上述计算只是单从挠度上考虑问题，但在实际生产中，辊温（特别是中间辊筒）总是中央高、两端低，等于由温度产生辊筒的中高度。这些问题应结合实际加以考虑。

第四节　压延作业联动线

压延作业联动线是由压延过程中各联动装置组成。它是压延机完成压片、压型（压花）、贴合和纺织物（或钢丝）挂胶等工艺作业的重要组成部分。

压延联动装置由各个独立单元组成，工艺用途不同，组成单元也不同。各个单元设备多由各自的直流电机拖动，通过电控方法使各单元设备稳定同步。

当前，在帘布压延联动装置上，为提高压延半制品的质量，有的从干燥辊出来的位置上装湿度检查仪表，它可连续指示帘布的湿度。为缩短布接头的操作时间，有的采用大卷帘布，一般每卷布长达 1000m 左右，最长者达 4800m。有的设有自动卸走挂胶帘布卷的装置。供胶多采用大规格的开放式炼胶机或冷喂料橡胶挤出机、传递式混炼机，并采用工业电视方法检查供胶情况。为导出胶布的空气或水分，还装有排气线架，停放时排除空气或水分。

随着钢丝轮胎和子午线轮胎的发展，钢丝压延机及其联动装置发展也很快。钢丝帘布一般采用无纬压延法。有的把压延好的冷胶片贴在无纬钢丝帘布上，运动速度约为 15～20m/min，称为冷胶压延法。下面介绍用于纺织物帘布压延的由 $\phi700mm×1800mm$ 四辊压延联动装置和用于钢丝帘布压延的中 $\phi610mm×1730mm$ 四辊压延联动装置以及塑料薄膜压延成型联动装置。

一、纺织物帘布压延联动装置

图 5-39 为 $\phi700mm×1800mmS$ 型四辊压延联动装置。该装置主要用于帘布的双面贴胶。也可以进行帆布的擦胶以及压延胶片、胶板等。其主要组成设备为：导开装置、接头硫化机、小牵引机、储布装置、四辊牵引机、十二辊干燥机、张力架、定中心装置、冷却机、穿透式测厚装置、裁断装置、卷取装置。

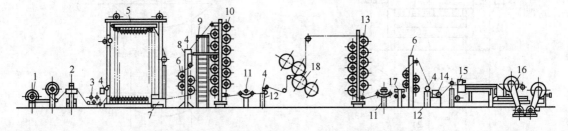

图 5-39　$\phi700mm×1800mmS$ 型压延联动装置

1—导开装置；2—接头硫化机；3—小牵引机；4—射流装置；5—储布装置；6—四辊牵引机；7—储布装置油路系统；8—定中心装置；9—梯子；10—十二辊干燥机；11—张力架；12—定中心支架；13—冷却机；14—小张力架；15—裁断装置；16—卷取装置；17—穿透式测厚装置；18—四辊压延机

需要贴胶或擦胶的帘布或其他纺织物放在导开装置上，由小牵引机牵引，通过接头硫化机与储布装置到干燥机烘干，烘干后送入四辊压延上进行贴胶或擦胶，然后进入冷却机冷却定型，再送入卷取机自动卷取，卷取到一定大小直径的胶布卷，可由裁断装置进行自动裁断。下面分别介绍各装置的情况。

1. 导开装置

　　导开装置用以导开布料，其本身没有动力，由主机或牵引装置通过布料进行拖动。该装置上可同时放两卷帘布，在导开轴的端部装有摩擦离合器，使帘布导开时保持一定的张力，张力的大小可用手轮调节。其结构如图 5-40 所示。

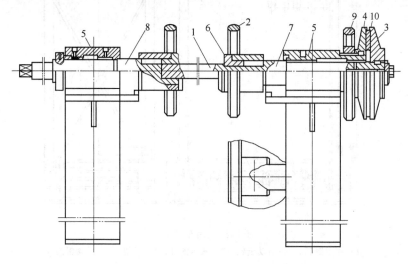

图 5-40　导开装置

1—方钢轴；2，9—手轮；3，4—摩擦压盘；5—支座；
6—挡块；7，8—轴；10—摩擦片

　　在支座 5 上装有轴 7、8，其上有方孔，套有帘布卷辊的方钢轴 1 置于孔内，用手轮 2 控制挡块 6 以防止滑脱。在轴 7 端部固定有摩擦压盘 3，通过摩擦片 10 与摩擦压盘 4 接触。手轮 9 用螺纹与支座 5 连接，当手轮转动时，可使摩擦压盘 4 紧压或放松摩擦压盘 3，从而通过轴 7 控制帘布的张力。

　　2. 接头硫化机

　　用以硫化帘布接头的胶条，使压延作业能连续进行。

　　接头硫化机主要由机架、液压缸、平板及一些控制机构等组成，平板用铸铝电加热器加热，加热温度通过电接点温度计自动调节，硫化温度为 180～200℃，平板两侧有接头工作台，工作时上平板固定，下平板通过压力水或油控制其升降，总压力为 10000kgf❶。在下平板上装一挡板，当上、下平板压合后，挡板触动行程开关，使时序继电器工作，硫化终了便发出信号，电磁铁动作，下平板复位，硫化完毕。

　　3. 小牵引机

　　又名送布器，该机共三个 ϕ230mm 的工作辊，主要辊是橡胶辊，另外两个为金属辊，橡胶辊是通过电动机、行星摆线针轮减速器带动的，其牵引速度为 6～60m/min。它的作用是按一定的速度导开帘布，在正常工作时，它的速度与压延线速度相等或接近；在接头硫化时便停车，此时工作辊应起夹持作用，防止帘布在张力作用下滑动。硫化完毕，牵引速度要高于压延线速度，以便补充储布量，当达到额定的储布量后又恢复正常工作速度。用闸瓦控制停车。

　　4. 储布装置

　　用以储存硫化接头时连续生产所需之帘布，如图 5-41 所示。

　　它由两排可变中心距的辊子组成，下排辊子装在固定的框架上，上排辊子装在可动的框

---

❶　1kgf＝9.80665N。

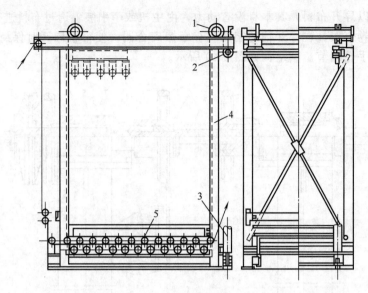

图 5-41　储布装置

1—固定链轮；2—活动链轮；3—液压油缸；4—机架；5—活动辊架

架上，为保持活动架的平衡，在其上还装有导向链。储布装置内的张力由液压系统来控制，张力可在 50～150kgf 范围内调节。

储布装置内有两个行程开关，正常工作时，活动框架应处于储布量 57m 左右的位置上，当储布量增加到活动架上撞块触及第一个行程开关时，小牵引机应停车；当储布量减少，撞块触及第二个行程开关时，整个机组便停车。通过储布装置上的电阻器控制小牵引机的工作速度。

5．四辊牵引机

四辊牵引机用以牵引帘布并保证各区段间的张力。压延机前后各装一组四辊牵引机。

6．定中心装置

用以纠正帘布的位置防止跑偏。共有定中心装置四组。单独定中心装置两组，另外小张力架和储布装置中各有一组。

该装置主要由两根辊子组成，布料穿过辊子前进，当布料（或胶布）跑偏时，通过探测元件和调节器控制定中心装置的执行机构油缸（或气缸），使其一端支架移成某一角度，促使胶布返回到中间位置，其结构如图 5-42 所示。

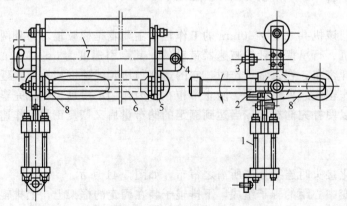

图 5-42　定中心装置

1—油缸；2—风筒；3—右支座；4—左支座；5，8—支架；6—下辊子；7—上辊子

7. 十二辊干燥机

用以干燥帘布，该机是无动力式，干燥辊靠帘布的张力拖动，干燥辊用蒸汽加热，通过封头不断排出冷凝水，在帘布进入干燥辊处设有弧形扩布器，保证帘布的宽度与密度。

8. 张力架

张力架有两组，分别装在十二辊干燥机和冷却机的后面，它由三个导辊和一对电感式张力计感应元件张力环组成，用以测定压延机前、后区段间帘布与胶布的张力。张力测定范围100～1000kgf。测定值可在操纵台上读数。

9. 冷却机

用以冷却胶布。冷却机是无动力式，冷却辊依靠胶布的张力拖动。冷却辊多为钢制的双壁圆筒，在双壁圆筒之间焊有多条螺旋形板条，冷却水就在螺旋形板条之间通过。

10. 小张力架

小张力架用以测量胶布卷取时的张力值。胶布每通过250mm，张力架导辊转动一周，导辊上的撞块与微动开关接触，通过电控制在操纵台上的数字计数器以数字显示，以便进行定长裁断，其结构如图5-43所示。

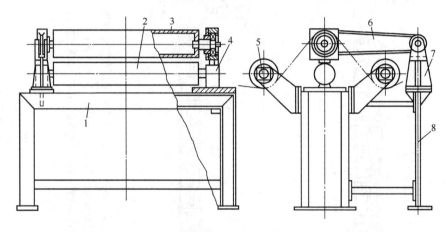

图 5-43　小张力架

1，8—支架；2—压辊；3—张力辊；4—张力计；5，7—支座；6—转臂

用以裁断胶布。裁断是用电动机带动的圆片刀进行的，裁断开始时，开动电动机使圆片刀转动，同时电磁铁将托辊吸上，使胶布处于准备裁断位置，此时装在车体上的电磁离合器投入工作，使车体通过链轮与链条的啮合获得与胶布相同的纵向移动，当车体移动时，固定在支架上的齿条带动了装在车体上的齿轮回转，并通过齿轮啮合，链条的传动使裁断圆片刀横向移动，裁断胶布，裁断最大宽度为1500mm。裁断完毕，切断电磁铁与圆片刀的电源，通过离合器使车体和圆片刀复位。在裁断时，装在运输带上部的压紧装置工作，防止胶布在张力的作用下脱落。

11. 卷取装置

用以连接卷取胶布，卷取装置由两个卷轴交替工作。为防止胶布互相黏着，配有两个垫布卷，卷取时在胶布间衬以垫布，一个胶布卷按一定的长度卷满后，需要换卷，还装有机械式定中心装置，胶布卷取时能自动调节，并保持一定的张力。其卷取速度为7～70m/min。

二、钢丝帘布压延联动装置

$\phi610mm \times 1730mm$ 钢丝帘布压延联动装置如图5-44所示。该机组主要供钢丝帘布进行两面贴胶，以便连续生产之用。该机组由导开架、排线分线架、清洗装置、吹干箱、干燥箱、

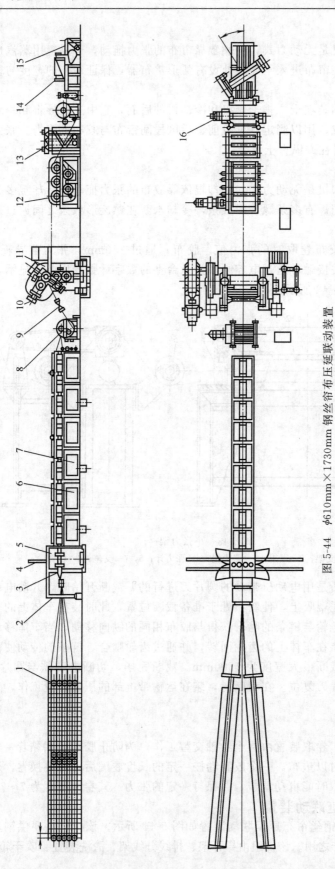

图 5-44 φ610mm×1730mm 钢丝帘布压延联动装置

1—导开架；2—排线分线架；3—托辊；4—清洗浸浆装置；5—电气部分；6—吹干箱；7—干燥箱；8—夹持装置；9—分线辊；
10—整经装置；11—压延机；12—牵引冷却装置；13—二环储布器；14—裁断装置；15—运输装置；16—卷取装置

夹持装置、分线辊、整经装置、牵引冷却装置、两环储布器、卷取机和裁断装置组成。工作时将绕满钢丝锭子置于前、后锭子导开架上，导开架上设有 660 个线锭座，分成四排，每排五层，锭子容线量为 4000m。钢丝被引出后通过排线分线架，使五层钢丝排成两层，宽度收缩成所需的宽度，密度接近所需的密度，然后通过密闭的盛有汽油的清洗槽，浸洗时间 4～16s，除去钢丝表面油污，经吹干箱后进入干燥箱中，钢丝在箱内停留时间 20～80s，预热钢丝表面，再进入压延机两面贴胶。贴好胶的钢丝胶帘布送去卷取，并按需要长度进行裁断。

三、塑料薄膜压延成型联动装置

具有代表性的塑料薄膜压延成型联动装置如图 5-45 所示。主要由树脂储存器、计量装置、高速混合机、密炼机、挤出机、压延机、引离装置、压花装置、冷却装置、测厚装置、张力调节装置、自动切割、卷取装置等组成。

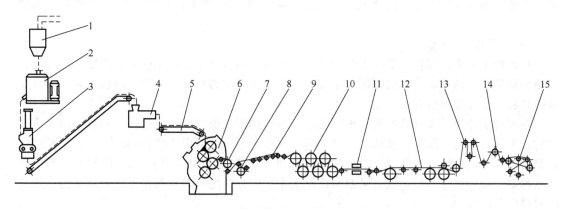

图 5-45　塑料薄膜压延成型联动装置

1—计量装置；2—高速混合机；3—密炼机；4—挤出机；5—供料带；6—压延机；7—引离装置；
8—压花装置；9—缓冷装置；10—冷却定型装置；11—自动测厚装置；
12—输送带；13—张力调节装置；14—切割装置；15—卷取装置

习　　题

1. 橡胶塑料压延机是怎样分类的？各有何特点和用途？

2. 压延机主要由哪些主要零部件组成？

3. 压延机传动系统有什么特点？一般从结构上采取哪些方法来满足工艺上不同用途的传动要求？

4. 压延机采用哪种调距方式？它与开炼机比较有哪些不同？

5. 压延机辊筒温度调节装置采用什么形式？为什么？

6. 压延机的辊筒与开炼机辊筒有哪些更高的要求？为什么？

7. 一般压延机辊筒的挠度是怎样产生的？有什么方法可以补偿这种误差？

8. 为什么压延机上要安放扩布器？扩布器有哪几种形式？

9. 为什么压延机钻孔辊筒比中央镗孔辊筒能提高压延精度？

10. 什么是超前系数？考虑超前系数在生产上有何意义？

11. 压延生产联动过程由哪些部分组成？它们在压延生产中的作用是什么？

12. 试述 Z 型四辊压延机比 Γ 型四辊压延机的优越性。

第六章　螺杆挤出机

第一节　概　　述

挤出成型也称压出成型。它是将聚合物固体物料加热熔融成熔体，借助螺杆的挤压作用，推动黏流态物料，使其通过口模而成为截面形状与口模形状相仿的一种连续体的成型方法，为此而使用的设备称为螺杆挤出机，它是聚合物加工工业中广泛应用的重要设备。挤出成型的生产过程是连续的，有很高的生产效率，应用范围广。同时，挤出机还具有结构简单、制造容易、操作方便、价格便宜等特点，因此挤出机在聚合物加工机械中占有突出的地位。

一、用途与分类

在橡胶工业中，螺杆挤出机主要用于橡胶半制品的压型，如轮胎胎面、内胎、胶管及各种断面形状复杂的半制品，也可用于生胶的塑炼、金属丝的包胶、再生胶的脱硫和压干、胶料的造粒、压片和混炼等。

在塑料工业中，螺杆挤出机几乎能成型所有的热塑性塑料和部分热固性塑料，用于成型管材、棒材、板材、薄膜、单丝、电线电缆、异型材等，也可用于塑料的混合、造粒及塑料的共混改性等，以挤出为基础，配合吹塑、拉伸等工艺的挤出-吹塑和挤出-拉幅可成型中空制品和双向拉伸膜等。挤出成型是塑料成型最重要的方法之一，目前挤出成型制品约占热塑性塑料制品的 50%。

在合成纤维工业中，螺杆挤出机作为纺丝联合机的单元机，其作用是对纺丝切片进行熔融、塑化、均化，为纺丝装置提供合格的纺丝熔体。

螺杆挤出机类型很多，分类方法也不一致。按螺杆数量可分为单螺杆挤出机和双螺杆挤出机；按螺杆结构可分为普通螺杆挤出机和特型螺杆挤出机；按排气与否可分为排气式挤出机和非排气式挤出机；按喂料方式可分为冷喂料挤出机和热喂料挤出机。

二、挤出成型设备的组成

一套挤出成型设备通常由主机、机头、辅机和控制系统组成。

1. 主机

主机称为挤出机，由螺杆、机筒、加料系统、加热冷却系统、传动系统和机架组成，它是挤出成型设备的核心单元设备。其作用是将聚合物物料加热熔融成均匀的熔体，并在这一过程所建立的压力下，连续地通过机头。

2. 机头

挤出机机头是挤出成型的模具，因安装在挤出机头部而得名。它是制品成型的主要部件，熔体通过它而获得一定的几何截面和尺寸。

3. 辅机

辅机的作用是将从机头出来已初具形状和尺寸的熔体冷却、定型，获得符合要求的制品。

4. 控制系统

控制系统由各种电器、仪表和执行机构组成。根据自动化水平的高低，可控制主机和辅机的电动机、驱动油泵、油缸和其他执行机构按所需的功率、速度和轨迹运行，并检测和控制主机、辅机的温度、压力、流量实现对整个挤出设备的自动控制。

挤出成型设备中的主机和各种辅机通常配置各自独立的控制系统，在组成一套机组加工制品时，各自单独调节，直至各机台之间达到最协调的配合，作为主机的挤出机配有独立的控制屏，主要控制螺杆转速、料温和压力等。

由上述部分组成的挤出成型设备，在橡胶工业中通常称为挤出联动线，在塑料工业中称为挤出机组，在合成纤维工业中称为纺丝联合机。本书重点介绍主机（挤出机）的基本结构、工作原理和基本参数等，对其他组成部分仅作简要介绍。

三、规格表示及技术特征

挤出机的规格主要以螺杆直径来表示。橡胶挤出机和塑料挤出机在直径前面冠以汉语拼音表示其型号，如 XJ-150 表示螺杆直径为 150mm 的橡胶挤出机，SJ-90 表示螺杆直径为 90mm 的塑料挤出机，Z 表示造粒机，W 表示喂料机，A 和 B 表示结构或参数改进后的机型。纺丝挤出机的型号根据纺制纤维的类别来表示，VC 表示长丝挤出机，VD 表示短纤维挤出机。表 6-1～表 6-4 为挤出机的技术特征。

表 6-1　热喂料橡胶挤出机技术特征

型　　号	螺杆长径比	螺杆转速/(r/min)	生产能力/(kg/h)	电机功率/kW
XJ-30	3.5	11～100	2～12	1～3
XJ-65	4	20,27,35,47	50～80	7
XJ-85	4.8	28,45,56,80	62～270	10～14
XJ-115	4.8	20,33,46,60	100～420	22
XJ-150	4.6	26～75	约900	18.13～55
XJ-200	4.35	20.6～62	最大2200	25～75
XJ-250	4.5	15～45	最大3200	95
XJ-300	4.5	15～45	最大4600	130

表 6-2　冷喂料橡胶挤出机技术特征

型　　号	螺杆长径比	螺杆转速/(r/min)	生产能力/(kg/h)	电机功率/kW
XJ-60	11	22～55	40～110	18.5
XJ-90	12	16～40	100～250	37
XJ-120	13	14～35	200～500	55
XJ-150	14	12～30	300～750	110
XJ-200	15	10～25	500～1200	200

表 6-3　塑料挤出机技术特征

型　　号	螺杆长径比	螺杆转速/(r/min)	生产能力/(kg/h)	主电机功率/kW	加热功率/kW	加热段数
SJ-30	20	11～100	0.7～6.3	1～3	3.3	3
SJ-45B	20	10～90	2.5～22.5	5.51	4.28	3
SJ-65A	20	10～90	6.7～60	5～15	12	3
SJ-65B	20	10～90	6.7～60	22	12	3
SJ-Z-90（排气式）	30	12～120	25～250	6～60	30	6
SJ-90×33（排气式）	33	10～50	60～130	64	31.6	6
SJ-120	20	8～48	25～150	18.3～55	37.5	5
SJ-150	25	7～42	50～300	25～75	60	8
SJ-200	20	4～30	420（造粒）	25～75	55.2	6

表 6-4　纺丝挤出机技术特征

型　号	螺杆直径	螺杆长径比	螺杆转速/(r/min)	生产能力/(kg/h)	主电机功率/kW	加热功率/kW	加热段数
VC403	45	24	8.2～82	2.5～21	15	7	3
VC404	65	24	18～80	18.4～72.2	15	13.8	4
VC405	50	25	12～120	45～450	13	8	4
VC406A	65	24	20～60	20～60	17	15.96	5
VD402	65	20	10～83	—	15	12.5	4
VD403	80	25	18～80	32～100	22	48	5
VD405	80	25	18～60	30～100	22	36.5	5
VD406	120	25	30～75	137～342	75	50.4	6

第二节　基本结构

一、整体结构及传动系统

（一）整体结构

螺杆挤出机主要由挤压、传动、加热冷却系统等部分组成。

图 6-1 为 XJ-150 热喂料橡胶挤出机结构图。

挤压系统由螺杆 5 和机筒 3 组成，其作用是挤压塑化胶料，以一定压力，均匀、连续地向机头输送胶料。传动系统由减速器 9、联轴器 16 和电动机 13 组成，其作用是将动力传递给螺杆并根据工艺要求调节螺杆转速。加热冷却系统由管路 15、18、21 和分配器 12 组成，用于控制生产中的温度，保证挤出产品的质量。

机头 1 由螺栓固定在机筒 3 的前端，而机筒的后端与减速器 9 相连，支柱 19 用以支撑机筒，减速器 9 安装在机座 17 上，电动机 13 通过联轴器 16 与减速器 9 相连。

螺杆 5 由三个轴承支撑，悬空在机筒 3 内，其尾部与装有大齿轮 10 的空心轴相连，通过减速器中的传动齿轮，由电动机带动旋转。机筒的后部开有加料口，并装有喂料辊，可以进行强制喂料。

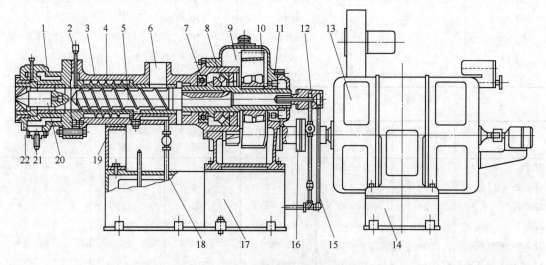

图 6-1　XJ-150 热喂料橡胶挤出机

1—机头；2—热电偶；3—机筒；4—衬套；5—螺杆；6—喂料口；7，8，11—轴承；
9—减速器；10—大齿轮；12—分配器；13—电动机；14—电动机座；15，18，21—管路；
16—联轴器；17—机座；19—支柱；20—芯型；22—口型

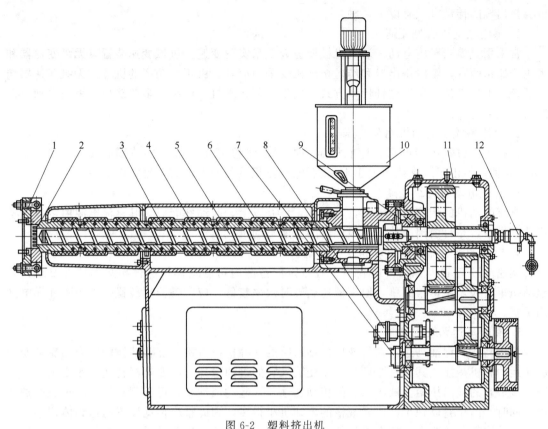

图 6-2　塑料挤出机

1—机头连接法兰；2—滤板；3—冷却水管；4—加热器；5—螺杆；6—机筒；7—油泵；
8—测速电机；9—止推轴承；10—加料斗；11—减速器；12—螺杆冷却装置

图 6-2 为塑料挤出机结构图。

塑料挤出机与橡胶挤出机的主要区别在于：①螺杆结构和主要参数不同，本章将在后面予以阐述；②加热冷却系统不同，橡胶挤出机多用载体（水、蒸汽、油等）加热，由于塑料的熔点很高，塑料挤出机一般采用电加热，因此二者在加热装置的结构上有较大差别。

纺丝挤出机与塑料挤出机主要结构基本相同，但由于纺丝对切片含水率有很严格的要求，尤其是高速纺，切片含水率一般应控制在 0.005% 以下，所以在进入螺杆挤出机之前，切片经过庞大的干燥系统进行了预结晶和干燥处理，由干燥系统用脱湿压缩空气送入纺丝挤出机的加料斗，加料斗为密封加料斗，用氮气保护，以避免经过干燥系统处理后的干切片重新吸水和夹带空气。

（二）传动系统

传动系统由原动机、调速装置和减速器组成。其作用是将扭矩传递给螺杆，使其按工艺条件正常运转。

对传动系统的基本要求是：①能够对螺杆转速进行调整；②有一定的调速范围。因为生产中往往需要通过改变螺杆转速和其他可变因素一起来控制挤出质量，前一个要求正是为满足此需要而提出的，而后一个要求是针对挤出机应有一定的适应性（指适应不同的物料和制品）提出的。转速范围的确定很重要，它直接影响到挤出机所能加工的物料和制品的范围、生产率、功率消耗、制品质量、设备成本、操作方便与否等。

用作挤出机的原动机主要有两种：电动机和液压马达。

挤出机的传动方式有以下几种。

1. 感应电动机机械变速

常采用鼠笼式感应电动机通过机械变速装置来实现变速。机械变速装置有无级变速器和齿轮变速箱两种，塑料挤出机和纺丝挤出机仅采用前者。由于大功率的机械式无级变速器结构复杂、价格昂贵，所以这种传动方式仅用于小型挤出机，而绝大多数挤出机采用电动机调速的方式。

2. 交流整流子电动机无级变速

这种传动方式运转可靠、性能稳定、控制及维修简单。其调整范围有 1∶3、1∶6 和 1∶10 几种，但由于调整范围大于 1∶3 后电机体积显著增大，成本也相应提高。

3. 直流电动机无级变速

直流电动机的调速范围较宽，一般在 1∶10 以上，起动性能好。其直流电源由可控硅整流装置供给，是目前国内外采用最广泛的变速电动机。

4. 电磁调速交流异步电动机（滑差电机）

调速范围有 1∶5 和 1∶10 两种。在一定的范围内可满足螺杆的恒扭矩的特性要求，且起动扭矩较大，结构较简单，但在低速运转时效率较低，应配备稳压装置，以免受外界电网的干扰。

5. 液压马达无级调速

液压马达又称油马达，它是液压传动系统的一种执行机构，能将液体的压力和流量变为旋转运动和机械能。其调整原理是：改变输入它的进油量即可改变螺杆转速，改变供油压力即可调节它的输出扭矩。液压马达的传动特性软，起动惯性小，可起到对螺杆的过载保护作用。同时，由于它体积小，比同规格的电动机小得多，因此整个传动装置易达到体积小、质量轻和结构简单的要求。如果采用低速高扭矩的液压马达直接驱动螺杆，其传动装置就更简单了。但由于液压马达在制造上精度要求高，在一定程度上限制了它在挤出机上的应用。

二、主要零部件

（一）螺杆

螺杆是挤出机完成物料塑化和输送的关键工作部件，其结构与参数直接影响到挤出机的塑化质量、生产效率和动力消耗。故将其称为挤出机的"心脏"。

1. 螺杆的材料

螺杆安装在机筒中，塑料和纺丝螺杆通常在 $200\sim300℃$ 的高温下工作，螺杆与机筒之间的间隙只有 $0.25\sim0.35mm$，螺杆同时承受弯曲、扭转、压缩的联合作用，所以对螺杆的材质要求很高，必须在高温下不改变其力学性能，能保持原有较高的强度和尺寸稳定性；有较高的耐化学腐蚀性和良好的耐磨性。过去中国常用的螺杆材料有 45 号钢、40Cr、38Cr，为提高其耐腐蚀、磨损性能，需要在表面镀铬，而对镀铬技术的要求相当苛刻，镀层太薄易于磨损，太厚易剥落，剥落后反而加速腐蚀，目前已较少采用。经氮化处理的 38CrMoAl 合金钢的综合性能比较优异，中国目前广泛采用，氮化层厚度为 $0.3\sim0.7mm$。但这种材料抵抗氯化氢腐蚀的能力低，且价格较高。

2. 螺杆的结构分类

挤出机螺杆按螺纹结构形式分为普通型和特型螺杆。普通螺杆指在工作长度上为全螺纹的螺杆。而特型螺杆指为克服普通螺杆在成型加工中存在的弊病而设计的特殊结构的螺杆，这些将在后面作介绍。

螺杆对物料的压缩作用是通过其螺槽体积沿工作长度逐渐缩小来实现的，螺槽体积的缩小可以通过分别改变螺槽深度和螺距或二者同时变化来实现，由此普通螺杆分为以下几种。

（1）**等距变深螺杆**　这种螺杆的外径在整个工作长度上保持不变，而内径逐渐增大，即螺槽深度减小［见图6-3（a）］。其特点是：加工制造容易，成本低；由于螺距相等，物料与机筒接触面积大，从加热的机筒上吸收的热量多，有利于固体物料的熔融；进料段的第一个螺槽深度大，有利于进料。但不能用于压缩比大的小直径螺杆，否则螺杆的强度受到影响。塑料挤出机和纺丝挤出机较多采用这种结构的螺杆。

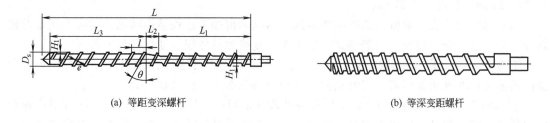

(a) 等距变深螺杆　　　　　　　　　　　(b) 等深变距螺杆

(c) 变深变距螺杆

图 6-3　螺杆的结构形式

（2）**等深变距螺杆**　这种螺杆的螺槽深度不变，螺距逐渐减少［见图6-3（b）］。由于螺槽等深，在进料口位置上的螺杆有足够的强度，有利于进一步增大螺杆转速来提高生产能力；有利于实现大的压缩比。但这种螺杆的倒流量大，对熔融物料的均化作用差，机械加工也比较困难，塑料挤出机和纺丝挤出机较少采用这种形式的螺杆。橡胶挤出机常采用双螺纹等深变距螺杆，采用双螺纹是因为双螺纹比单螺纹生产能力大；比单螺纹的螺旋升角大，故胶料流动阻力小；双螺纹在螺杆头部有两个螺纹面，对挤出半制品加压均匀有利。

（3）**变深变距螺杆**　指螺槽深度和螺距都是逐渐变化的，即螺槽深度由深变浅，螺距由大变小［见图6-3（c）］。这一类型的螺杆具有前两种螺杆的优点，可获得比较大的压缩比，但机械加工复杂，成本高，在一般情况下采用不多。

3. 螺杆的主要参数

螺杆主要参数有以下几个。

（1）**螺杆直径（D）**　螺杆直径指螺杆外径，它是螺杆的重要参数。其大小主要是根据挤出机的产量来确定，螺杆直径大，则挤出机的产量高。

（2）**螺杆长径比（L/D）**　螺杆长径比是指螺杆工作长度 L 与外径 D 之比，其大小表示单位质量的物料在螺杆中流经时间的长短。在此过程中，物料被输送、压缩、排气、熔融和混合均化，在某些特定用途的挤出机还有脱水、发泡等过程，所以适当加大长径比不但可使物料熔融均匀、压力稳定，从而有利于提高产品质量和稳定挤出量，而且可以减少物料的逆流和漏流。另外，加大长径比后，由于物料停留时间增加，其熔融能力增强，这样又可以适当增加螺杆转速来提高生产能力。但长径比增大后，螺杆、机筒的加工和装配都比较复杂和困难，成本也相应提高，而且螺杆易弯曲变形，造成螺杆与机筒的间隙不均匀，甚至产生刮磨现象，大长径比还造成挤出机功率消耗增大。因此对长径比的选取应该根据所加工的物料的性能和制品质量的要求来考虑。对于难加工物料，如硬塑料、结晶型塑料，需要用大长径比螺杆来加工；对于制品或半制品质量要求较低者，用长径比小的螺杆，反之，用大长径比的螺杆。对于粒料，长径比一般可小一些，对于粉料，要求长径比大一些。

胶料在挤出过程中给予螺杆很大的扭矩，大长径比的螺杆在橡胶挤出过程中容易断裂，此外，大长径比螺杆挤出机，胶料在挤出机中停留时间过长，容易引起早期硫化，所以橡胶挤出机螺杆长径比远小于塑料挤出机和纺丝挤出机，热喂料橡胶挤出机螺杆长径比一般为4～5，国外最大为 8，最小为 2.85。冷喂料橡胶挤出机螺杆长径比一般为 8～16；塑料挤出机一般应用较多的长径比范围是 15～25 左右，近年来挤出机的发展，所采用的螺杆长径比增加，达到 40 甚至更大；纺丝挤出机采用的长径比为 20～28，大多数 24 以上，在国外也有 28～33 的，最高者达到 43。

（3）螺杆的分段　物料在螺杆中的输送、压缩和熔融等过程是连续的，实际上很难截然划分。为了便于分析研究，一般将螺杆的工作长度按螺槽体积的变化分为三段。

① 进料段　此段螺槽体积最大，且在整个加料段维持不变。由加料斗加入的物料靠此段向前输送，并开始被压实，温度从常温逐渐升高到熔点，此段物料处于固态。

② 压缩段（也称熔融段）　螺槽体积在此段逐渐减小，橡胶挤出机通常是通过减小螺距而塑料挤出机和化纤挤出机通过减小螺槽深度来实现螺槽体积减小的。物料在此段继续被压实，并向熔融态转化，此段物料以固态和黏流态共存。

③ 计量段（也称均化段）　此段螺槽体积最小，且在整个计量段维持不变。已完全熔融的物料在计量段螺杆和机头压力作用下进一步被塑化和均化，并以一定压力和流量通过机头口模挤出成型。物料在此段呈黏流态。

进料段、压缩段和计量段的长度分别用 L_1、L_2、L_3 表示。各段的长度由物料性质而定。结晶型热塑性塑料需要有软化时间，所以其进料段要求较长，一般为螺杆全长的 50%～60%，最长不超过 65%；挤出无定形物料，进料段要求较短，通常为螺杆全长的 10%～25%，其中，硬质无定形塑料要求的进料段长度比软质无定形塑料长一些。无定形塑料的压缩段要求较长的压缩段，通常为螺杆全长的 55%～65%，熔融温度范围宽的物料，其压缩段相应要求比较长。如挤出聚氯乙烯的螺杆，压缩段长度甚至为全长的 100%，即整个螺杆长度范围内，螺槽体积均在逐渐变小。而结晶型塑料，由于其熔融温度范围很窄，所以要求的压缩段长度较短，一般为 3～5 个螺距，有些甚至仅 1 个螺距。计量段长度一般为螺杆全长的 25%～35%，随着长径比的增大，也趋向于采用比较长的计量段，这样可以使挤出更加稳定，物料也更均匀，但对于热敏性较强的物料，计量段不宜太长，有些甚至没有计量段，如挤出聚氯乙烯的螺杆。

（4）螺槽深度　是指螺纹外半径与其根部半径之差。等深变距螺杆的螺槽深度在整个工作长度上是保持不变的，用 h 表示。而等距变深螺杆的螺槽深度在工作长度上不是恒定值。进料段螺槽深度用 h_1 表示，一般为定值；压缩段槽深是变化的（由小变大），用 h_2 表示。计量段槽深用 h_3 表示，一般也是定值。

（5）压缩比 ε　在螺杆设计中的压缩比一般指几何压缩比，它是螺杆进料段第一个螺槽容积与计量段最后一个螺槽容积之比，用 ε 表示：

$$\varepsilon = \frac{V_1}{V_3} = \frac{(S_1 - e)(D - h_1)h_1}{(S_3 - e)(D - h_3)h_3} \tag{6-1}$$

式中　V_1——进料段第一个螺槽的容积，m^3；

　　　V_3——计量段最后一个螺槽的容积，m^3；

　　　S_1——螺杆始端的螺纹螺距，m；

　　　S_3——螺杆终端的螺纹螺距，m；

　　　e——螺纹棱峰宽度，m；

　　　h_1——进料段第一个螺槽的深度，m；

　　　h_3——计量段最后一个螺槽的深度，m；

D——螺杆直径，m。

对变距等深螺杆，$h_1 = h_3$，式（6-1）可以写为：

$$\varepsilon = \frac{V_1}{V_3} = \frac{S_1 - e}{S_3 - e} \tag{6-2}$$

对等距变深螺杆，$S_1 = S_3$，式（6-1）可写为：

$$\varepsilon = \frac{V_1}{V_3} = \frac{(D - h_1)h_1}{(D - h_3)h_3} \tag{6-3}$$

压缩比应根据不同物料和工艺条件选择，如取得偏小，会造成物料排气差，供料不均匀，机头压力不足，产品质地疏松。但压缩比过大，挤出阻力大，胶料升温高，易烧焦，对于等距变深螺杆，压缩比过大，则由于进料段螺纹根径过细，影响螺杆的强度。热喂料橡胶挤出机螺杆常用压缩比为 1.3～1.4，有时可达 1.6～1.7；冷喂料橡胶挤出机常用压缩比为 1.7～1.8，有时可达 1.9～2.0。塑料挤出机及纺丝挤出机螺杆几何压缩比见表6-5。

表 6-5　塑料挤出机及纺丝挤出机螺杆几何压缩比

物　料	压缩比	物　料	压缩比
硬聚氯乙烯（粒料）	2.5（2～3）	聚三氟氯乙烯	2.5～3.3
硬聚氯乙烯（粉料）	3～4（2～5）	丙烯腈-丁二烯-苯乙烯共聚物（ABS）	1.8（1.6～2.5）
软聚氯乙烯（粒料）	3.2～3.5（3～4）	聚甲醛	4（2.8～4）
软聚氯乙烯（粉料）	3～5	聚碳酸酯	2.5～3
聚乙烯	3～4	聚苯醚（PPO）	2（2～3.5）
聚丙烯	3.7～4（2.5～4）	聚砜	2.8～3.6
聚苯乙烯	2～2.5（2～4）	聚酰胺 6	3.5
聚甲基丙烯酸甲酯	3	聚酰胺 66	3.7
纤维素塑料	1.7～2	聚酰胺 11	2.8（2.6～4.7）

（6）导程、螺距与升角　当螺纹回转一周时，螺纹上某一点沿螺杆轴向前进的距离称为导程，用 t 表示。螺杆上相邻螺纹之间的轴向距离称为螺距，用 s 表示。螺纹展开线与垂直于螺杆轴线的平面间的夹角称为升角，用 Φ 表示。导程、螺距及升角之间的关系如下：

$$t = ns, \quad t = \pi D \tan\Phi$$

式中，n 为所用螺杆的螺纹头数，对单螺纹螺杆，$t = s$，$s = \pi D \tan\Phi$。

为了便于加工，通常取 $t = D$，此时 $\Phi = \arctan(1/\pi) = 17°40'$。

（二）机筒

1. 机筒的结构形式

挤出机机筒结构形式有整体式和分段式两种（见图6-4）。整体式机筒是在整体坯料上加工出来的。这种结构的加工精度和装配精度容易得到保证，可简化装配工作，便于加热冷却系统的设置和装拆，而且热量沿轴向分布比较均匀。当然，这种机筒要求较高的加工制造条件。分段式机筒是将机筒分成几段加工，然后用法兰盘把几个机筒连接起来。实验性挤出机和排气挤出机多用这种类型的机筒，前者是为了改变机筒长度来适应不同长径比的螺杆，后者是为了设置排气段。在一定意义上说，采用分段式机筒有利于就地取材和加工，对中、小型厂是有利的，但这种机筒制造和安装精度均难以保证，法兰连接处影响了机筒的加热均匀性，也不便于加热冷却系统的设置和维修。

为了既满足机筒材质的要求，又能节约贵重材料，不少机筒在一般的碳素钢或铸钢机体内部镶嵌一合金钢衬套，衬套磨损后可以拆出加以更换。

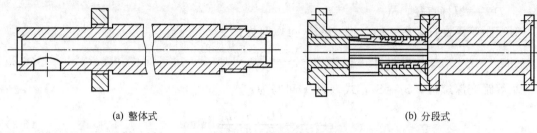

（a）整体式　　　　　　　　　　　　　　（b）分段式

图 6-4　机筒的结构形式

2. 机筒的加热冷却

橡胶挤出机机筒的加热冷却结构如图 6-5 所示。

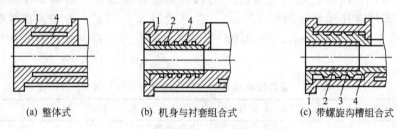

（a）整体式　　　　（b）机身与衬套组合式　　　　（c）带螺旋沟槽组合式

图 6-5　橡胶挤出机机筒加热冷却形式

1—机筒；2—衬套；3—水套；4—水腔

图 6-5（a）是一般旧式橡胶挤出机中常用的整体式结构。它是在机筒上铸出空腔，将蒸汽或冷却水通入其中进行加热或冷却的。其主要缺点是冷却水在空腔中易走捷径，冷却面积小，冷却效率差。图 6-5（b）是将机筒内腔铸成螺旋槽，促使冷却水沿螺旋槽流动，依次对衬套表面进行冷却，其冷却效果较好，但冷却面积小，密封性不好，易漏水。图 6-5（c）是目前广泛采用的形式，将外圆为螺旋槽或环形槽的冷却水套装入机筒内腔中，冷却水沿槽依次进行冷却。由于其具有"散热片"形状，散热面积大，能带走大量热量，冷却效果较好，密封性能也较好。

塑料和纤维物料熔融都需要吸收大量的热量，所以塑料挤出机和纺丝挤出机机筒大都以加热为主。加热方式有载体加热、电阻加热和电感加热。由于载体加热要求加热系统密封良好，以免液体泄漏而影响制品质量，同时还需要配备一套加热循环装置，因此提高了设备成本，所用载体因受热分解往往带有毒性和腐蚀性，另外，装置的维修也不方便，所以目前很少采用。应用最多的是电阻式铸铝加热器。电阻式铸铝加热器结构简单，使用方便，升温快，容易获得较高的温度，缺点是温度波动较大。

塑料挤出机机筒有水冷和风冷两种冷却方式（见图 6-6、图 6-7）。为了满足纺丝熔体可纺性要求，纺丝聚合物物料温度较高，除进料口设置水冷装置外，机筒其他部分不设冷却装置。

3. 喂料口与加料斗

喂料口的结构与尺寸对喂料影响很大，而喂料情况往往影响挤出产量。橡胶条状料的喂料口，机筒壁成切线连接，并有楔形间隙，如

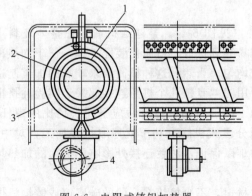

图 6-6　电阻式铸铝加热器

1—机筒；2—螺杆；3—电阻加热器；4—鼓风机

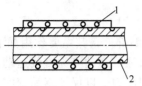 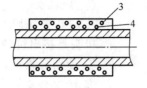 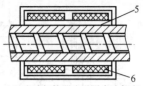

(a) 机筒表面开槽冷却　　　(b) 加热棒和冷却水管同时　　　(c) 电感加热器内设置水冷却套
　　　　　　　　　　　　　　　装入铸铝加热器中

图 6-7　挤出机水冷却装置

1—铸铝加热器；2，4—冷却水管；3—加热棒；5—冷却水套；6—感应加热器

图 6-8（a）所示。在喂料口侧壁螺杆的一旁加一压辊构成旁压辊喂料，如图 6-8（b）所示。这种结构供胶均匀，无堆料现象，半制品质地密致，能提高生产能力，但功率消耗增加 10%。在采用旁压辊时，应特别注意胶料粘辊问题，因粘辊胶料挤入旁压辊轴承会引起轴承损坏，为解决此问题，可采用在旁压辊安装刮刀刮去粘辊胶料或轴承前装反螺纹防胶套等方法。

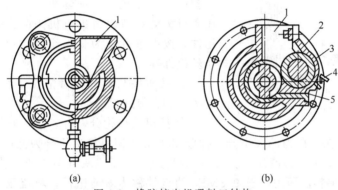

(a)　　　　　　　　　　　(b)

图 6-8　橡胶挤出机喂料口结构

1—加料口；2—辊罩；3—旁压辊；4—手轮；5—刮胶刀

以粒料或粉料为原料的塑料挤出机与橡胶条状供料有很大不同。塑料挤出机机筒喂料口上还要设置连续加料系统，如图 6-9 所示。它由加料斗和上料部分组成。加料斗安装在挤出机的加料座上，上料部分通过鼓风将物料输送到加料斗上，连续给挤出机供料。上料部分也有采用人工间歇上料的形式。

纺丝挤出机的物料为粒料（化纤行业称为切片）。由于纺丝对切片含水率有极为严格的限制，切片在进入挤出机之前已在干燥系统中进行了干燥处理，为了避免干切片再吸湿和夹带空气，纺丝挤出机的加料斗是密封加料斗，采用氮气保护。

4. 机筒的材料和要求

机筒和螺杆组成了挤压系统。和螺杆一样，机筒也是在高压、高温、严重磨损、一定的腐蚀条件下工作

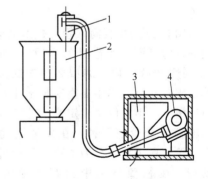

图 6-9　塑料挤出机的加料系统

1—旋风分离器；2—加料斗；
3—贮料斗；4—鼓风机

的。所以对机筒的材质要求与螺杆一样，由于机筒加工和更换都比较麻烦和困难，所以要求机筒螺杆有更高的硬度，中国部颁标准规定螺杆表面硬度（洛氏）60～65，机筒内表面硬度（洛氏）应在 65 以上。机筒常用材料为 38CrMoAlA，内表面氮化处理，也可用 40Cr。衬套式套筒的材料多用合金钢，而外套可用碳素钢或铸钢、铸铁等较廉价的材料。

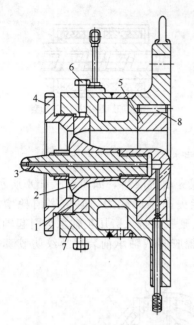

图 6-10　橡胶筒（管）挤出机头

1—口型；2—芯型；3—喷嘴；4—螺母；

5—芯型支座；6—调整螺栓；

7—外壳；8—定位销

（三）机头

1. 机头的作用

机头是挤出机的成型部件，其主要作用如下：

① 使熔融物料，由螺旋运动变为直线运动；

② 产生必要的成型压力，以保证制品密实；

③ 使物料进一步塑化、均化；

④ 成型制品。

2. 机头的分类

机头的种类繁多，分类的方法各异，通常有下列一些分类方法。

① 按用途分，橡胶挤出机机头有内胎机头、胶管机头、胎面机头、电缆机头等；塑料挤出机机头有吹膜机头、挤管机头、挤板机头、挤异型材机头、吹塑中空制品机头、抽丝机头、电缆机头、螺旋耐压管机头等；纺丝挤出机机头在化纤行业称为纺丝组件，按用途可分为长丝组件、短纤维组件、复合纺丝组件等。

② 按机头与螺杆相对位置分，有直向机头、横向机头和旁侧式机头。

③ 按机头结构分，有芯型机头和无芯型机头。

④ 按挤出时机头内压力的大小分，橡胶挤出机和塑料挤出机分为低压机头（料流压力小于 4MPa）、中压机头（料流压力为 4～10MPa）、高压机头（料流压力为 10MPa 以上）；纺丝机目前生产中将料流压力小于 9.8MPa 的组件称为普通组件，料流压力在 15～50MPa 的组件称为高压组件。

3. 机头的结构

（1）管状挤出机头　管状挤出机头用于成型各种空心制品，如胶管、内胎、塑料管材等。

图 6-10 为橡胶筒（管）挤出机头。由外壳 7、口型 1、芯型 2 及芯型支座 5 组成。其压型部件为口型 1 和芯型 2。口型 1 用螺母 4 固定于外壳 7 内，芯型 2 用螺纹固定于芯型支座 5 上。芯型支座安装于外壳 7 的内环槽上，由定位销 8 定位。芯型支座有单轮辐与双轮辐两种，在保证强度前提下，轮辐愈少愈好。为了防止胶管挤出后粘壁，在芯型支座中钻有孔道输送隔离剂。

塑料管材机头结构主要有直向式、横向式和旁侧式三种。

图 6-11 为直向式塑料管机头。这种机头最显著的特征是有分流器支架支撑着分流器。熔体从挤出机挤出后，经多孔板、过滤网、分流器支架分成若干股料

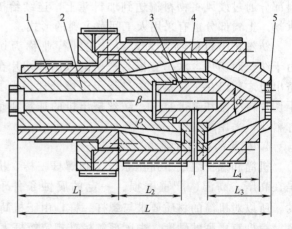

图 6-11　直向式塑料管机头

1—口模；2—芯棒；3—分流器；

4—分流器支架；5—多孔板

流，然后再汇合，最后进入由芯棒和口模形成的环形通道，经一定长度的定径套连续地挤出管材。

直向型机头结构简单，容易制造，但物料经过分流器支架时形成的分流痕迹不易消除。此外，机头较长，结构笨重。这种机头适用于成型硬管和软管聚氯乙烯、聚乙烯、聚酰胺、聚碳酸酯等塑料管材。

图6-12为横向式塑料管机头。其结构特点是内部不设分流器支架，熔体在机头中包围芯棒流动成型，因此只产生一条分流痕迹。这种机头最突出的优点是：挤出机机筒容易接近芯棒上端，芯棒容易被加热；与它配合的冷却装置可以同时对管材的内外径进行冷却定型，所以定型精度较高；流动阻力较小，料流稳定，出料均匀，生产率高，产品质量好。但结构复杂，制造困难，生产占地面积较大。这种类型的机头一般用于成型聚乙烯、聚丙烯等管材。

图6-13为旁侧式塑料管机头。这种机头综合了直向式和横向式机头的优点。在这种机头中，物料经二次改变方向消除了横向机头一次变向所产生的不均匀现象；占地面积比横向式小。但这种机头结构较复杂，挤出成型时料流阻力较大。

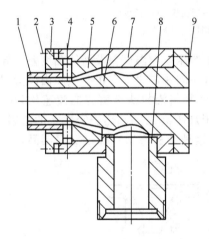

图6-12　横向式塑料管机头

1—口模；2—连接螺栓；3—压环；
4—调节螺钉；5—口模过渡体；
6—芯棒；7—机头过渡体；
8—连接器；9—连接器螺栓

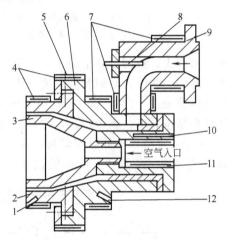

图6-13　旁侧式塑料管机头

1，12—温度计插孔；2—口模；3—芯棒；4，7—电热器；
5—调节螺钉；6—机头过渡体；8—物料测温插孔；
9—连接器；10—高温计插孔；11—芯棒加热器

（2）片状机头　片材机头又称胎面机头和挤板机头，用于挤出轮胎胎面和塑料板材。

图6-14为用于挤出轮胎胎面胶的片状机头结构图。它由上部机头2和下部机头7组成，压型板5安装在机头前端，用楔子3固定，楔子的横压力是受到气筒1的作用而产生的。气筒的杆与楔子相连，楔子由压板4支撑，而压板4用螺栓固定在机头上。为了避免机头磨损，安装了活板6，它用螺钉固定在机头上，活板厚度与压型板5相同，并一起组成总的成型部分。压型板5具有胎面半成品的轮廓，是可以更换的。更换时将压缩空气通入气筒的下部，使楔子3向上移动，然后沿支架11中的销轴10转动气筒1，使楔子3张开，卸下压型板5。为了控制机头温度，机头设有单独的夹套8，以通蒸汽或冷却水。

塑料板材机头结构类型较多，图6-15是其中一种比较常用的塑料板材挤出机头——鱼尾机头。

这种机头型腔呈鱼尾状，熔体从机头中部进入后，呈鱼尾状散开挤出。由于进料处的压

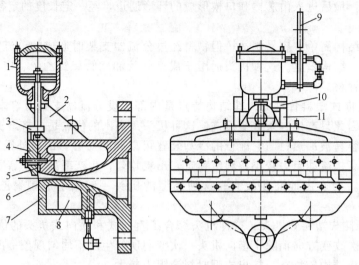

图 6-14　胎面挤出机头

1—气筒；2—上部机头；3—楔子；4—压板；5—压型板；6—活板；
7—下部机头；8—夹套；9—压力表；10—销轴；11—支架

力、速度比两端大，且两端热量损失大，造成中部与两端的压差、温度差及熔体黏度差，导致出料时中间多、两端少，即制品厚度不均匀。为解决这一问题，通常在机头型腔内设置阻流器或阻力调节装置，以增大物料在型腔中部的阻力，使物料沿机头全宽方向流速均匀一致。鱼尾机头结构简单，制造容易，物料易流动，适用于加工高黏度、热稳定性差的塑料，如 PVC、POM，也适用于低黏度塑料，如聚烯烃等。但这种结构不适宜加工宽幅制品，一般用于加工宽 500mm、厚 1～3mm 的板材。

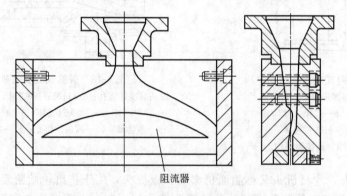

阻流器

图 6-15　挤出塑料板材用的鱼尾机头

（3）纺丝组件　纺丝挤出机的机头称为纺丝组件，它是纤维的成型部件。需要指出的是，橡胶和塑料的成型部件是直接安装在挤出机的机头的，因此挤出模具被称为机头，物料经挤出机熔融后直接进入机头成型，而纤维成型部件——纺丝组件，并不是安装在挤出机的机头，熔体经挤出机挤出后，需经过熔体分配管，由计量泵计量和加压后，才进入纺丝组件。纺丝组件的作用是过滤去除熔体中的杂质，均匀混合熔体，使熔体在一定压力下从喷丝板微孔中均匀地喷成细流，再经吹风冷却作用形成纤维。纺丝组件由喷丝板、扩散板、过滤层、密封垫圈、组件座等组成，为了防止喷丝板在高压下发生形变，在喷丝板的上方还装有一块耐压板。根据所纺纤维的类别不同，熔融纺丝组件通常有短纤维纺丝组件和长丝纺丝组件两大类。

　　短纤维纺丝组件内只有一块喷丝板，喷丝板直径大，喷丝孔多，如图 6-16 所示。过滤层的作用是清除熔体中微小的杂质和粉碎残留在熔体中的气泡等。对于高压纺丝组件，过滤层还有建立高的压力降的作用，熔体流经过滤层产生很大的压力降，使机械能瞬间转化为热

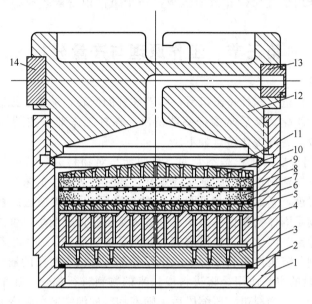

图 6-16　短纤维纺丝组件

1—喷丝板座；2，11—铝垫圈；3—喷丝板；4—耐压板；5—滤网托板；6，8—过滤网；

7—40 目石英砂；9—30 目石英砂；10—分配板；12—压盖；13—熔体进口接头；14—定位块

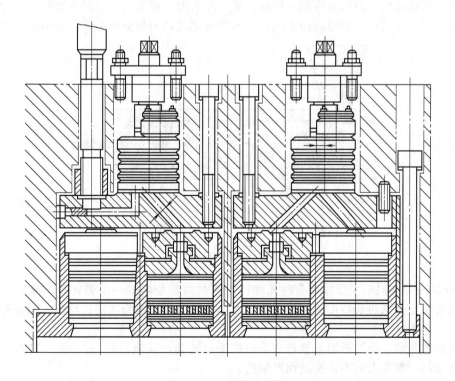

图 6-17　长丝纺丝组件

能，熔体温度均匀上升，从而改善其流变性能提高纤维质量。过滤材料有不锈钢丝网、滤砂和烧结材料（如金属丝、玻璃球、陶瓷和氧化铝物），由于过滤材料的材质和规格不同，其过滤效果也不同。为了提高过滤效果，延长过滤层使用寿命，生产中常用几种不同过滤材料或不同规格的滤网或滤砂组合成多种组分的过滤层。

长丝纺丝组件采用小直径少孔数喷丝板，一个组件内一般装有 2 块、4 块或多块喷丝板，如图 6-17 所示。

第三节　工作原理与产量分析

一、工作原理

固体物料由加料口进入螺杆挤出机后，随着螺杆的回转，被螺纹强制向前推进，逐步被压缩、熔融、混合、均化，最后从螺杆头部挤出。螺杆工作部分按其作用不同，分为进料段、压缩段和计量段。各段工作特点如下。

① 进料段　进料段螺槽体积是不变的。其职能是对物料进行输送、压实和预热。物料在此段是呈固体状态向前输送的。根据实验观察，通常在进料段的末端，与机筒内壁相接触的物料已达到黏流温度，开始熔融（见图 6-18 的迟滞区）。固体输送是整个挤出系统的第一个环节，如果不能满足固体物料输送速率大于或等于熔融速率及熔体输送速率的要求，势必引起挤出系统的不稳定。因此，进料段的核心问题是输送能力。加大进料段螺槽深度、在机筒进料段开纵向沟槽及将机筒进料段加工成锥形等都可强化进料段的输送能力。

② 压缩段　此段的主要作用是将进料段送来的物料进行加热、压缩、排气和熔融。这段的螺槽是压缩型的。当物料进入压缩段后，随着物料的继续向前输送，同时由于螺杆螺槽的逐渐变小以及过滤网、分流板和机头的阻碍作用，物料逐渐形成高压，并进一步被压实。与此同时，物料受到来自机筒的外部加热和螺杆与机筒的强烈搅拌、混合和剪切作用，料温不断升高，熔融物料（或称为液相或熔池）量不断增加，而未熔融的固态物料（或称为固相或固体床）则不断减少，至压缩段末端，物料已全部或绝大部分熔融而转变为黏流态。

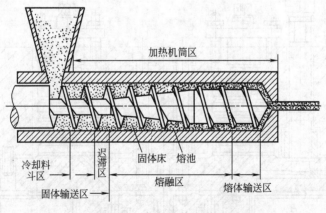

图 6-18　物料的挤出过程

③ 计量段　此段的主要作用是将压缩段送来的熔融物料进一步塑化和均化，并使之定压、定量和恒温地从机头挤出。一般把物料在计量段的流动视为顺流、反流、漏流和环流的综合流动（见图 6-19）。

顺流也称正流，是物料沿着螺槽方向向机头的流动，其流量以 Q_d 表示。它的产生是由于螺杆转动时，螺纹对物料的推动而产生的。

反流又称倒流和逆流，它的方向正好与顺流方向相反，其流量以 Q_p 表示。它的产生是

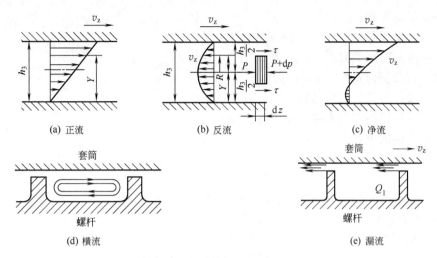

图 6-19 螺杆中熔体的流动

由于机头阻力所致。它引起生产能力的损失。

顺流和反流的矢量和即为净流。

漏流发生在螺杆与机筒间隙之间，也是由于机头对物料的压力引起的，其方向沿螺杆轴向，用 Q_l 表示。它也引起生产能力的损失。不过，由于机筒与螺杆之间的间隙一般很小，故在正常情况下，漏流流量要比顺流和倒流小得多。环流是熔体在与螺槽方向（即顺流方向）相垂直方向的流动，是螺杆转动引起的。环流量对挤出机生产能力无多大影响，而对熔体的混合、搅拌和热交换均有良好效果，因此有利于物料的塑化和均化。

冷喂料橡胶挤出机和塑料挤出机及纺丝挤出机的螺杆喂料段、压缩段及计量段的区分是很明显的，而热喂料橡胶挤出机的三段往往不太明显，原因是胶料在热炼之后，塑性和温度提高了，一旦进入螺槽中很快就黏结在一起受到了压缩，所以往往只有两个明显的区段，即进料段（或压缩段）和计量段。

二、产量分析

（一）产量计算

1. 理论公式

理论公式是在对计量段熔体流动状态的理论分析基础上推导出来的。由于熔体在螺槽中的运动情况很复杂，在不同位置熔体的温度、压力、黏度不同，为了使分析问题简化，作了如下假设：第一，计量段中物料是已完全熔融的等温状态的牛顿流体，它在螺槽中的流动为层流流动；第二，熔体的压力仅仅是沿螺槽方向的函数；第三，熔体不可压缩，其密度不变；第四，螺槽宽度与深度之比大于10；第五，将螺杆和机筒分别展为两个大平面，并设螺杆平面静止而机筒平面以 $V_b = \pi D$ 平移。

在上述假设的基础上推导出的理论公式，挤出量为顺流量、反流量及漏流量的代数和。即：

$$Q = Q_d - Q_p - Q_l$$
$$= \frac{n\pi^2 D^2 h_3 \sin\phi\cos\phi}{2} - \frac{\pi^2 D^2 h_3^3 \sin^2\phi}{12L_3}\left(\frac{\Delta p}{\mu}\right) - \frac{\varepsilon\pi D^2 \delta^3 \tan\phi}{12eL_3}\left(\frac{\Delta p}{\mu}\right) \tag{6-4}$$

式中　D——螺杆直径，m；

　　　n——螺杆转速，r/s；

　　　h_3——计量段螺槽深度，m；

ϕ——螺旋升角；

L_3——计量段长度，m；

δ——螺杆与机筒间隙，m；

e——螺纹轴向宽度，m；

ε——螺杆与机筒之间的偏心率，通常取 $\varepsilon=1.2$；

Δp——计量段始端与末端熔体压差，Pa；

μ——熔体的表观黏度，Pa·s。

2. 经验公式

$$Q=\beta D^3 n \times 10^{-6} \tag{6-5}$$

式中　β——经验出料系数，一般按经验和实测决定（见表 6-6）；

D——螺杆直径，m；

n——螺杆转速，r/min。

表 6-6　螺杆挤出机经验出料系数

橡胶挤出机		塑料挤出机	纺丝挤出机	
压型	滤胶		长丝	短纤维
0.00384	0.00256	0.003~0.007	0.0025~0.0035	0.003~0.0042

3. 按挤出半制品线速度计算

此法系实测法，即在生产中先测得挤出半制品的线速度及纵长 1m 的质量，再按下式计算产量：

$$Q=60vg\alpha \tag{6-6}$$

式中　v——挤出半制品的线速度，m/min；

g——挤出半制品纵长 1m 的质量，kg/m；

α——设备利用系数，$\alpha=0.7~0.85$。

影响挤出半制品线速度的因素很多，与物料成分、性质、半制品的截面形状以及螺杆转速有关，随工艺条件的变动，v 值会有变化。

（二）影响生产能力的因素

1. 螺杆转速

由式 6-4 可见，当其他条件一定时，挤出量与螺杆转速成正比。通过增加转速来提高产量是最简单和有效的方法，但转速的增加是有一定限度的，一是因为转速过高时物料受到过强的剪切作用，易产生过热分解；二是转速的增加使物料在挤出机中流经时间缩短，固相物料来不及充分熔融和均化，从而导致熔体质量下降。此外转速增加，功率消耗也相应增大。

2. 机头压力

挤出机内物料的压力是由进料口开始逐渐升高的，到螺杆末端达到最大值，之后物料通过机头，在机头出口处压力降为 0。一般将螺杆末端压力作为机头压力，用 P 表示。

（1）螺杆特性线　为了讨论方便，对式（6-4）予以简化，令：

$$A=\frac{\pi^2 D^2 h_3 \sin\phi \cos\phi}{2}$$

$$B=\frac{\pi^2 D^2 h_3^3 \sin^2\phi}{12L_3}$$

$$C=\frac{\varepsilon \pi D^2 \delta^3 \tan\phi}{12eL_3}$$

$$P = \Delta p$$

则式（6-4）简化为：

$$Q = An - \frac{(B+C)p}{\mu} \tag{6-7}$$

这里用机头压力 p 代替计量段末端与始端熔体压差 Δp 是有条件的，即认为在计量段开始处压力很小，但实际上计量段始端压力并非很小，故这种简化会给计算带来一定的误差。A、B、C 都是仅与螺杆几何尺寸有关的参数，对于给定螺杆，它们为常数。挤出稳定后，可以认为温度和转速皆不变，因此 Q 和 p 呈直线关系，直线斜率为负值，即图 6-20 中的 AB 线，人们将其称为螺杆的特性线。如螺杆不变，而改变螺杆转速，则得到一组相互平行的螺杆特性线，称为螺杆特性线族。螺杆特性线是挤出机的重要特性线之一，它表示挤出量与机头压力的关系，由图 6-20 可见，随机头压力的升高，挤出量降低，而降低的快慢取决于螺杆特性线的斜率，斜率的绝对值小，表明挤出量对机头压力变化的敏感性小，挤出稳定性好。

（2）机头特性线　上面讨论了螺杆的工作特性。但从螺杆输送来的物料必须通过成型机头挤出才能成为制品，所以讨论挤出机的生产能力还必须考虑到机头的工作情况。熔融物料通过机头口模流动的流率公式可以根据流体力学的层流流动公式推导出来，其简化公式为：

$$Q = \frac{Kp}{\mu} \times 10^{-6} \tag{6-8}$$

式中　K——机头阻力系数，仅与机头几何尺寸有关的常数；

p——机头压力，Pa；

μ——物料的黏度，Pa·s。

式（6-8）为通过原点的直线方程，此直线称为机头特性线，如图 6-20 的 OD 线。

从图 6-20 可见，对机头特性线，p 增加，则 Q 增加，即机头压力越大，从机头挤出的物料量越多；对螺杆特性线，p 增加，漏流和反流增大，则 Q 降低。挤出机的生产能力一方面取决于螺杆特性；另一方面取决于机头特性。但对同一台挤出机而言，在正常工作情况下，从螺杆和机头挤出的物料必定相同，故挤出机的工作点必定是螺杆与机头特性线的交点。

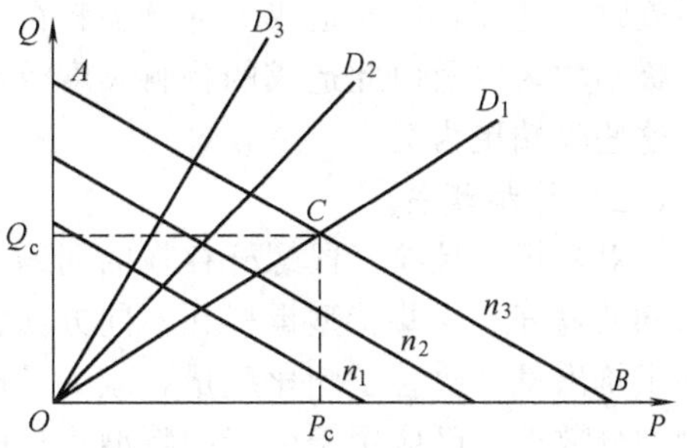

图 6-20　螺杆与机头特性线

3. 螺杆直径

从式（6-4）和式（6-5）可见，产量接近与螺杆直径的平方成正比，这表明直径的少量增加，可使产量大幅度提高，直径的影响甚至远比转速对产量的影响大，因此，在一定条件下，适当地增大螺杆直径是提高挤出机生产能力的一个重要途径。

4. 螺槽深度

在进料段螺槽深度与固体输送能力接近成正比关系。而在计量段，它们的关系较为复杂，由式（6-4）可以看出，顺流量 Q_d 与螺槽深度 h_3 的 1 次方成正比，而反流量与 h_3 的 3 次方成正比，所以，螺槽深度存在一个最佳值，并非越深越好。从式（6-7）还可以看出，h_3 较小的螺杆，螺杆特性线斜率绝对值较小，即螺杆特性较硬，挤出稳定性较好。浅的 h_3，物料受到的剪切作用大，有利于它在计量段的进一步塑化和均化，但过浅的 h_3 可能会引起热敏性物料的分解。

5. 计量段长度

由式（6-4）可见，顺流量与计量段长度 L_3 无关，而反流量及漏流量均与 L_3 成反比，即增大 L_3 可减少反流和漏流的流量，在其他条件相同时，相对地提高了产量。另外，计量段较长的螺杆，其工作特性较硬。

第四节　特型螺杆和排气挤出机

一、特型螺杆

所谓特型螺杆，是相对于常规全螺纹三段螺杆而言的，它是在常规全螺纹三段螺杆基础上发展起来的，目前已得到广泛应用。

（一）常规全螺纹三段螺杆存在的主要问题

固体物料熔融的热源一是来自外加热，二是发生在物料中的剪切热。如果能使固体床在消失之前始终以最大的面积与机筒相接触，则可获得最大的熔融效率。但在常规全螺纹三段螺杆中，在压缩段固体床与熔池同时处于一个螺槽中，随着熔融的进行，熔池不断增宽，固体床逐渐变窄，即固体床与机筒的接触面积不断减小，固体床从机筒吸收的热量相应减少，熔融效率差，因此限制了螺杆转速的提高，使产量难以提高。另一方面，在常规全螺纹三段螺杆中，当固体床宽度减小到它的初始宽度的 1/10 时，物料性质极不稳定，这是由于固体床破裂所致。固体床破裂所形成的固体物料碎片混在已熔融的熔体中，为熔体所包围，形成内部是压实的固体，而外部是熔体的状态。固体碎片不能直接与机筒接触而获得外加热，只能从包围它们的熔体中获得热量，由于熔融聚合物传热性能很差，完全将这些碎片熔融是很困难的，也是很慢的。此外，漂浮在熔体中的固体碎片受到的切应力很小，因此固体物料从剪切中获得的热量也很少。综合这些因素可见，常规全螺纹三段螺杆固体床熔融往往不充分，相反，已熔融的物料由于保持与机筒的接触，仍能从机筒壁和熔膜中的剪切获得热量，使温度继续升高，由此造成一部分物料得不到彻底熔融，另一部分物料则过热，导致温度、塑化极不均匀以及由此造成的物料黏度等不均匀，压力、产量波动大，尤其是在高转速情况下，这些弊端更为突出。

（二）特型螺杆

针对常规全螺纹三段螺杆存在的问题，在大量实验和生产实践的基础上，发展了各种特殊结构的螺杆。这些特型螺杆在不同方面、不同程度上克服了常规全螺纹三段螺杆的缺点，提高了挤出量，改善了塑化质量，减少了产量、压力及温度波动，提高了混合的均匀性和添加物的分散性。已应用于生产的特型螺杆的形式很多，下面介绍几种常见的特型螺杆。

1. 分离型螺杆

设计这类螺杆的指导思想是：改变常规全螺纹三段螺杆在压缩段熔融过程中固液相共存于同一螺槽的状况，将已熔融的物料与未熔融的物料尽早分离，从而促进未熔融的物料更快熔融。这类螺杆的典型代表是 BM 螺杆。

图 6-21 为 BM 螺杆结构示意图。它在压缩段加设了一条副螺纹，其外径小于主螺纹，导程大于主螺纹，在压缩段的始、末端均与主螺纹相交，这样副螺纹后缘与主螺纹推进面所构成的液相槽宽度从窄变宽，直通至螺杆头部，计量段螺纹导程等于副螺纹导程。副螺纹推进面与主螺纹后缘构成的固相槽宽度由宽变窄，它与进料段螺槽相通，在分离段末端结束。固相槽和液相槽的螺槽深度都是从进料段末端螺槽深度 h_1 逐渐变化为计量段螺槽深度 h_3。这样就起到了固液分离的作用，副螺纹与机筒内壁形成的径向间隙 Δ 只能让熔融物料通过而进入液相槽，而一般固体颗粒不能通过而只能留在固相槽中，直接与机筒接触继续受热熔融，这不但保证了熔体质量，而且也提高了熔融速率。另外，副螺纹限制了固体床的自由移动，避免了熔融过程中的破裂，使熔融过程大大稳定，大幅度地降低了温度、压力和挤出量

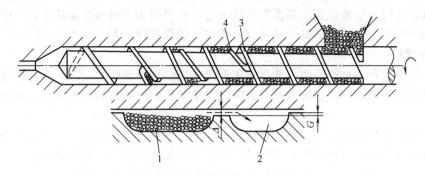

图 6-21　BM 螺杆结构示意图

1—固相槽；2—液相槽；3—主螺纹；4—副螺纹

的波动。

2. 屏障型螺杆

图 6-22 为屏障型螺杆的结构和工作原理。所谓屏障型螺杆就是在螺杆的某部位设立屏障段，使未熔融的固相不能通过，并促使固相熔融的一类螺杆。

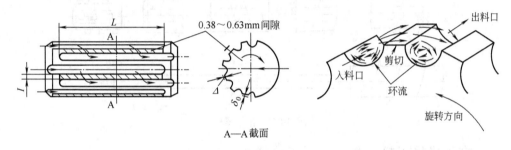

图 6-22　屏障型螺杆的结构和工作原理

图 6-22 是一种常见的直槽屏障型螺杆的屏障段。在该段的圆柱面上等距地开了若干纵向沟槽，分为两组：一组是进料槽，其出口在轴向是封闭的；另一组是出料槽，其入口在轴向是封闭的。工作时，物料由进料槽流入，只有熔融的物料和粒度小于间隙 Δ 的固相碎片才能越过 Δ 而进入出料槽，而粒度大于 Δ 的固相碎片被屏障阻挡，留在进料槽中继续熔融。熔体和小粒度碎片越过 Δ 时，由于料流各层间较大的速度差而受到强烈的剪切作用，得以进一步熔融，进入出料槽的物料在槽中产生涡流而得以混合和均化。屏障型螺杆的产量、质量和单耗等指标都优于常规全螺纹三段螺杆，制造也较容易。它适宜加工聚烯烃类塑料。

3. 分流型螺杆

分流型螺杆是指在螺杆的某一部位设置许多突起部分或沟槽或孔道，将螺槽内的料流分割，以改变其流动状况，促进熔融、增强混炼和均化的一类螺杆，销钉螺杆是一种常见的分流型螺杆（见图 6-23）。

销钉将未熔融的固相物料分离细化，以增加固相和液相的接触面积，加速固相物料的熔融。与此同时，当物料通过销钉时，会因激烈的摩擦和剪切而产生大量的热量，从而大大缩短熔融时间，这样可提高螺杆转速，增加挤出量。同时销钉还可以将熔体充分地分流混合，以减少熔体的温度和压力波动，

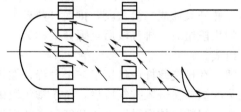

图 6-23　销钉型螺杆

稳定挤出量。销钉的设置位置根据设置目的而定，如果是为了增加熔融速率，一般设在压缩段；如果为了混炼、均化和获得低温挤出，销钉一般设在计量段。

4. 组合螺杆

以上介绍的几种特型螺杆中，分离型螺杆是在压缩段附加螺纹，它只能和原螺杆做成一体，其他形式的特型螺杆多在压缩段末或均化段增设非螺纹形式的各种区段，这些区段被称为螺杆元件。

在发展带有各种螺杆元件的特型螺杆的基础上，出现了组合螺杆。这种螺杆不是一个整体，而是由各种不同职能的螺杆元件组成，改变这些元件的种类、数目和组合顺序，即可得到各种不同特性的螺杆，以适应不同物料和不同制品的加工要求。图 6-24 为一种组合螺杆。它由带进料段的螺杆本体和输送元件、压缩元件、剪切元件、均化元件、混炼元件组成。组合螺杆突破了常规全螺纹三段螺杆的框框，螺杆可以不再是整体的，也可以不再由三段组成。这是螺杆设计的一大进步。它的最大特点是适应性强，专用性也强，易于获得最佳的工作条件，在一定程度上解决了"万能"与"专用"间的矛盾，因此得到越来越广泛的应用。

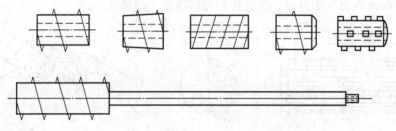

图 6-24　组合螺杆

二、排气式挤出机

在新材料、新工艺不断发展的同时，也出现了各种新型的挤出机。目前，除单螺杆挤压机和双螺杆挤压机外，在塑料挤出生产中，还有排气式挤出机和两级挤出机等。本节对这两种类型挤出机进行了简单介绍。

（一）排气式挤出机

在挤出成型过程中，由于使用的物料往往夹带空气、吸附水分、剩余单体、低沸点的增塑剂及在成型温度下易挥发的低聚物等，如果不予以排除，不仅有碍外观，还影响物理性能和电性能。根据对制品质量的要求，制品最终的含气量通常不得超过 0.2%。

在普通挤出机中，物料带入的水分和气体可在塑化挤压时从进料口溢出，或在挤出前通过对物料进行预干燥除去，这样不仅增加预干燥设备，而且效果不好。实践证明，行之有效的方法是使用排气式挤出机。

1. 排气式挤出机的工作原理

图 6-25 为排气挤出机工作原理图。排气式挤出机的排气主要是在螺杆的减压排气段进行的。螺杆设计成二阶六段，排气口前至加料口称为一阶螺杆，它由加料段、第一压缩段、第一均化段组成。排气段后至螺杆头称为二阶螺杆，它由减压排气段、第二压缩段、第二均化段组成。

塑料在排气螺杆中经历了三个过程，在第一阶中塑料经过压缩加热达到基本塑化状态。塑化了的塑料在进入排气段后，由于排气段螺槽突然加深，加上真空泵的抽吸作用，压力急剧下降，塑料熔体内受压气体和气化了的挥发物在熔体中发泡，并在螺杆的搅拌剪切作用下气泡破裂，逸出的气体从排气口排出。经过排气段的熔体通过第二压缩段和第二均化段进一

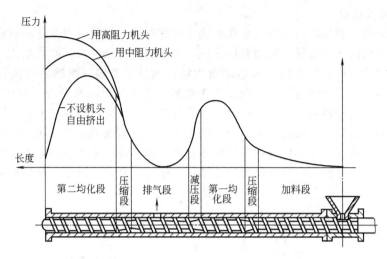

图 6-25 排气挤出机工作原理图

步均匀塑化而挤出机头。

2. 排气式挤出机的类型（见图 6-26）

（1）直接抽气式 它是直接从料筒上的抽气孔抽气的。这种形式结构简单，制造比较容易，加热圈便于在机筒上安装布置，但第一阶的调压装置难以安排。

（2）旁路式 它是在料筒上开设旁路系统，在螺杆上加工反向螺纹，使第一阶基本塑化好的塑料不直接进入排气段，而是在反向螺纹的作用下经过机筒上的旁路进入排气段，这样，在旁路中布置调压阀比较方便。但是，这种形式的结构复杂，制造比较麻烦，而且机筒上的加热圈布置困难。

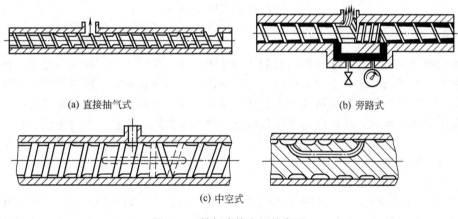

(a) 直接抽气式 (b) 旁路式

(c) 中空式

图 6-26 排气式挤出机的类型

（3）中空式 其螺杆也加工有反向螺纹，它是在第一均化段熔体压力和反螺纹的作用下，使熔料被迫进入螺杆内部通道，然后再进入排气段。在排气段由于突然减压，熔料中的气体从排气口排出。这种形式的螺杆制造困难，适用于大型排气式挤出机。有些国外学者认为排气式挤出的着眼点是质量。由于其工艺条件苛刻，挤出量通常要比同规格的普通螺杆挤出机低，有时甚至仅达到普通挤出机产量的 20%～30%，故在普通挤出机可以满足质量要求的场合，无需特别使用排气式挤出机。

169

（二）两级式挤出机

两级式挤出机可看作由两台单机串联而成。单螺杆挤出机的缺点是在一根螺杆上有加料段、压缩熔融段和均化计量段。对加料段来说，为了容易咬住物料，吃料量大，应该做得螺槽深，但在均化计量段，为了进一步熔融塑化物料和挤出稳定，螺槽必须做得相当浅。这时，大量的物料从加料段经过压缩熔融段输送过来，来不及熔融和混合，就进入到机头中，或者在浅槽的计量段物料由于切应力过大而发热分解。要在同一根螺杆上同时顾及各段的要求是比较困难的。同样，机筒也只有一个，既要冷却，又要加热，也不能获得理想的效果。国外虽然对单螺杆挤出机的螺杆结构做了许多研究工作，设计出各种高效混炼螺杆，但结果认为，为提高单螺杆性能而进行的种种混炼结构的研究终究有个限度，最理想的方法还是采用一种全新的工艺——组合型两级挤出（见图6-27）。

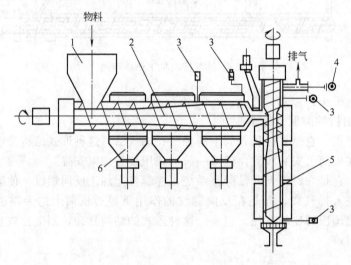

图 6-27　两级式挤出机结构

1—加料斗；2——级螺杆；3—压力表；4—真空表；5—二级螺杆；6—冷却风机

两步法挤出是将一台单螺杆挤出机的功能分担在两台挤出机上，被认为是螺杆挤出技术的一大进步，是挤出工艺一个带方向性的改进。两级式挤出机的第一级与第二级相比，其螺杆直径较大，并且有较深的螺槽和较大的加热功率。这一级的主要作用是输送物料和物料的塑炼，即经过第一级后，物料已达半熔融状态。第二级的螺杆直径、螺槽深度及加热功率均小于第一级，而转速则比第一级高。第二级的作用是将第一级送来的物料进一步塑化、均化，并完成挤出成型。

两级式挤出机的优点如下。

① 分离螺杆的功能，使每根螺杆能发挥最大的功效。两步法挤出的第一台挤出机螺杆设计成专用于加料输送和压缩熔融的结构，第二台挤出机螺杆设计成专用熔融计量和挤出。

② 由于功能的分离，大大增加了工艺控制的自由度。

③ 能用高速挤出。既然物料在第一台中已经达到半熔融状态，第二台就可以实现高速，故两步法挤出机也被称为两步法高速挤出机。

④ 能实现稳定的排气挤出。两步法挤出由于采用两台独立的挤出机，很容易平衡它们的挤出量。

⑤ 能量损耗小。

⑥ 螺杆长径比小，制造方便，磨损后容易更换。

⑦ 物料更换时浪费小，操作容易。

⑧ 能赋予第二台挤出机特殊功能。

第五节 挤出联动线

一、橡胶挤出联动线

图 6-28 是国内使用较多的胎面挤出联动装置。挤出机 1 挤出胎冠，挤出机 2 挤出两条胎侧，由接取运输装置 4 将胎冠和胎侧粘成一体，并由打号装置在胎面上打上规定的标记。带式自动秤 5 能够在运输胎面过程中连续测量和指示胎面的单位长度和质量偏差。经过检测打号的胎面进入冷却装置 7 进行浸泡冷却。胎面经冷却装置冷却吹干后，在进入定长裁断装置之前，用刷毛装置 8 内高速转动的钢丝轮将胎面底部刷毛，以提高胎面与胎身的黏着力。裁断装置 9 是由摆轮式调速器、运输带、测长装置、切刀等部分组成。胎面进入裁断运输带时，运输带快速运行，刷毛装置 8 和裁断装置 9 之间积蓄的胎面逐渐减少，摆辊被胎面抬起，经链条带动调速器转动，使切割运输带速度逐渐减慢，直到与冷却装置 7、刷毛装置 8 的速度相等为止。当胎面输送到一定的长度，测长装置上的碰块触及到第一个限位开关，切割运输带由快速运行变为慢速定长，当达到规定长度时，碰块触及第二个限位开关，运输带立即停止运行，裁断装置的切刀电动机和横向走刀电动机起动，将胎面裁断，直到行程结束。从刷毛装置送来的胎面，在裁断胎面时，储存在裁断装置 9 之前，准备下一次裁断，裁断运输的间隙运行与刷毛装置的连续运行之间靠摆辊式调速器调节速度。裁断后的胎面由链式运输装置 10 高速运走，并用压缩空气吹去胎面上的水珠，然后进入辊道秤 11 上，检查每条胎面的实际质量。在辊道秤辊子间的缝隙中，装有棚板状的胎面取出装置 12，由气缸传动。称重后的胎面由胎面取出装置 12 翻落到存放板上。

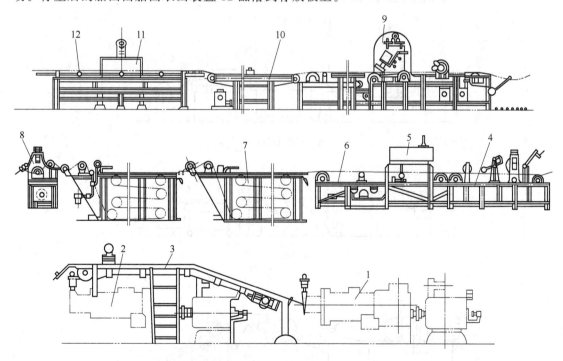

图 6-28 胎面挤出联动线

1，2—挤出机；3—过桥部分；4—接取运输装置；5—带式自动秤；6—自动运输装置；7—冷却装置；
8—刷毛装置；9—裁断装置；10—链式运输装置；11—辊道秤；12—胎面取出装置

二、塑料挤出机组

一套塑料挤出成型设备又称为塑料挤出机组，通常由挤出机（又称主机）、机头、辅机及控制系统组成。挤出机具有通用性，挤出成型辅机却是专用的，用一台挤出机配以不同的机头和辅机就能生产出不同的制品。辅机的作用是将自机头连续挤出已获得一定形状和尺寸的塑料连续体进行定型，使其尺寸固定下来，达到一定的表面质量，并经一定的工序最后成为可供应用的塑料制品或半成品。辅机的性能对产品的质量和生产率有重要影响，在某些情况下甚至成为关键。例如，冷却能力不足，往往使主机的生产能力得不到充分发挥，影响了生产率的提高；冷却不均匀会使薄膜厚薄不均匀，或使结晶颗粒大小不一，而造成薄膜透明度不均匀；牵伸速度不稳定会造成制品表面波纹等。

根据生产的制品种类辅机可分为：挤管辅机、挤板辅机、挤膜辅机、吹塑薄膜辅机、吹塑中空制品辅机、涂层辅机、电线电缆包层辅机、拉丝辅机、薄膜双轴拉伸辅机、造粒辅机等。尽管辅机种类很多，组成复杂，但一般辅机都包括五个基本部分，即定型、冷却、牵伸、切割、卷取（或堆放），除此之外，根据不同制品的需要，还设计了一些其他装置或机构，例如，薄膜和电缆辅机的张力调整机构，涂覆前的预热装置，管径及薄膜厚薄的自动控制装置等（见图 6-29）。

除了以上五个基本组成部分外，根据不同制品的要求，还可以加入其他组成部分。下面

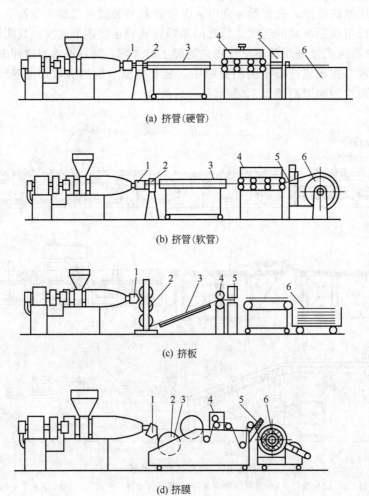

(a) 挤管（硬管）

(b) 挤管（软管）

(c) 挤板

(d) 挤膜

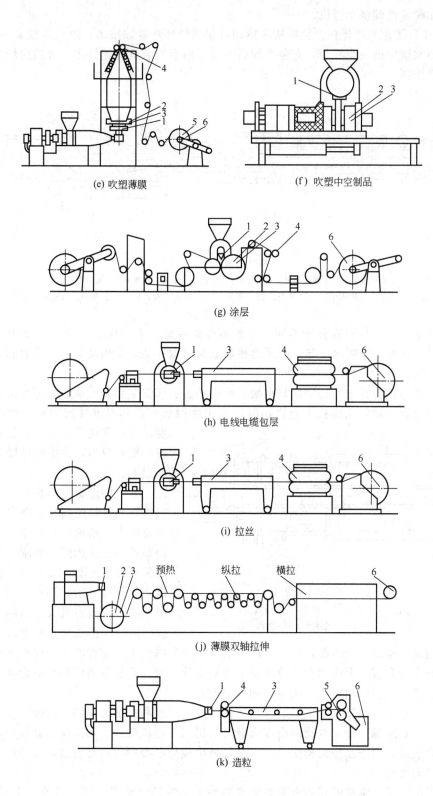

(e) 吹塑薄膜

(f) 吹塑中空制品

(g) 涂层

(h) 电线电缆包层

(i) 拉丝

(j) 薄膜双轴拉伸

(k) 造粒

图 6-29　塑料挤出机组的工艺流程图

1—机头；2—定型；3—冷却；4—牵引；5—切割；6—卷取（或堆放）

介绍的是几种常见的挤出辅机。

图 6-30 为硬管生产装置。物料从芯棒和口模间的环形缝隙挤出，进入定径套冷却定型，然后在冷却水槽中进一步冷却，充分冷却后的管子由牵引装置匀速拉出，最后由切割装置按规定的长度切断。

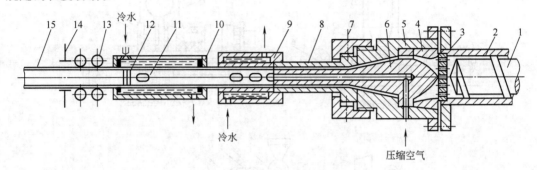

图 6-30　硬管生产装置

1—螺杆；2—机筒；3—多孔板；4—接口套；5—机头体；6—芯棒；7—调节螺钉；8—口模；
9—定径套；10—冷却水槽；11—链条；12—塞子；13—牵引装置；14—夹紧切割装置；15—塑料管

软管的生产过程与硬管有所不同，一般不设定径套，而靠压入压缩空气来维持一定形状，也可以自然冷却或喷淋冷却，采用运输带或靠自重来达到牵引的目的，由收卷盘卷绕成一定量时切断。

硬管生产辅机包括定径套、冷却水槽、牵引装置、切割装置和收取装置五个部分。

（1）定径套　物料从机头中被挤出时还处于熔融状态，其温度接近塑料的塑化成型温度，这种管坯必须立即进行定径和冷却，使其定型，并把温度降到硬化温度以下。

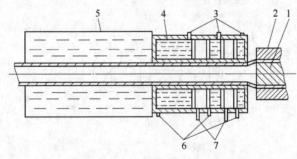

图 6-31　挤出管材定径法

1—芯棒；2—口模；3—排水管；4—真空定
径套；5—水槽；6—进水孔；7—抽真空孔

管子的定型主要是定外径，由于塑料挤出管材的内径和壁厚尺寸一般不要求十分精确，外径定好以后，内径和壁厚也就达到了要求。外径定型法采用外定径套，有内压定径和真空定径（见图6-31）两种。内压法的塞子用链条拉紧在机头芯模端面，压缩空气由分流梭支架径向通入，经芯模中心孔吹到待定径的管子内壁，将管子压紧到定径套的内壁上。定径套夹套中通水冷却。真空定径法的定径套有一个或两个区段在整个圆周上抽真空，将管坯吸贴到冷的定径套壁而定型。内压法操作比较麻烦，真空法需要抽真空设备。

（2）冷却水槽　经过定径以后的管子还比较热，硬度和强度也不够，因此需要进一步冷却到基本上接近常温。冷却水槽的高度应该与挤出机中心高相配，通常做成高度可调式，水槽长度没有规定。冷却水槽结构简单，大多数挤出成型厂都可以自己制造。水槽两端管子进入口和出口要密封。

（3）牵引装置　常见的硬管牵引装置有两种。一种是滚轮牵引机，滚轮上下对称排列，一般由2～5对组成。下轮为钢制主动轮，位置固定。上轮为从动轮，外面包覆橡胶，可以用手轮调节对管子的压紧程度。滚轮的曲率半径通常做得较大，以适应多种直径管子的牵引。轮子与管子外径呈线接触，再加上滚轮数量有限，因此滚轮牵引机的牵引力较小，一般用来牵引不大于 100mm 直径的管材。另一类牵引机称为履带牵引机，履带通常用三条，分别以 120°角均匀布置。小管子的履带牵引机也有用两条履带的，履带上面嵌有紧密排列的橡胶夹紧块，它们做成凹形或压出一定的花纹以增加与管子的摩擦力。三条履带同时调节离圆心的距离，调距机构有液压式、气压式、机械式和手动式四种。履带牵引机压紧力大而均匀，所以牵引力也大，最大牵引力可以达数吨，适宜于大管子和薄壁管子的牵引。

牵引装置一般应满足下面三点要求。

① 要能适应夹紧多种管径的需要。

② 夹紧力要大，压紧均匀，而且能调节，牵引过程不打滑跳动。

③ 可以在一定范围内平滑地调节速度，以便同挤出速度配合，并且用调节牵引速度的方法来控制管径。同时，牵引速度一经调妥，应保持稳定。

上面介绍的两种常见牵引装置都配有无级变速器，可以在牵引过程中平滑调速。

（4）切割装置　硬管切割装置都用圆锯片。目前有两种切割机，对中、小型管子（一般直径不大于 200mm）用摆臂圆盘切割机；对于大管子的切割，则用行星圆盘切割机。在连续挤出过程中，切割时管子仍不停地被挤出，因此在切割机夹紧管子、摇摆下锯片开始进行切割到切割完毕放开管子的整个过程中，切割机应该轻松地被管子推着前移，放开管子后能自动退回原位。

切割机是挤出成型设备中噪声最大的机器，达 100dB 以上，在切割过程中还有切屑飞扬，因此要重视其环境保护。

（5）收取装置　硬管的收取装置是一个架子，可以自动将管子翻下落到制品堆中，然后等待检验包装入库或发运。软管的牵引辅机同硬管有许多不同之处，视软管的"软"度和直径而定。有些不必用定径套定型，只需冷却定型；有些可以用硬管牵引机牵引，也有不少场合不用切割而直接卷绕成制品卷。

图 6-32 是吹塑薄膜装置示意图。吹塑薄膜生产过程为：熔体从机头环形缝隙挤出，成圆筒状膜管，从机头通入压缩空气将膜管横向吹胀，然后进入牵伸辊，得到纵向牵伸，并经冷却风环吹出的空气冷却定型。充分冷却后的膜管被人字板压叠成双折薄膜，通过牵引辊以恒定的线速度进入卷取装置，卷取到一定量时，进行切割，成为膜卷。

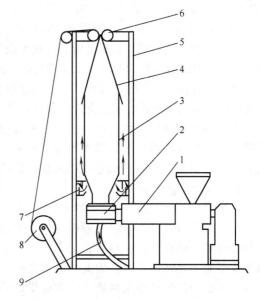

吹塑薄膜辅机包括冷却定型装置、牵引装置和卷取切割装置三部分。

（1）冷却定型装置　不论上吹、平吹还是下吹制造薄膜，刚从环隙机头出来的薄膜膜管还处于塑性流动温度，必须立即冷却定型。冷却定型装置的结构和工作性能直接影响薄膜的质量（厚度及其均匀度、透明度和表面质量）和吹塑的生产能力。按照冷却部位，冷却定型装置大致可以分为膜管外表面冷却和膜管内表面冷却两种。国外则普遍采用内外同时冷却系统，进行高效能、高质量的挤出吹塑生产。按照冷却介质分，冷却定型装置可分为风冷和水

图 6-32　吹塑薄膜装置示意图
1—挤出机；2—机头；3—膜管；4—人字板；5—牵引架；6—牵引辊；7—风环；8—卷取辊；9—进气管

冷两种。中国目前最常见的是采用普通风环的外部冷却装置。普通风环的安装可以直接与机头相连，也可以与之保持适当的距离（一般为 30～100mm），视物料的加工性能而定。距离的大小和冷却速度对薄膜的透明度和粗糙度有直接影响。

普通风环的结构有多种，除普通风环外，还有许多其他的风环，如旋转风环、多出口风环、具有导向管的风环、真空室风环等。

水冷却装置是一个水冷夹套，套在膜管外面。冷却水在夹套内壁和膜管之间流过，直接与膜管接触而冷却膜管，所以冷却效果比风冷好。但是一种规格水冷却装置只适用于某一种规格的膜管，其适应性没有风冷式强。

（2）牵引装置　牵引装置由人字板（架）、夹紧牵引辊及其传动装置、导向辊和机架四部分组成。

① 人字板（架）　人字板（架）有稳定膜管、逐渐将圆筒形的膜管折叠成双层平面状薄膜及进一步冷却膜管三个作用。人字板（架）的种类有导辊式（由多对导辊组成人字架）、硬木夹板式和抛光的不锈钢夹板式。

② 牵引辊　牵引辊的作用在于牵引拉伸膜管，使挤出物料的速度与牵引的速度有一定的比值，即产生牵伸比，从而达到薄膜所应有的纵向强度（横向强度依靠吹胀获得）。调节牵张度还可以控制薄膜的厚度，并使膜管成为折叠的平面状。通过牵引辊的夹紧可防止膜管漏气以保证恒定的吹胀比，所以有时也称为夹紧牵引辊。牵引辊为一对细长的辊筒（直径通常为 150mm，长度根据吹塑的膜管尺寸决定），一只辊是镀铬的钢辊，为主动辊，用无级变速器变速；另一只辊外包橡胶，为从动辊，靠弹簧压紧在下辊上，用来夹紧薄膜。

③ 导向辊　导向辊安装在牵引装置的机架上，其作用在于薄膜卷取前展平薄膜、调整折膜位置、稳定卷取速度、保证膜卷边部整齐以及防止薄膜皱褶。导向辊大多是铝制辊筒或镀铬辊筒，直径为 50mm 左右。导向辊的数量和排置方式视具体生产而定。

④ 机架　人字板（架）、牵引装置及其传动装置、导向辊等都安装在机架上，组成一台整理牵引机。机架用角钢或槽钢焊接而成，上吹、平吹和下吹三种吹塑方式所配用的牵引机（包括机架）的结构形式不同。就外形来说，上吹法所需机架最高，通常需要在其上部设置操作平台，用爬梯上下，以便调节、修理牵引辊和人字板。

（3）卷取切割装置　双折的薄膜经过多道导向辊以后，送向卷取机成卷。薄膜很少采用折叠式装箱。对卷取装置的要求是松紧均匀，边缘整齐。所以卷取装置必须具有卷取速度的自调节能力，随着卷筒直径的增大而自动减慢卷取辊转速，使得薄膜的张紧度和线速度保持不变。最常用的自动调速方式是摩擦盘式，利用摩擦打滑的方式保持薄膜以恒定的线速度上卷。

薄膜的切割分横切和切边。横切有锯齿刀式和闸刀式等几种，最简单的方式是人工用刀裁剪。切边视需要而定，如果折膜用于制袋，则不能切边；如果需要使用单层薄膜，则必须裁开或双边切开，然后再展卷或用两台卷取机分别卷取成卷。

三、纺丝联合机

由挤出机挤出的高聚物熔体同样需要经过机头及辅机才能制成纤维制品或半成品。化纤行业把成型机头称为纺丝组件或喷丝头，辅机包括冷却装置、纺丝甬道、上油装置、导丝辊及卷绕机等。螺杆挤出机尽管也能定压定量挤出熔体，但其定量的准确性及所能提供的压力值远远不能满足纺丝要求，因此，熔体自挤出机挤出后不是像橡胶和塑料熔体那样直接进入机头，而必须先经计量泵精确计量和提供足够的压力，以保证熔体克服纺丝组件的阻力，从喷丝孔喷出。通常一台挤出机可同时为几个组件提供纺丝熔体，这些组件和计量泵安装在同一个纺丝箱体中进行保温，其热媒为联苯和联苯醚。熔体自喷丝孔喷出后，经吹风冷却成为纤维，冷却风由空调系统提供。现代纺丝的卷绕速度甚至高达 8000m/min，所以对卷绕机

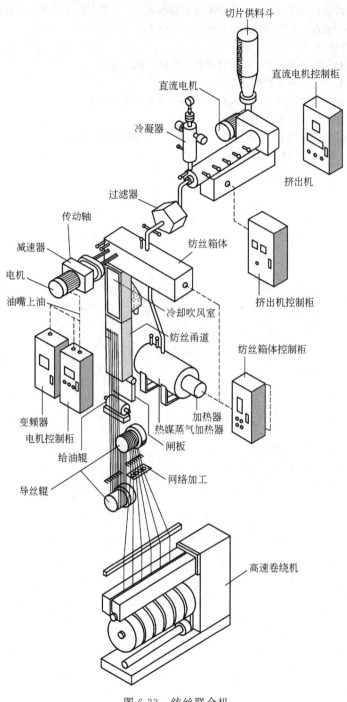

切片供料斗

直流电机控制柜

直流电机

冷凝器

挤出机

过滤器

传动轴

减速器

纺丝箱体

电机

挤出机控制柜

油嘴上油

冷却吹风室

纺丝甬道

纺丝箱体控制柜

变频器

电机控制柜

给油辊

热媒蒸气加热器

加热器

闸板

导丝辊

网络加工

高速卷绕机

图 6-33　纺丝联合机

的设计、制造、安装及材质等都有非常高的要求。

图 6-33 为纺丝联合机示意图。

习　　题

1. 螺杆挤出机由哪几部分组成？各部分的作用是什么？
2. 螺杆有哪些几何参数？其值的大小对挤出机性能有何影响？

3. 挤出机传动系统的作用是什么？对传动系统有哪些要求？可采用哪些传动方式来满足这些要求？

4. 挤出机螺杆分为几段？各段的结构形式和作用是什么？

5. 什么是螺杆特性线？

6. 影响挤出机产量的因素有哪些？如何计算挤出机的产量？

7. 机筒有哪些结构形式？各有什么特点？

8. 橡胶挤出机、塑料挤出机及纺丝挤出机的加热冷却系统有何区别？

9. 特型螺杆有哪些类型？各有什么特点？

10. 橡胶、塑料及纺丝挤出联动线各包括哪些主要设备？各自的职能是什么？

11. 试比较橡胶、塑料、纺丝挤出机的异同。

第七章　注射成型机

第一节　概　述

注射成型机简称注射机，是将各种热塑性塑料、热固性塑料或橡胶制成各种制件的主要成型设备。1932 年德国 FRANEBRAUN 厂制造出全自动柱塞式卧式注射机，随着高分子工业的发展，注射成型工艺和注射成型机也得到不断的改进与发展。1948 年在注射成型机上开始使用螺杆塑化装置，并于 1956 年制造出世界上第一台往复螺杆式注射机，这是注射成型工艺技术的重大突破，从而使更多的高分子材料制品采用比较经济的注射成型法进行加工，有力地促进了高分子材料加工工业和高分子材料加工机械的发展。

注射成型是一种以高速高压将高聚物熔体注入到已闭合的模具型腔内，经冷却定型或在给定的温度下成型硫化，得到与模腔相对应的制品的成型方法。它具有如下特点：①能一次成型出外形复杂、尺寸精确或带有嵌件的制品；②加工适应性强，几乎能加工所有热塑性塑料和某些热固性塑料或橡胶；③生产效率高，易于实现自动化生产等。所以注射成型技术及其注射成型机得到极为广泛的应用，成为高分子材料加工工业和塑料橡胶成型机械中的一个重要组成部分。目前世界上约 30% 的塑料用注射机成型，注射机的产量占整个塑料机械产量的 50% 以上，个别国家甚至高达 70%～80%，成为目前塑料机械生产中增长最快，品种、规格、生产数量最多的机种之一。

1958 年中国生产出第一台液压传动的全自动柱塞式注射机，1965 年中国自行设计的 XS-ZY125 螺杆式注射机问世。1977 年又设计制造出注射量为 32000cm³（合模力 35000kN）的大型注射机。目前，中国注射机规格已成系列，品种逐渐齐全，部分注射机设计、制造技术已接近或达到国际先进水平。

一、用途与分类

在塑料成型中，除了管、棒、板、膜等连续型材不能用此法生产外，其他各种形状的制品均可以用注射机生产。它不但可以用于一般塑料的成型，也可用于复合材料、增强塑料及泡沫塑料的成型，与吹塑设备结合后可完成中空制品的注射-吹塑成型。

注射成型用于橡胶制品加工通常称为注压。目前主要用于生产鞋类和模型制品，如密封圈、带金属骨架或纤维增强的模型制品、减震垫、空气弹簧等，也可用于注射机动车用轮胎。

随着注射机的发展，类型日益增多。一般按以下几种方法分类。

1. 按排列的形式分类

（1）卧式注射机　卧式注射机的螺杆轴线和合模装置的运动轴线呈一线水平排列［见图 7-1（a）］。其优点是：成型后顶出的制品可以利用其自重而自动落下，容易实现自动操作，机身低，稳定性好，有利于操作和维修。所以卧式注射机应用广泛，对大、中、小型机都适用，是目前国内外注射机的最基本形式，其缺点主要是占地面积大，模具安装较麻烦，嵌件易倾斜下落。

（2）立式注射机　立式注射机的螺杆轴线与合模装置的运动轴线呈一线并垂直排列［见图 7-1（b）］，为了操作方便，通常是注射装置在上面，模具在下面。这种结构占地面积小，模具装拆方便，成型制品的嵌件易于安放。但由于直立式结构，再加上注射机本身在外形上

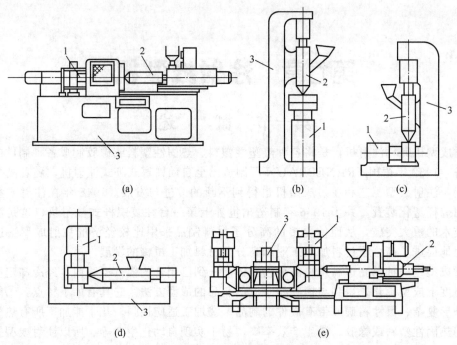

图 7-1 注射机的类型
1—合模装置；2—注射装置；3—机架

的特点，使注射合模方向尺寸大而横向尺寸小，所以立式注射机的结构稳定性差，机构受力也不合理；制品需要人工取出，难以实现自动化操作。目前这种类型注射机主要用于注射量在 $60cm^3$ 以下的小型注射机上。

（3）角式注射机（L型） 角式注射机的螺杆轴线和合模装置运动轴线相互成垂直排列 [见图 7-1 （c）、（d）]，其优点介于卧式、立式两种注射机之间，使用也比较普遍，在大、中、小型注射机中都有应用。它特别适合于成型中心部位不允许留有浇口痕迹的制品。因为使用卧式或立式注射机成型这种制品时，模具必须设计成多或偏至一边的型腔。但是这经常受到注射机模板尺寸的限制或导致模具压力中心不对中的弊病。使用角式注射机成型这种制品时，由于熔料是经模具的分型面进入型腔，因此不存在上述问题。

（4）多模注射机 多模注射机是一种多工位操作的特殊注射机。根据注射量和注射机的用途，多模注射机也可将注射装置与合模装置进行多种多样的排列 [见图 7-1 （e）]。其特点是合模装置采用转盘式结构，模具围绕转轴转动，这样可以充分发挥注射装置的塑化能力，缩短生产周期，因此特别适合于冷却定型时间长或因安放嵌件而需较长辅助时间，或成型两种及两种以上颜色的大批量塑料制品的生产。

2. 按塑化方式和注射方式分类

按塑化方式和注射方式分类，可分为柱塞式、螺杆式和螺杆塑化柱塞注射式注射机。

（1）柱塞式注射机 通过柱塞依次将落入料筒的颗粒状物料推向料筒前端的塑化室，依靠料筒外加热器提供的热量使物料塑化，然后，呈黏流态的物料被柱塞注射到模腔中去。

（2）螺杆式注射机 物料的熔融塑化以及注射是由螺杆完成的。它是目前产量最大、使用最广泛的注射机。

（3）螺杆塑化柱塞注射式注射机 物料的塑化靠螺杆进行，塑化好的物料通过一个止回阀进入第二个料筒，熔料在柱塞的作用下被注射到模具型腔中去。

二、注射机的组成

通用注射机主要包括下列部件（见图 7-2）。

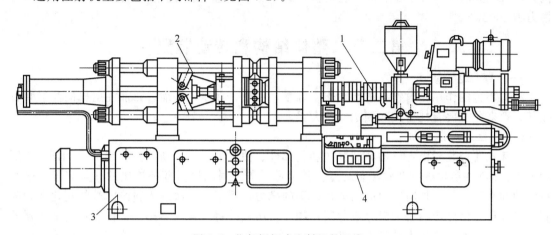

图 7-2　往复螺杆式注射机的组成

1—注射装置；2—合模装置；3—液压传动系统；4—电气控制系统

1. 注射装置

注射装置的作用是塑化、熔融塑料并将其定量地注入模具型腔内。它应具有塑化良好、计量精确的性能，并且在注射时对熔料能够提供足够的压力和速度。注射装置一般由塑化部件（机筒、螺杆、喷嘴等）、加料斗、计量装置、螺杆传动装置、注射和移动油缸等组成。

2. 合模装置

合模装置是启闭模具、锁紧模具和顶出制品的部件。由模板、拉杆、合模油缸、移模油缸、连杆机构、调模装置及制品顶出机构等组成。

3. 液压传动和控制系统

液压传动和控制系统是为了保证注射成型机按工艺过程预定的要求（压力、速度、温度、时间）和动作程序，准确无误地进行工作而设置的动力系统和控制系统。液压部分主要有动力油泵、方向阀、流量阀及压力控制阀、各种油管、油箱及附属装置等部分。因为注射成型工艺过程阶段多、动作多，所以注射机的控制系统在所有塑料成型加工机械中最复杂。现代注射机广泛采用电脑控制，控制的主要参数有塑化部件的温度，注射部件的注射压力、注射速度、注射时间和注射行程，合模装置的行程，模具的加热或冷却温度，顶出动作等。

三、注射机规格表示

注射机规格的表示方法主要有下列三种。

1. 以注射容积表示

采用 80% 的理论注射容积（即称为标称注射容积）为注射机的注射量，并以此作为注射机的主要参数。例如，XS-ZY500，S 表示塑料，X 表示成型机，Y 表示螺杆式，Z 表示注射机，500 代表注射机标称注射容积为 $500cm^3$。目前已很少使用此法表示。

2. 以合模力表示

以注射机合模力（kN）表示注射机规格。此法表示的数值不会受其他条件改变而变动，因此用此法表示，比较简便、直观，故广为采用。但是，仅用合模力一项表示注射机规格就不够全面，而推荐使用合模力与注射容积共同表示。

3. 以注射容积与合模力共同表示法

注射容积与合模力是从成型制品质量与成型面积两个主要方面表示注射机的加工能力，

因此比较全面、合理。中国 ZBG 标准规定以理论注射容积和合模力共同表示注射机规格。例如，SZ-200/1000，SZ 表示塑料注射机，200 表示理论注射容积为 200cm³，1000 表示合模力为 1000kN。

第二节　整体结构和传动装置

一、整体结构

注射装置的作用是对物料进行预塑、计量、注射、保压、补缩。目前注射机的注射装置按其原理来分主要有柱塞式和预塑式两大类。

（一）柱塞式注射机

柱塞式注射装置由定量加料装置、塑化部件、注射油缸、移动油缸等组成。如图 7-3 所示为 XS-Z60 注射机的柱塞式注射装置。粒料通过与注射油缸活塞相连接的计量装置，落入料筒的加料室。投入加料室内的物料在柱塞的推力作用下，依次进入料筒前端的塑化室。为利于热传导，由分流梭将物料分成薄层，物料被压实并将所含气体排出，依靠料筒加热器的加热，使物料逐步实现由玻璃态到黏流态的物态变化。而在料筒前端（喷嘴端）已成黏流状的熔料，则被注射到模腔内。

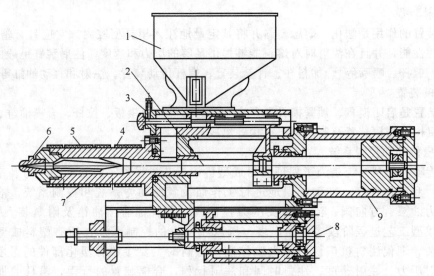

图 7-3　柱塞式注射机

1—加料斗；2—注射活塞；3—加料装置；4—分流梭；5—加热器；
6—喷嘴；7—料筒；8—移动油缸；9—注射油缸

对于柱塞式注射装置，物料在料筒内所需的塑化能，主要由料筒加热器以热传导的方式供给。这就使料筒内的物料形成一定的温度梯度。另外，高聚物是热的不良导体，同时它在料筒内的运动状态似层状流动，形成了物料表层（料筒壁处）与物料芯层之间存在较大的温差，这就造成温度不均匀和塑化不良，引起塑料收缩、定向和结晶程度上的差异使成型的制品存在较大的内应力。又因在注射时，柱塞除了要提供将熔料注入模腔所必需的压力，还要克服未熔料柱部分的阻力，所以柱塞式压力损失大。柱塞式注射装置的主要特点如下。

① 塑化均一性差，提高料筒的塑化能力受到限制，从而限制了注射机注射量的提高。这对加工物料的范围、提高制品质量以及扩大加工能力都有影响。柱塞式注射机的注射量一般在 300g 以下。

② 注射压力损失大，需要消耗较大的注射功。这是因为粒状物料在柱塞的推力作用下，

首先被压实成柱，然后被分流梭分开成薄层，物料进一步受到压缩，要有一定的压力损失。另外物料熔融前后流经料筒、分流梭、喷嘴时要克服一定的阻力，也要损失一部分压力，到喷嘴处熔料所具有的压力仅为柱塞所施加压力的 30%～50%。柱塞式所用注射压力，一般需要 140～180MPa；对加工高黏度塑料，压力将高于 200MPa。

③ 不易提供稳定的工艺条件。柱塞在注射时，首先对加入料筒加料室内物料进行预压缩，然后才将压力传递到塑化室内熔料上，并将头部的熔料注入模腔。因此，注射柱塞即使等速移动，但熔料的充模速度却是先慢而后快，这样就直接影响到熔料在模内的流动状况及制品质量。

④ 清洗料筒比较困难。

⑤ 结构简单，在注射量较小时，仍不失其应用价值。

（二）预塑式注射机

对物料的塑化和熔料注射分开进行的注射装置，统称预塑式注射机。该机在注射前先将已塑化的一定量的熔料存放到料筒前端（又称储料室），然后再由柱塞（或螺杆）将储存的熔料注入模腔。

根据预塑化和排列方式上的差异，预塑化注射装置可分为表 7-1 所列的几种主要形式。其基本型有双阶柱塞式、螺杆柱塞式、往复螺杆式三种。

表 7-1 预塑式注射装置的形式

1. 双阶柱塞式

双阶柱塞式注射装置（见图 7-4）是相当于两个柱塞式注射装置串接而成，它首先将物料经预塑料筒塑化后送入注射料筒，然后再由注射柱塞将熔料注入模腔。这种形式虽然在一定程度上改善了原柱塞式注射装置的性能。例如可以做到：计量比较准确；工艺比较稳定；提高注射机的生产率等。但是这种形式，在扩大机器的加工能力等方面仍受到一定的限制。因此，目前应用得比较少，主要用在小型或超小型高速注射装置上。

2. 螺杆柱塞式

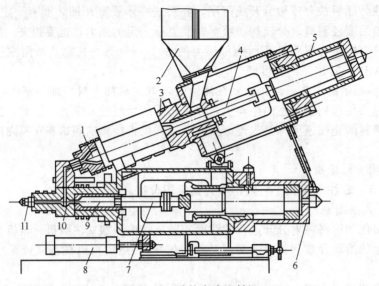

图 7-4 双阶柱塞式注射机

1—分流梭；2—加料斗；3—预塑料筒；4—预塑柱塞；5—预塑油缸；6—注射油缸；
7—注射柱塞；8—整体移动油缸；9—注射料筒；10—三通转阀；11—喷嘴

螺杆柱塞式注射装置（见图 7-5），相当于在原柱塞式注射装置上，装上了一台仅作塑化用的单螺杆挤出供料装置。物料首先通过单螺杆预塑装置进行塑化，然后经单向阀而进入注射料筒。当供料量达到计量值时，塑化螺杆停转，注射柱塞即行注射。由于此形式采用无轴向移动的螺杆进行塑化，除塑化能力高之外，还因物料都是经过螺杆的全部螺纹进行塑化，塑化后的熔料所经过的热历程基本相同，所以熔料的轴向温差小，性能稳定。因此，此形式可提高机器的注射量，而且计量精确，可实现非常高的注射压力，注射时的速度和压力比较稳定。

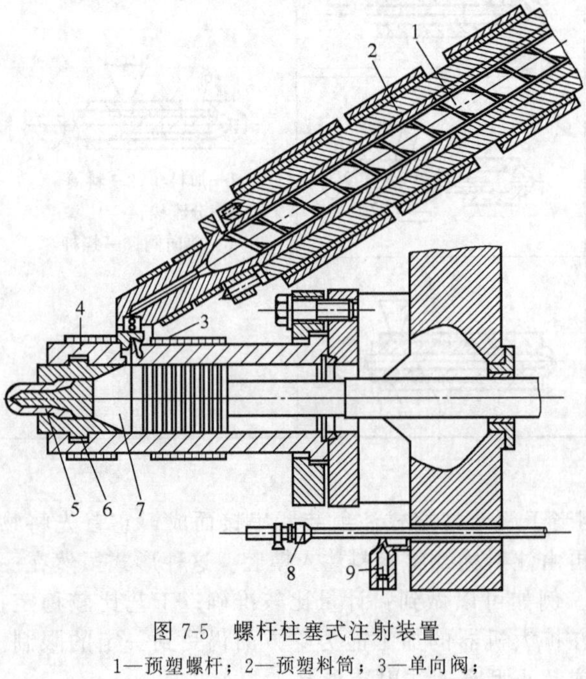

这类结构存在的缺点：料筒内滞料现象比较严重；料筒清理不够方便；在结构上不够紧凑等。因塑化好的熔料直接与注射柱塞接触，在注射压力作用下，熔料才易渗入柱塞与料筒配合处，从而引起熔料停滞分解。在预塑料筒与注射料筒连接的单向阀处，也容易出现类似现象。

3. 往复螺杆式

往复螺杆式注射装置的形式有多种，下面只介绍最常用的两种结构。

（1）固定式注射机　如图 7-6 所示，固定式注射机的螺杆由电动机经液压离合器和齿轮减速箱传动。注射液压缸活塞与螺杆连接处安装止推轴承，以防止活塞随螺杆一起转动。阻止螺杆预塑化时后退的背压，可通过背压阀进行调节。当塑化的物料达到所要求的注射量

图 7-5　螺杆柱塞式注射装置

1—预塑螺杆；2—预塑料筒；3—单向阀；
4—加热阀门；5—喷嘴；6—接套；7—柱
塞；8—计量装置；9—行程开关

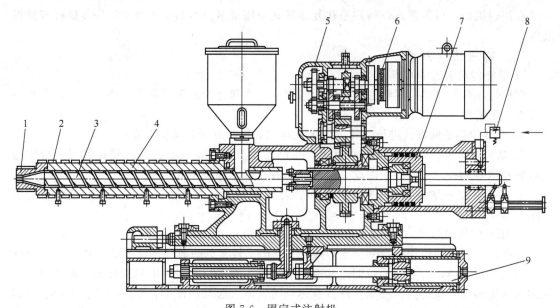

图 7-6　固定式注射机

1—喷嘴；2—加热器；3—螺杆；4—机筒；5—齿轮箱；6—离合器；

7—注射油缸活塞；8—背压阀；9—注射座移动液压缸活塞

时，计量柱压合相应的行程开关，离合器分离，使螺杆停止转动。压力油通过抽拉管，经注射座的转动支点，然后进入注射油缸，实现螺杆的注射动作。设在注射座下面的移动油缸，可使注射座沿注射架的导轨作往复运动，使喷嘴与模具离开或贴合。由于滑键的作用，减速箱不随螺杆作往复移动，故称固定式注射装置。目前国产注射量 125～4000cm³ 的 XS-ZY 型注射机基本上采用了类似的注射装置。

（2）随动式注射机　图 7-7 为随动式注射机，它与固定式注射装置的主要区别是它的螺杆由高速、小扭矩液压电动机经减速传动，可实现无级调速。由于花键套与花键顶轴间在螺杆预塑化时无相对轴向位移，减速箱必须随螺杆作轴向移动，故称为随动式。这种结构多用于中、小型注射机，目前比较先进的注射机采用大扭矩、低速液压电动机直接传动螺杆。

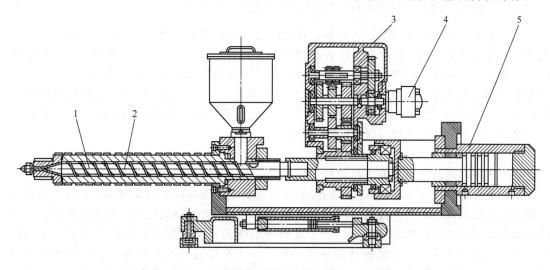

图 7-7　随动式注射机

1—螺杆；2—机筒；3—齿轮箱；4—液压电动机；5—注射油缸

在注射机中，以预塑式，特别是往复螺杆式使用最多，本书将主要介绍往复螺杆式注射装置。

二、螺杆传动系统

1. 螺杆传动装置的特点

螺杆传动装置是供给螺杆在预塑时所需要的动力和速度的工作部件。注射机螺杆传动装置具有如下特点。

① 螺杆预塑是间歇式进行工作的。因此起动频繁，并带有负载起动。

② 螺杆在转动时，出料仅供注射用，与制品无直接联系。而物料的塑化状况，可以通过调整背压等途径进行调节。因此，对螺杆的转速要求并不十分严格。

③ 传动装置一般设置在注射座架上，工作时并随之往复运动。因此，传动装置要力求简单、紧凑。

2. 螺杆的传动形式

根据注射螺杆的传动特点和要求，表7-2列出比较常见的数种传动形式。如从实现螺杆变速方式进行分类，可分为无级调速和有级调速两大类。目前在注射机螺杆上，愈来愈多地采用油马达传动。这是因为液压传动具有传动特性软，起动惯性小，不会超负荷工作、对螺杆能起安全保护作用等优点。还有液压马达传动，其体积比同规格的电动机小得多，传动装置容易实现体积小、质量轻、结构简单的要求。

表 7-2　油马达与电动机传动对比

项　目	油马达传动	电动机-变速机构传动
调速性	通过改变流量，可以实现在大范围内的无级调速；调节可在工作过程中进行	实现有级和范围较小的调节
传动特性①	一般属恒力矩传动	恒功率传动，即低速时扭矩大
起动与停止	起动力矩小（70%～90%）；起动特性软，惯性小	起动力矩大（200%以上），特性硬，惯性大
结构	紧凑，但油路复杂	笨重
效率	较低（60%～70%），在低速下工作效率更低	较高（90%～95%）
过载保护②	油马达不会在超负荷下工作，易于实现螺杆保护	必须单独设置螺杆保护

① 机器实际工作时：高速时一般需要较小扭矩；而低速时经常需要较大扭矩；

② 因有冷起动，加热圈断线或塑料内渗入异物造成过载的可能。

油马达能够在比较大的范围内，并且在螺杆转动过程中实现螺杆转速的无级调节。对于电动机齿轮变速箱传动，由于注射螺杆对调速要求并不严格，加之电动机有级调速系统易维护、寿命长、效率高，螺杆预塑时间不受制品冷却时间限制，驱动功率（扭矩）可很大，目前主要用于大型机上。日本发那科（FANUC）公司开发了全部由 AC 伺服电机驱动的注射机，实现了低能耗、无油污染、低噪声新型注射成型机。对于电机传动系统，因传动特性硬，设计时应该设置防止螺杆过载的保护环节。

3. 螺杆转速和调速范围

一般来说，螺杆的塑化能力与螺杆的转速成正比。螺杆的塑化能力随螺杆转速的增加而增加。但在较高转速条件下，其塑化能力的增加也非正比增加，有时却相反。这是由于螺杆加料处的摩擦条件在改变，甚至出现料加不进去的现象。对于结晶型熔融热大的塑料，高转速时如对机筒温度不作相应调整，则会因物料不能得到充分的预热而使塑化能力得不到提高。此外，螺杆转速又关系到螺杆对物料的剪切速率和熔料的轴向温差，故对热敏性塑料（PVC 等）螺杆转速要低，而对热稳定性好、黏度低的塑料（PS、PE 等）需要较高的转速。因此，对螺杆转速的确定，主要根据塑化能力、剪切、均化等方面的要求来定。

根据使用情况，对于热敏性（或高黏度）的塑料，螺杆线速度一般在 $15\sim20\mathrm{m/min}$ 之间，而加工一般塑料的线速度约为 $30\sim45\mathrm{m/min}$。对于长径比 L/D_s 在 15 左右的一般螺杆，为得到较小的轴向温差，螺杆的塑化行程最好不超过 $3D_\mathrm{s}$，螺杆线速度不宜大于 $30\mathrm{m/min}$。在选择螺杆线速度时，还应注意其他条件的影响，如背压、螺杆的结构与参数等，所以其数值要求也不十分严格。在确定螺杆线速度后，可由下式计算出螺杆的转速。

$$n=\frac{v}{\pi D_\mathrm{s}} \tag{7-1}$$

式中　n——螺杆最高转速，r/min；

　　　v——允许的螺杆最大线速度，m/min；

　D_s——螺杆直径，m。

第三节　主要零部件

一、塑化部件

螺杆式塑化部件如图 7-8 所示，主要由螺杆、机筒（又称料筒）、喷嘴等组成。物料在转动螺杆的连续推进过程中，发生物理状态的变化，最后呈熔融状态而被注入模腔。因此，塑化部件是完成均匀塑化、定量注射的核心部件。

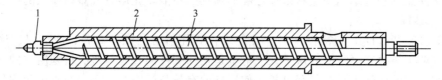

图 7-8　螺杆式塑化部件

1—喷嘴；2—机筒；3—螺杆

（一）螺杆

螺杆塑化部件具有如下特点：

① 螺杆具有塑化和注射两种功能；

② 物料在塑化过程中，所经过的热历程要比挤出长；

③ 螺杆在塑化和注射时，均要发生轴向位移，同时螺杆又处于时转时停的间歇式工作状态，因此形成了螺杆塑化过程的非稳定性。

注射机螺杆与挤出机螺杆在结构上的不同之处：

① 注射螺杆的长径比和压缩比比较小；

② 注射螺杆均化段的螺槽较深；

③ 注射螺杆的加料段较长，而均化段较短；

④ 注射螺杆的头部结构具有特殊形式。

1. 螺杆结构

注射螺杆有多种结构形式，以适应不同性能聚合物的加工要求。注射机中使用的螺杆通常有渐变型螺杆、突变型螺杆和通用型螺杆三类。

（1）渐变型螺杆［见图 7-9（a）］　即长压缩段的螺杆。其特征是塑化时能量转换较缓和，主要用于加工聚氯乙烯类具有宽的软化温度范围的高黏度非结晶型塑料。

（2）突变型螺杆［见图 7-9（b）］　即短压缩段的螺杆。其特征是塑化时能量转换较剧烈，主要用于加工聚酰胺、聚烯烃类的结晶型塑料。实践证明，突变型螺杆的使用效果并非十分理想，采用也不多。

（3）通用型螺杆［见图 7-9（c）］　注射机在使用过程中，由于经常需要更换塑料品种，

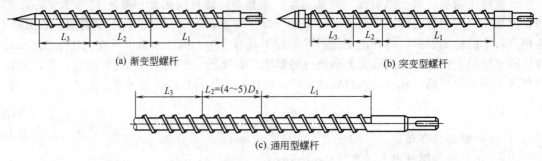

图 7-9 注射螺杆形式

所以拆换螺杆也就比较频繁。停机调换螺杆不仅劳动强度大，同时又会影响注射机的生产。因此，注射机虽备有多种螺杆，但在一般情况下并不常调换，而用适应性比较强的通用型螺杆，通过调整工艺条件（温度、螺杆转速、背压等）的办法，来满足不同物料和制品的加工要求，避免频繁更换螺杆，并且降低注射机的成本。

通用型螺杆的结构特点是：压缩段的长度介于渐变型和突变型螺杆之间，约 4～5 个螺距。这样的分段，既考虑到一些非结晶型塑料经受不了突变型螺杆在压缩段高的剪切塑化作用；同时又注意到一些结晶型塑料未经足够的预热是不能软化熔融和难以压缩的特点。

2. 螺杆参数

（1）螺杆直径（D_s）和行程（S） 往复螺杆式注射机的螺杆直径，应从保证注射量和塑化能力这两个条件来确定。一次最大注射量是根据螺杆的直径与最大行程决定的。直径与行程之间有一定的比例关系，行程过长会使螺杆的有效长度缩短太多，影响塑化均匀性。行程过短也不好，为保持一定的注射量就得增大螺杆的直径，也要相应增大注射油缸的直径。一般螺杆的行程与直径之比 $R=2～4$，常取 3 左右。注射量小或长径比小的螺杆其 R 较小，即螺杆直径较大，以增加强度和刚度。

（2）螺杆的长径比（L/D_s）和分段 注射机螺杆的长径比（L/D_s）一般比挤出机螺杆短。这是因为注射机螺杆仅作预塑之用，塑化时出料的稳定性对制品质量的影响很小，并且塑化所经历的时间比挤出机长，而且喷嘴对物料还起到塑化作用，故长径比没有必要像挤出机那样大。一般在 18～22 之间，长的也很少超过 24（排气等特殊螺杆例外），就能满足使用要求。

上述三种类型的螺杆分段范围可参考表 7-3。由表 7-3 可见，与挤出螺杆相比，加料段增长，计量段相应缩短了，这是因螺杆退回的缘故。

表 7-3 螺杆分段

螺杆类型	$L_加$	$L_压$	$L_计$
渐变型	30%～25%	50%	15%～20%
突变型	65%～70%	(1～1.5)D	20%～25%
通用型	45%～50%	20%～30%	20%～30%

注：本表为 $L/D_s=15～20$ 范围内的分段情况。

（3）螺槽深度（h_3）和螺杆压缩比（i） 均化段的螺槽深度是螺杆性能的重要参数之一。它是由加工聚合物材料的比热容、导热性、稳定性、黏度以及塑化时的压力等因素所定。例如，聚酰胺类塑料适宜用较浅的螺槽；而聚氯乙烯类塑料用较深螺槽为好。

螺槽浅，剪切热大，从而螺杆消耗的功率也大，可是，对注射螺杆而言，提供物料熔化的热量，由外加热系统供给的占有一定的比例。因此，对于一般注射螺杆，从物料在螺杆内实际受热过程和稳定温度条件的需要出发，是无需强剪切的作用。

螺槽深与螺杆的塑化能力，在其他条件不变的情况下，螺杆塑化能力正比于螺槽深度。特别是注射螺杆在预塑时的熔料压力大约在 3.5～10MPa 之间，一般要比挤出螺杆低。因此，注射螺杆适当地加深螺槽深度，有利于提高塑化能力。

目前注射螺杆均化段的槽深，要比普通挤出螺杆直径深 15%～20%，约为 $(0.04～0.07)D_s$（小直径螺杆取大值）。对于通用型为 $(0.05～0.07)D_s$；对于渐变型（PVC 型）$(0.06～0.08)D_s$；对用于结晶型 PA、PET、POM 等塑料深度可比通用型浅 20%。大直径螺杆的螺槽深度，一般不宜超过 5～6mm。

注射螺杆常用压缩比，对于结晶型塑料，如聚丙烯、聚乙烯、聚酰胺以及复合塑料等，一般为 3.0～3.5；对于较高黏度的塑料，如硬聚氯乙烯、丁二烯与 ABS 共混、高冲击聚苯乙烯、聚甲醛、聚碳酸酯、有机玻璃、聚苯醚等，约为 1.4～2.5；通用型螺杆为 2.0～2.8。

（4）螺距、螺棱宽、径向间隙　注射螺杆一般具有恒定的螺距，且螺距与螺杆直径相等，这时螺旋角等于 17.6°。

螺杆棱顶的宽度一般为直径的 10%。

螺杆与料筒的间隙是一个重要参量。间隙过大，将会使塑化能力下降，注射时回流增加；间隙过小，又会增加机械制造的困难和螺杆功率的消耗。根据实际情况，一般为 $(0.002～0.005)D_s$。

3. 螺杆头部形状

注射螺杆头和挤出螺杆头不一样。挤出螺杆头多为圆头或锥头，而注射螺杆头多为尖头（见图 7-10），有的设计成特殊结构（见图 7-11、见图 7-12）。

当加工 PVC 等热敏性、高黏度的物料时，经常发生螺杆头处排料不干净而造成的滞料分解现象，为了减少注射时物料流动的阻力，因此注射螺杆用的螺杆头多为尖头（见图7-10）。

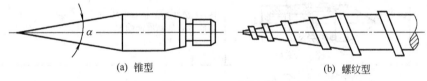

(a) 锥型　　　　　　　　　　　　　　　(b) 螺纹型

图 7-10　PVC 螺杆头

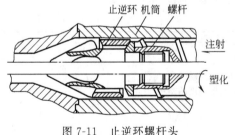

图 7-11　止逆环螺杆头

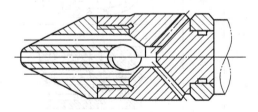

图 7-12　止逆球螺杆头

对于中、低中、低黏度的物料，为了阻止熔料的回泄，通常采用止逆型螺杆头（见图7-11、图 7-12）。

图 7-11 为止逆环螺杆头，它是由止逆环、环座和螺杆头主体组成。它的工作原理和液压元件中的单向阀极为相似。当螺杆旋转塑化时，自螺槽出来的熔料，因具有一定的压力，则将止逆环顶开，形成如图 7-11 下侧所示状态。熔料经设计的通道进入螺杆前端的储料室。注射时，螺杆前移，当螺杆端部的锥台与止逆环右端锥面相遇时，便形成如图 7-11 上侧所示的对熔料回泄的密封。伴随储料室熔料压力的升高，密封愈加紧密，从而阻止熔料的

回泄。

表 7-4 列出几种常用的螺杆头结构形式与用途。

表 7-4 注射螺杆头结构形式与用途

类 型		结 构	特征与用途
止逆型	环形	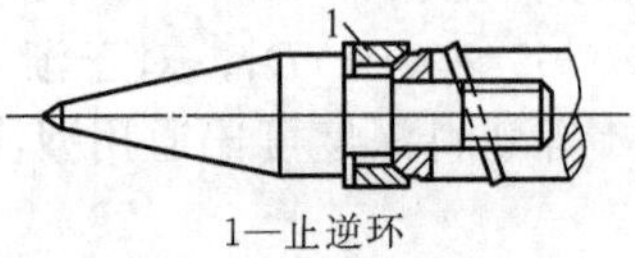 1—止逆环	特征：止逆环与螺杆有相对转动 用途：中、低黏度的塑料
	爪形	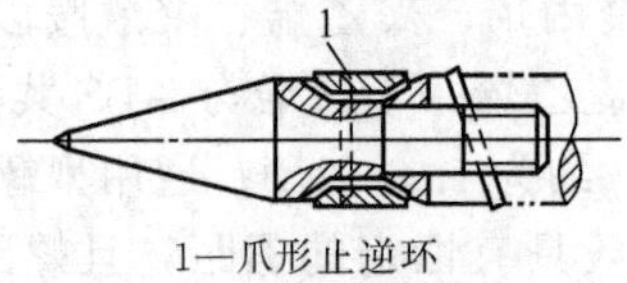 1—爪形止逆环	特征：止逆环与螺杆无相对转动，可避免螺杆与环之间的熔料剪切过热及其污染 用途：中、低黏度的塑料
	滚动球	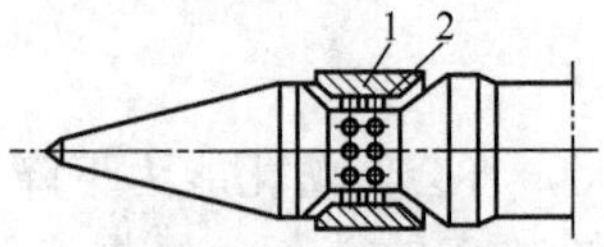 1—滚动球；2—止逆环	特征：环与螺杆间为滚动摩擦。使用滚动球，可起到升压快、注射量精确、延长使用寿命等作用 用途：中、低黏度的塑料
	止逆球	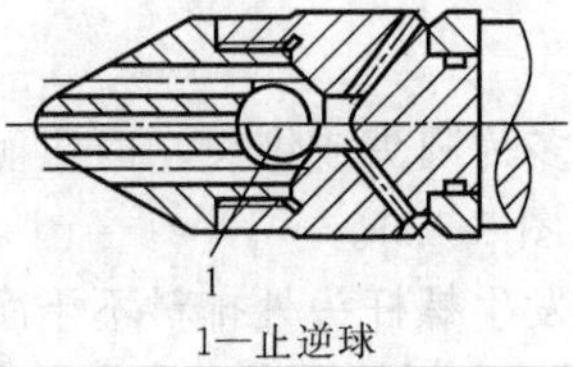 1—止逆球	特征：止逆由钢球实现，止逆件无附加剪切效果，启闭迅速 用途：中、低黏度的塑料
	销钉型	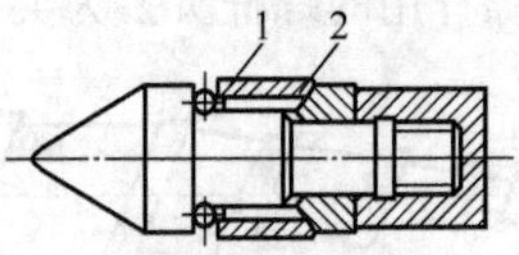 1—销钉；2—止逆环	特征：螺杆头部带有混炼销 用途：中、低黏度的塑料
	分流型	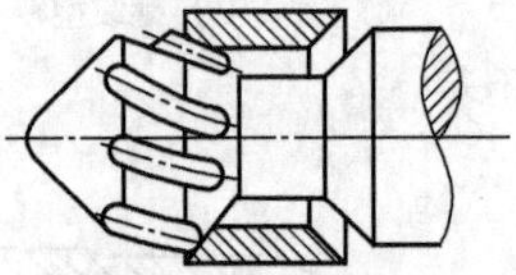	特征：螺杆头部开有斜槽 用途：中、低黏度的塑料
	混合器型	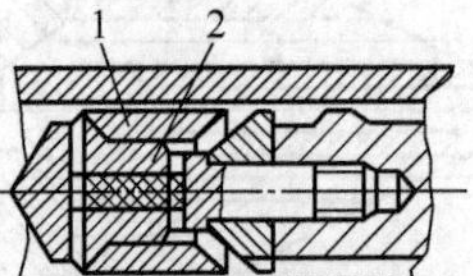 1—止逆环；2—静态混合器	特征：螺杆头部装有静态混合器 用途：中、低黏度的塑料
异径头		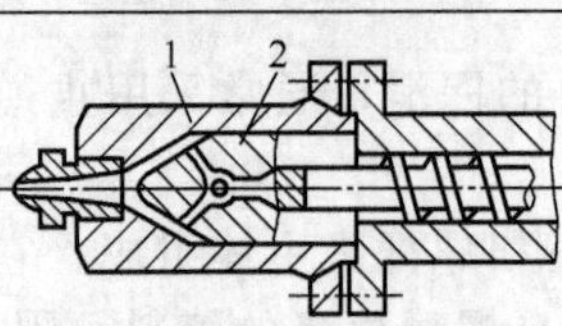 1—前料筒；2—异径头	特征：螺杆直径小于螺杆头直径 用途：只需更换大直径的前机筒和螺杆头，就可提高注射量，代替大直径螺杆的作用

4．螺杆的材料

注射螺杆处于比较恶劣的条件下工作，它不仅要承受注射时的高压，同时还要经受熔料的磨蚀作用和塑化时的频繁负载起动。这就要求选用耐磨蚀、高强度的材料。螺杆所用材料为 38CrMoAl 或其他合金钢材。为了提高耐磨性，采用在螺杆表面喷涂碳化钛和对螺杆进行离子氮化处理等技术。螺杆表面硬度（洛氏）65～70，氮化层深度 0.5～0.8mm。

（二）机筒（料筒）

机筒是塑化部件的另一个重要零件。注射机的机筒，大多数用整体结构。材料用 45 号钢表面镀铬、合金钢 38CrMoAl，内表面经氮化处理或用合金钢衬套以及内孔浇铸合金的双金属机筒。其表面硬度（洛氏）不应低于 65。机筒应满足塑料的加入与输送、加热与冷却、强度等要求。

1. 加料口处的截面

注射机大多数使用的是自重加料。因此，加料口处的截面形状应该尽可能增强对塑料的输送能力。目前在螺杆式塑化部件上普遍应用的加料口形式，有对称和偏置设置的加料口两种（见图 7-13）。从输送效果看，偏置加料口优于对称加料口，但是这种影响不十分明显。根据固体输送理论，为提高加料段的输送效率，在注射机筒的加料段也有开设沟槽的结构。

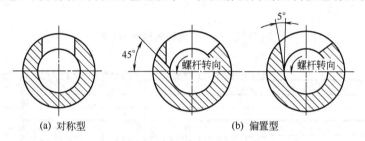

(a) 对称型　　　　　　(b) 偏置型

图 7-13　加料口截面形状

2. 机筒的加热

在注射机上获得广泛应用的加热方式，是各种形式的（铸铝加热器、陶瓷加热器、云母加热器）电阻加热。这是因为它具有体积小、制造与维修方便等优点。为使机筒达到符合工艺要求的温度分布，需要对机筒的加热进行分段控制。控制段以 $(3～5)D_s$ 为一段。温控精度一般不超过 5℃，对热敏性塑料应不大于 2℃。在压缩段处的控制段，应配置较大的加热功率。

在注射物料的熔化热中，剪切热相对要比挤出螺杆要小。所以，机筒无需单独设置冷却温控系统，靠自然冷却就可以了。为了保持良好的加料和输送条件，以及防止机筒热量传递到传动部分，在加料口处设有冷却（槽）。机筒的加热功率，除了要满足塑料塑化时所需的热量外，还要保证有足够快的升温速度。机器加热升温时间，对小型机器不超过 0.5h，大、中型机器约为 1h 左右。否则，过长的升温时间，将会影响到机器的生产率。

对于加工橡胶的注射机，由于成型温度较低，机筒通常分为两段或三段加热，而在加料口附近应以冷却为主。此时，机筒的加热常采用液体加热，加热介质一般用热水，当需要较高预塑温度时，也可采用油或联苯等其他载热体。机台上设有单独的强制循环系统进行温度控制液体加热具有温控简单、准确、加热均匀、稳定、热效率高等优点。图 7-14 为采用液体加热的机筒温控系统。加热介质水由泵压往加热水箱进行加热，然后输送至机筒的螺旋状流道中对胶料进行加热，最后经单向阀和泵压回加热水箱内。加热水可循环使用，水的温度控制和补给电磁阀和电热控制系统自动调整。

此类机筒常用锻钢或厚壁无缝钢管制造，也有用整体铸造（见图 7-15）。机筒常设有螺旋状流道，以增强加热介质与机筒壁的热交换效果。这种结构制造方便，传热面积大，目前多为厂家采用。

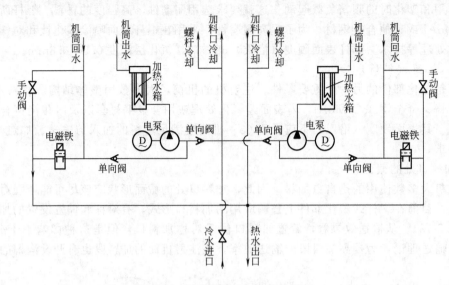

图 7-14　机筒的液体加热冷却系统

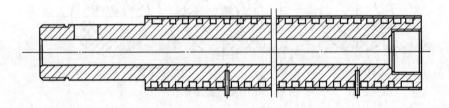

图 7-15　带螺旋状流道的锻造机筒

（三）喷嘴

塑化后的熔融物料，在螺杆或柱塞的压力作用下，以相当高的剪切速率流经喷嘴而进入模腔。当熔料高速流经狭小口径的喷嘴时，将受到比较大的剪切作用，有部分压力经阻力损失而转变成热能，使熔料温度得到提高。同时，还有部分压力能将转变成速度能使熔料高速射入模腔。在压力保持阶段，还需有少量的熔料经喷嘴向模内补缩。可见喷嘴设计是否完善，会影响到注射熔料的压力损失、剪切热的多少、补缩作用的大小和射程的远近。

1. 喷嘴结构形式

常用的喷嘴，基本上可将它分为开式喷嘴和锁闭式喷嘴以及特殊用途的喷嘴三种类型。

（1）开式喷嘴　开式喷嘴如图 7-16 所示。其特点是结构简单、制造方便、压力损失小、补缩作用大，不易产生滞料分解现象，因此用得很普遍，特别适用于加工高黏度的塑料，如聚碳酸酯、硬聚氯乙烯、有机玻璃、聚砜、聚苯醚等。因这种喷嘴易产生流涎现象（即预塑化时熔料自喷嘴口处流出），故不适用于低黏度塑料的加工。

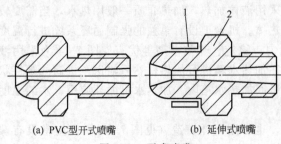

(a) PVC型开式喷嘴　　(b) 延伸式喷嘴

图 7-16　开式喷嘴

1—加热器；2—喷嘴

（2）锁闭式喷嘴　针对直通式喷嘴的流涎现象，设计了锁闭式喷嘴，主要有自锁式和液控式两种。

图 7-17 为弹簧针阀自锁式喷嘴,它是依靠弹簧力通过挡圈和导杆压合顶针(即阀芯)实现喷嘴锁闭的。注射前喷嘴内压较低,针形阀在弹簧力的作用下关闭喷嘴。注射时内压升高,当阀的左右两端总压力差足以克服弹簧力时,喷嘴便自动开启,使熔料注射到模腔中;当注射压力下降到一定值时,针形阀立即自动关闭,以免流涎。

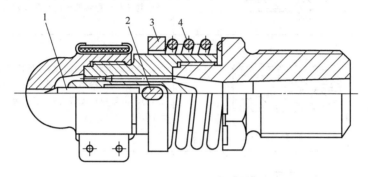

图 7-17　弹簧针阀自锁式喷嘴
1—顶针;2—导杆;3—挡圈;4—弹簧

目前广泛采用液控锁闭式喷嘴,液压系统通过控制操纵杆来控制喷嘴的开闭(见图 7-18)。这种喷嘴使用方便,锁闭可靠,压力损失小,计量准确。

各种喷嘴使用范围见表 7-5。

喷嘴头部形状多数为球形,喷嘴头与模具的主浇套应有良好配合(见图 7-19)。一般要求喷嘴头的球面做成与模具主浇套球面名义尺寸相同,而公差为负的尺寸(接触反弧 $R\pm$ 0.25)。其口径可略小于浇套口径 0.5～1mm 或名义尺寸相同,但公差取为负值(喷嘴口径 $d_{-0.01}^{+0}$)。喷嘴部分的加热,可按每平方厘米的表面积为 2W 配置加热器。喷嘴安装后的中心应和模板定位圈孔对中,同轴度允差为 0.25～0.30。

2. 喷嘴的口径

喷嘴口径关系到熔料的压力损失、剪切发热及其补缩作用等。

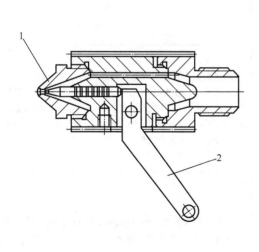

图 7-18　液控锁闭式喷嘴
1—喷嘴;2—操纵杆

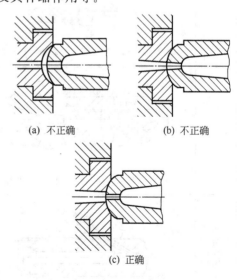

(a) 不正确　　　　(b) 不正确

(c) 正确

图 7-19　喷嘴与模具的接触

表 7-5 喷嘴结构形式

类 型		结 构	特征与用途
开式	PVC型		此形式结构简单,压力损失小,补缩效果好,但容易形成冷料和产生熔料垂涎现象。此形式主要用于加工厚壁制品和热稳定性差的高黏度塑料
	延长型	 1—喷嘴;2—加热器	此形式是上面一种的改型,延长了喷嘴体的长度,可进行加热,所以冷料不易形成,补缩作用大,射程比较远,但垂涎现象仍无法克服,它主要用来加工厚壁制品和高黏度塑料
	小孔型		此形式因储料多和喷嘴体外的加热作用,不易形成冷却。因口径较小,垂涎现象略有好转,射程远。它主要用于加工低黏度塑料和薄壁、形状复杂的制品
止逆型	料压锁闭型	 1—喷嘴体;2—喷嘴芯 1—喷嘴体;2—喷嘴芯;3—加热器;4—弹簧	此形式是利用预塑时熔料自身的压力,推动喷嘴芯达到防止熔料垂涎的目的。注射时,喷嘴首先前移(即注射座前进),依靠模具顶开喷嘴芯,方能进行注射。此结构比较简单,可靠,但使用时每次循环必须配合整体前进和后退动作,否则不能使用,所以用起来不够方便。它主要用来加工一些低黏度的塑料,对一些热稳定性差的塑料不宜使用
	弹簧锁闭型	 1—弹簧;2—导杆;3—顶针;4—挡圈	此形式是依靠弹簧的弹力通过挡圈和导杆压合顶针实现锁闭的。注射时,由于熔料具有很高的压力,顶开顶针进入模内。此形式使用方便,阻止垂涎效果也较好,但结构比较复杂,压力损失大,射程较小,补缩作用小,适用于加工低黏度塑料
锁闭式	弹簧锁闭型	 1—弹簧;2—顶针	此形式用碟簧侧向压合顶针,结构较简单,但效果不如前者,主要用于小型注射机上

类　型		结　　　　构	特征与用途
锁闭式	双锁闭型	1—弹簧；2—顶针；3—喷嘴芯	此形式是综合应用了内簧顶针锁闭和料压锁闭两种作用，故锁闭可靠，可在多种场合下使用。但结构比较复杂
	可控锁闭型	(a) 针阀形 1—顶针；2—操纵杆 (b) 转阀形	此形式是用液（或气、电）动控制顶针的开闭，所以使用时可根据需要保证准确、及时地开闭顶针。因此这种形式具有使用方便，压力损失小，计量准确等优点，但结构比较复杂
特殊用途	混合喷嘴	(a) 迷宫型 1—喷嘴体；2—喷嘴头 (b) 栅板型 1—喷嘴体；2—多孔板 (c) 静态混合器型 1—喷嘴体；2—静态混合器	此形式主要为提高混合均一性而设置的专用喷嘴

类　型		结　　构	特征与用途
特殊用途	无浇道喷嘴	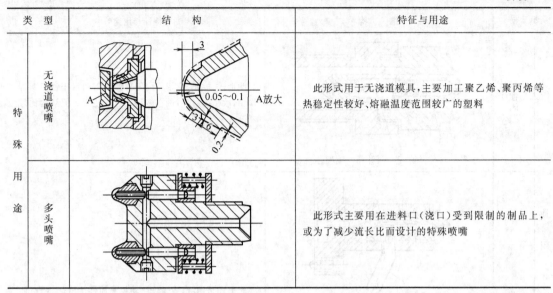	此形式用于无浇道模具,主要加工聚乙烯、聚丙烯等热稳定性较好、熔融温度范围较广的塑料
	多头喷嘴		此形式主要用在进料口(浇口)受到限制的制品上,或为了减少流长比而设计的特殊喷嘴

喷嘴口径应与螺杆直径成比例。根据实际经验:对于高黏度塑料,喷嘴口径约为螺杆直径的 $1/15\sim1/10$;而中、低黏度的塑料约为 $1/20\sim1/15$。表 7-6 所列数值,为国内喷嘴口径的使用情况。

表 7-6　国内喷嘴口径的使用情况　　　　　　　单位:mm

机器注射量		$30\sim200$g	$250\sim800$g	$1000\sim2000$g
开式	通用类	$2\sim3$	$3.5\sim4.5$	$5\sim6$
	硬聚氯乙烯	$3\sim4$	$5\sim6$	$6\sim7$
弹簧锁闭式		$2\sim3$	$3\sim4$	$4\sim5$

对于注射橡胶料的喷嘴,口径选择与注射工艺条件密切相关。在一定范围随着喷嘴口径的减小,注射温度升高,注射时间延长。喷嘴口径过长,注射时间会大大延长,胶料充模时产生焦烧的可能性显著增加。

在一定范围内减小喷嘴口径,可以增强胶料通过喷嘴时的剪切摩擦作用,从而使胶温升高,缩短硫化时间,喷嘴口径与注射温度、注射时间以及硫化时间的关系可参见图 7-20 和图 7-21。

综上可见,喷嘴口径的选择与注射工艺条件有密切关系。一般经验认为喷嘴流道出口处

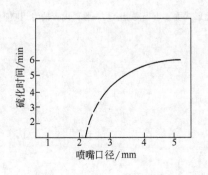

图 7-20　喷嘴口径与硫化时间

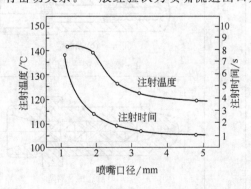

图 7-21　喷嘴口径与注射时间、注射温度的关系

口径约为 2～6mm，其长度约为 3～12mm 较为适宜。

喷嘴的材质多为 38CrMoAlA。喷嘴出口处流道的形状有圆筒形、正圆锥形或倒圆锥形及组合形等。

二、合模装置

合模装置是保证成型模具可靠的闭紧和实现模具启闭动作及顶出制品的部件。因此，合模装置的性能好坏，直接关系到成型制品的质量和数量。一个比较完善的合模装置，应该满足在规定的注射量范围内，对力、速度、安装模具与取出制品时空间位置这三方面的基本要求，具有以下特点。

① 足够的模板面积、模板行程和模板间的开距，以满足不同外形尺寸制品的成型要求。

② 足够大的合模力和刚性，使模具在熔料压力作用下不产生开缝溢料现象。

③ 较高的合模速度和开模速度，模板的运行速度应是合模时先快后慢，开模时先慢后快，而后再慢，以实现制品的平稳顶出和提高生产能力。

④ 结构简单，便于制造及维修。

此外，合模装置还应备有一些必要的其他装置（如顶出制品装置、抽芯装置和安全保护装置等）。合模装置主要由定模板、动模板、拉杆、油缸、连杆以及模具调整机构、制品顶出机构及其他附属装置等组成（见图 7-23）。

根据提供合模力的方式，合模装置可分为全液压合模装置与液压机械式合模装置。两大类型在结构上的主要区别在移模油缸与动模板的连接上，液压式为直接连接，液压机械式是油缸肘杆机构与模板连接。因此其工作特性也各异。

（一）全液压合模装置

全液压合模装置指动模板直接与液压执行元件（油缸、活塞或柱塞）相连，液压缸压力直接作用在模具上形成合模力，模具的启闭和锁紧动作全部由液压系统操纵。目前常见的全液压合模装置有单缸直压式、增压式、充液式及充液-增压混合式。

1. 单缸直压式合模装置

图 7-22 为单缸直压式合模装置。这种装置是在一个油缸的作用下依靠液体压力经油缸活塞直接实现对模具的合紧，并以其简单的往复运动来完成模具的启闭动作。

在合紧模具时所形成的合模力应为：

$$P_{cm} = \frac{\pi}{4} D_0^2 P_0 \times 10^{-3} \tag{7-2}$$

式中　P_{cm}——合模力，kN；

D_0——合模油缸直径，m；

P_0——工作油压力，MPa。

移模过程中的速度为：

$$V_m = \frac{Q}{F} = \frac{40Q}{\pi D_0^2} \tag{7-3}$$

式中　V_m——移模速度，m/min；

Q——工作油流量，L/min；

F——合模油缸的截面积，cm²。

由此可见，这种液压式合模装置，具有如下特征。

① 从式（7-2）可知，在油缸已定的情况下，合模力仅同工作油的压力有关。所以合模装置在整个工作过程中，油缸一定要保持与负载相适应的力（见图 7-22）。要改变合模力，可直接通过调节工作油的压力来实现。所以调整方便，读数易于显示。

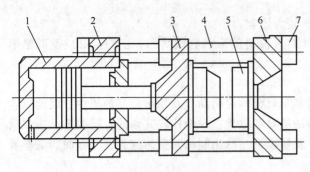

图 7-22 单缸直压式合模装置

1—合模油缸；2—后定模板；3—拉杆；4—动模
板；5—模具；6—前定模板；7—拉杆螺母

② 从式（7-3）可知，若油缸已定，移模速度仅取决于油泵的流量。

在移模过程中，油泵的流量不变，其移模速度不变。

③ 动模板在油缸行程范围内的任意点，可以停止并施压，故对不同厚度的模具适应性好，合模时，模具和模板因仅受活塞杆推力作用，故受力也比较均匀。

合模初期，模具尚未闭合，合模力仅是推动模板和半个模具，所需力很小；而为了缩短循环周期，要求高速移模。合模后期，从模具闭合到锁紧，为防止碰撞合模速度应该低，直至为零，力却要求很大。在油泵压力与流量已确定的情况下，仅使用一个油缸而要同时兼顾到速度与力这两方面的不同要求则很困难，因此单缸直压式在吨位不大、速度不高的液压机中常见，但在注射机上已很少应用。正是这个原因，促使液压合模装置在单缸直压式的基础上发展成其他形式，目前常用的液压式合模装置有增压式、充液式、特殊液压式合模装置。

2. 增压式合模装置

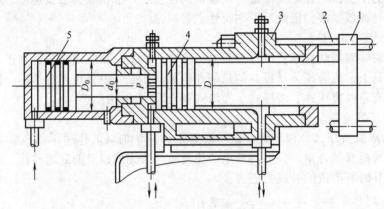

图 7-23 增压式合模装置

1—动模板；2—拉杆；3—定模板；4—合模油缸；5—增压油缸

要满足力和速度的不同要求，在油泵压力与流量已确定的条件下，可用减小油缸直径的办法取得高速；而在合紧时，如油缸直径不变，可通过提高工作油压力的办法来满足合模力的要求。增压式合模装置就是以此为出发点设计的，如图 7-23 所示。在合模时，压力油先进入合模油缸，因油缸直径较小，可以获得较大的移模速度；模具闭合后，压力油换向进入增压油缸，利用增压活塞两端直径不同（$D_0 > d_0$），提高合模油缸内的油压力（P），以此满足最终合模力的要求。此结构的移模速度及合模力可由下式表示：

移模速度 $$V_m = \frac{Q}{F} \tag{7-4}$$

移模力 $$P_m = P_0 F \tag{7-5}$$

合模力 $$P_{cm} = FP = P_0 \left(\frac{F_0}{f_0}\right) F = P_0 \left(\frac{D_0}{d_0}\right)^2 F = P_0 KF \tag{7-6}$$

式中 Q——合模油缸的供油量，m^3/s；

F——合模油缸截面积，m^2；

D_0——增压油缸内径，m；

d_0——增压活塞杆直径，m；

F_0——增压油缸截面积，m^2；

f_0——增压活塞杆截面积，m^2；

P——增压后合模油缸内油压力，N/m^2；

P_0——工作油压力，N/m^2；

K——增压比$\left(\dfrac{D_0}{d_0}\right)^2$。

由于油压增加会对液压系统和密封性提出更高的要求，故提高油压有一定的限度。如目前工程上应用的增压结构，其压力一般在 20～30MPa 之间，最高可达 40～50MPa。因此，合模油缸直径的缩小受到限制。

增压式合模装置一般用于中、小型注射机，其移模速度并不很快，因为实际合模油缸直径是比较大的。

3. 充液式合模装置

充液式合模装置是通过变更油缸直径来实现高速、低压移模和高压、低速合紧的要求的，如图 7-24 所示，合模时压力油首先进入小直径的移模油缸进行高速移模，在此过程中，合模油缸的活塞随着动模板前进，在合模油缸内造成负压，使充液油箱内的工作油经充液阀（液控单向阀）进入合模油缸内，当模具闭合后，合模油缸的左端通入高压油，充液阀关闭。由于合模油缸截面积大，保证了最终合模力的要求。

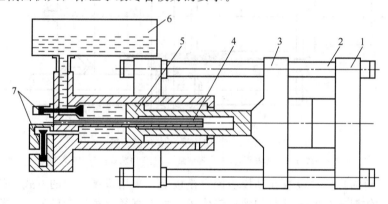

图 7-24　充液式合模装置

1,3—定模板；2—拉杆；4—移模油缸；5—合模油缸；6—充液油缸；7—充液阀

4. 充液-增压混合式合模装置

图 7-25 为充液-增压混合式合模装置。合模时压力油先进入移模油缸左腔，实现快速移模，合模油缸左腔则通过充液阀自动从油箱中吸油。模具闭合后，压力油进入增压油缸，使合模油缸内的油增压，由于合模油缸面积大及高压油的作用，保证了最终合模力的要求。

5. 特殊液压式（两次稳压式、程序连锁式、机械液压式）合模装置

充液式结构虽然可以实现较快移模速度（30m/min 以上）和达到相当大的合模力（30000～40000kN），但是这种形式所需要的合模油缸，不仅直径大而且缸体也很长。移模行程愈大，合模缸体也愈长。这样大直径长缸体的合模油缸，在每一个工作循环中，需要大量工作油，从而造成充液式工作油量大、功耗高、刚性较差、结构笨重等缺点。为了克服上述缺点，要设法缩短合模油缸的长度，即使移模油缸的工作行程与合模油缸的行程不存在必

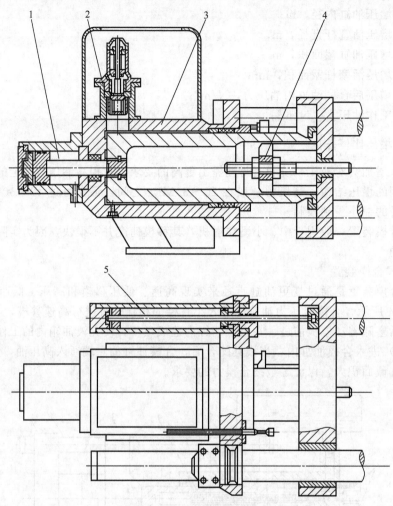

图 7-25   充液-增压混合式合模装置

1—增压油缸；2—充液阀；3—合模油缸；4—顶出装置；5—移模油缸

然的联系，将合模油缸单独设置在动模板或定模板上。采用机械定位的方式，代替原来合模油缸内的大量工作液在合紧时仅起到液压垫作用。用大直径行程的合模油缸（稳压油缸）代替大直径长行程充模缸。也称两次稳压式合模装置。

如图 7-26 所示是 XS-ZY1000 特殊液压合模装置。这种装置使用了两个不同直径的油缸，分别满足快速移模和最终合模力的要求。可是稳压油缸是设在动模板上，而油缸活塞与定模板没有固定连接，并将移模油缸设在稳压油缸的活塞杆上。在移模时，压力油首先接通移模油缸 A 口，由于移模油缸活塞是固定在模板的后支承座上，所以缸体连同模板一起进行快速移模，当缸体上的闸槽外露行至闸板位置时，移模油缸即停止供油。此时，压力油接通驱动闸板的齿条油缸 D 室，从而带动驱动轴，通过齿轮带动下闸板，与上闸板同时闸入移模油缸缸体上的闸槽内。当闸板行至终端位置移模油缸缸体，即稳压油缸的活塞定位后，压力油方可与稳压油缸 E 口接通，实现高压合紧模具。启模过程则反之，稳压油缸先卸压，然后开闸，再向移模油缸 B 口接入压力油，模板即进行启模。为扩大加工模具高度的范围和减少稳压油缸行程（即容积），而在移模油缸缸体上设置两道闸槽，这样稳压油缸的行程只需设计两闸槽之间的距离就可以，而加工模具的调整范围大约为

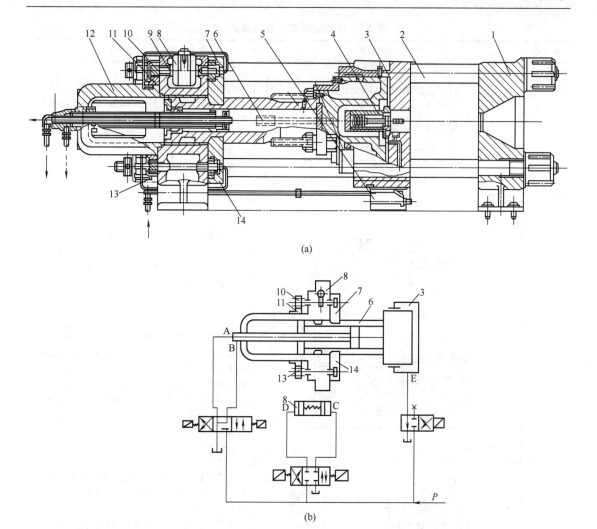

(a)

(b)

图 7-26　特殊液压合模装置

1—前定模板；2—拉杆；3—稳压油缸；4—液压顶出装置；5—模板滑动托架；6—移模油缸；7—闸板（上）；
8—齿条油缸；9—后定模板；10—驱动轴；11—齿圈；12—后支承座；13—传动轴；14—闸板（下）

稳压油缸行程的两倍。

表 7-7 中为液压式合模装置的结构形式。

全液压合模装置的基本特点是合模力容易调整，无需模具调整装置，但合模力稳定性较差。

（二）液压机械式合模装置

液压机械式合模装置也称肘杆式合模装置，是利用各种形式的肘杆机构，在合模时，使合模系统形成预应力，进而对模具实现锁紧的一种合模装置。如图 7-27 所示的单曲肘机构。当压力油进入油缸的活塞杆端，使活塞下移，从而带动肘杆机构并推动模板向前运动。当运动至如图 7-27 所示状态时，即模具的分型面刚接触，而肘杆机构尚未成一线排列时，动模板将受到变形阻力的作用，只有在合模油缸的工作油继续升压，并足以克服系统的变形阻力时，才能使肘杆成为如图 7-26（b）所示的一线排列。此时，合模系统因发生弹性变形（ΔL_p）而对模具实现预紧，此预紧力 P_{cm} 即为合模力。当肘杆机构伸直并对模具实现预紧后，即使工作油的压力卸去，只要合模系统保持着原变形，其合模力是不会随之改变的。

表 7-7　特殊液压式几种典型结构

序 号	结构示意图	特征与应用
1	 1—移模油缸；2—定位机构；3—调模机构；4—稳压油缸	此形式采用移模油缸实现高速起动，由液压缸驱动闸块对移模油缸体定位，最终再由稳压油缸对模具进行高压合紧。调模方法是靠调节支承座处的连接螺纹，这样可使稳压油缸的行程设计得较短 合模力：2500kN
2	 1—稳压油缸；2—移模油缸；3—定位机构；4—中心立柱	此形式采用模板两侧设置移模油缸，移模后的定位是由闸板抱合中心立柱的方式，为扩大调模范围，而在中心柱上分设三道闸槽 合模力：20000~30000kN
3	 1—稳压油缸；2—支承柱；3—转盘定位机构；4—移模油缸	此形式的移模油缸设在模板中部，闭模时，动模板前移，而与其相连的四根支承柱便从定模板中脱出，此时，油缸驱动转盘交错45°，将定模板上四个支承柱孔挡住，使稳压油缸定位，最后由稳压油缸升压合紧。此结构的调模完全由稳压油缸行程来满足。以上三种形式的稳压油缸均设在动模板上 合模力：2500kN
4	 1—稳压油缸；2—定位机构；3—支承柱；4—移模油缸	此形式移模油缸和机械定位机构与上形式相似，不同之处是稳压油缸设置在四个拉杆上，拉杆即为活塞杆。当四个稳压油缸左端进油进行合紧时，力通过拉杆经固定模板、转盘、四个立柱而作用于模具上。模厚的调整是用调节四根拉杆螺母的位置来实现 合模力：20000~25000kN
5	 1—立柱；2—摆块定位机构；3—稳压油缸；4—移模油缸	此形式的移模油缸设在模板两侧，当模具闭合后，套装在拉杆上的摆块定位机构下行，插入动模板立柱与稳压油缸之间实现机械定位。合紧是由设在定模板上的稳压油缸完成，模厚的调整是通过调节摆块处的螺纹，使其高度改变来实现 合模力：700~12000kN
6	 1—移模油缸；2—对开螺母定位机构；3—稳压油缸	此形式的特点是移模油缸设置在稳压油缸内，采用对开螺母抱合移模油缸体实现机械定位。模厚的调整范围，将由移模油缸上的螺纹长度所决定 合模力：2500~10000kN

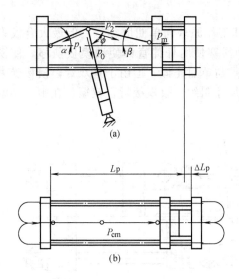

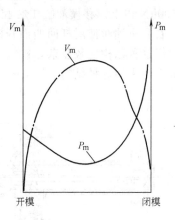

图 7-27　液压机械式合模装置工作原理　　　图 7-28　肘杆机在合模过程中的移模力与速度

对于肘杆系统，如油缸活塞的运动速度和推力为定值，即输入功为常数，则输出的移模力与移模速度应成反比关系。合模时因移模力从小趋于无穷大的变化，移模速度则反之，即由大至零的连接变化过程（见图 7-28）。

1. 液压-单曲肘合模装置

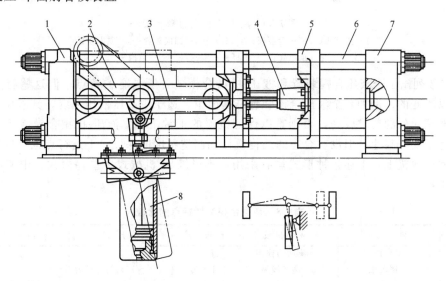

图 7-29　液压-单曲肘合模装置

1—后模板；2—单曲肘机构；3—顶出装置；4—调模装置；
5—动模板；6—拉杆；7—前模板；8—移模油缸

图 7-29 为液压-单曲肘合模装置的一种形式。合模时，压力油进入移模油缸上部，推动活塞向下运动，使肘杆机构向前伸直，从而推动模板前移。当肘杆伸直后，只要调模机构调整合适，就会因自锁而使模具锁紧，即使卸去油缸压力，合模力也不会改变。开模时，压力油经油缸下部进入，活塞杆带动曲肘机构回曲而使模具开模。这种合模装置油缸小，装在机身内部，使机身长度减小。由于是单臂，易使模板受力不均匀，只适用于模板面较小、合模力在 1000kN 以下的小型注射机，但模板距离的调整较易。

2. 液压-双曲肘合模装置

图 7-30 为液压-双曲肘合模装置的一种形式，其工作原理与单曲肘类似，但最大合模力达到 25000kN 以上。移模油缸 1 右腔进油时，移动活塞使肘杆伸直而使动模板前移，使模具锁紧。右腔进油时使肘杆回曲而开模。其基本特点与单肘类似，但由于是双臂，模板受力较均匀。但这种结构比较复杂，模板行程常受模板尺寸制约，故模板行程较短。在中、小型注射机上广泛采用这种结构。

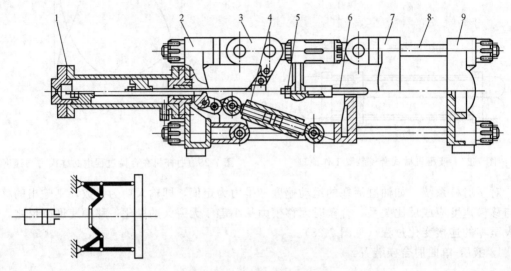

图 7-30　液压-双曲肘合模装置
1—移模油缸；2—后模板；3—肘杆；4—调模装置；5—顶出装置；
6—顶出杆；7—动模板；8—拉杆；9—前模板

表 7-8 列出了全液压合模装置和液压-机械合模装置所具有的特点，但这些特点是相对的和可以改变的。例如，全液压合模装置结构简单，适于中高压液压系统，其液压系统的设计和对液压元件的要求较高，否则难以保证机器的正常工作。液压-机械合模装置虽有增力作用，易于实现高速，但没有合理的结构设计和制造精度的保证，上述特点也难以发挥。在中、小型注射机上，上述各种形式均有采用，不过液压-机械式多些，而大、中型注射机多采用液压式。

表 7-8　两类合模装置特点的比较

形　式	液 压 式	液压-机械式	形　式	液 压 式	液压-机械式
合模力	无增力作用	有增力作用	行程	大	小、恒定
速度	高速较难	高速较易	开模力	10%～15%的合模力	大
调整	容易	不易	寿命	较长	机器制造精度和模具
维护	容易	不易			平行度对寿命影响大
所需动力	较大	小	油路要求	严格	一般

（三）复合型合模装置

为了改善肘杆式合模装置的某些使用性能，如合模力的调整与稳定等问题，近年来出现了许多新的复合型结构。这类结构因动作程序为两次，故又称为二步式。复合型合模装置是用肘杆机构移模定位，由稳压油缸锁紧模具，故也可看成是特殊液压式合模装置的一种派生型。

如图 7-31 所示为复合型合模装置。当移模油缸（即齿条油缸）左端进入压力油后，便达

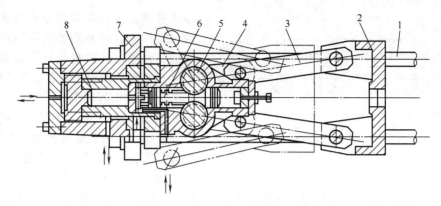

图 7-31　复合型合模装置

1—拉杆；2—动模板；3—前连杆；4—后连杆；5—齿轴（销轴）；

6—移模油缸（齿条油缸）；7—后模板；8—油缸

到很高的移模速度，最后由稳压油缸锁紧模具。因此，这种形式既具有肘杆机构在移模时的良好运动特性，同时又保留了液压式所具有的合模力指示、调整方便等优点。加之该形式的肘杆机构的销轴是在较小的负载下工作的，磨损情况大为改善，所以机器的使用寿命比较长。

如图 7-32 所示为目前使用的复合型合模装置几种典型结构。如图 7-32（a）、（b）、（c）所示的组合型结构与一般的单曲肘和双曲肘及撑板机构极为相似，不同之处仅是多设置一个锁紧模具用的稳压油缸。这类合模装置一般速度快，使用方便，可满足多种成型工艺的要求，特别是在合模时需要二次动作的场合下，如热固性塑料注射成型、发泡注射、压制成型等，因此在中、小型机器上得到较多的应用。

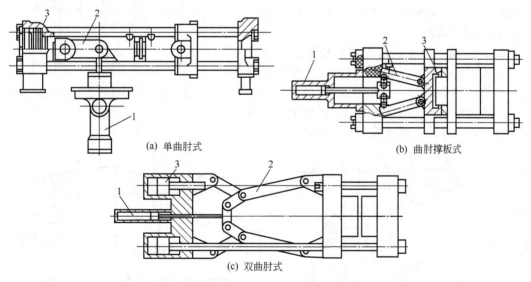

(a) 单曲肘式　　　　　　　　　　　　　　(b) 曲肘撑板式

(c) 双曲肘式

图 7-32　复合型合模装置其他形式

1—移模油缸；2—肘杆机构；3—稳压油缸

对于用何种合模形式，目前基本上形成了一个比较一致的看法：在合模力 3000kN 以下的机器以肘杆式为主；在 6300kN 以上的大型合模装置，主要是液压式；其中在 10000kN 以上的又以特殊液压式为多数。

（四）调模机构

液压-机械式合模装置模板行程是不能调节的，但在实际生产中，必须根据不同制品的

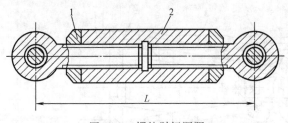

图 7-33　螺纹肘杆调距
1—锁紧螺母；2—调节螺母

厚度要求，对动模板与定模板之间的距离进行调整，这种调整可由调模机构来完成。此外，调模机构还可以调整合模力大小，常见调模机构有以下几种。

1. 螺纹肘杆调距

如图 7-33 所示，合模装置的肘杆用有左旋螺纹和右旋螺纹的螺母连接而成，松开锁紧螺母 1，调节调距螺母 2，使肘杆的两段发生轴向位移，改变肘杆长度

L，从而达到调节模板距离的目的。这种机构结构简单，制造容易，调节方便，但调节螺母要承受锁模力，因此只适用于小型注射机。

2. 改变动模板厚度调距

如图 7-34 所示，这种结构有两个动模板，其间用调节螺母及相应螺杆相连接。拧动调节螺母，可改变左右动模板间的距离，相当于改变动模板的厚度，从而达到调模的目的。这种结构调节方便，使用较多，但增加了一块模板，因而移动部分的质量和机身长度增加。

3. 移动合模油缸位置调距

如图 7-35 所示，合模油缸外径上有螺纹，并与后定模板相连接。转动调节手柄，使油缸螺母转动，合模油缸发生轴向位移，从而使合模机构沿拉杆移动，达到调距的目的。这种结构一般只用于小型注射机。

4. 拉杆螺母调距

如图 7-36 所示，合模油缸在后模板上，通过调节拉杆螺母，便可调节合模油缸的位置，带动肘杆机构沿拉杆轴向移动，从而达到调距的目的。这种结构广泛用于各种肘杆式注射机，但调节时要求四个螺母的调节量完全一致，否则模板会发生倾斜。

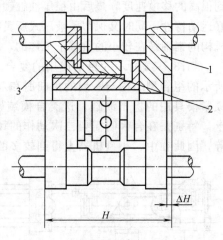

图 7-34　改变动模板厚度调距
1—右动模板；2—调节螺母；3—左动模板

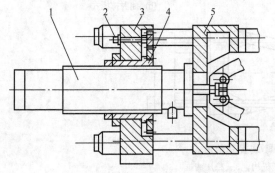

图 7-35　移动合模油缸位置调距
1—合模油缸；2—安装调节手柄的方头；
3—后模板；4—油缸螺母；5—动模板

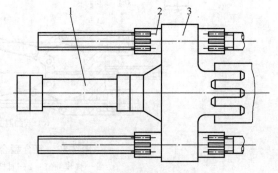

图 7-36　拉杆螺母调距
1—合模油缸；2—调节螺母；3—后模板

一般小型机采用手动调节即可，大、中型注射机设有电动或液压调模机构，使各拉杆调节量一致。

（五）顶出机构

为了取出模内制品，在各类的合模装置上均需设置顶出装置。顶出装置是否完善，将对制品质量好坏和产量多少都有较大影响。对顶出装置的要求如下：

① 顶出位置可选、行程可调、顶出次数可随意，直到顶出制品落下为止；

② 力量足够，速度合适；

③ 操作方便。

顶出机构分机械顶出、液压顶出、气动顶出三种。

机械顶出机构如图 7-30 所示。顶出杆 6 固定在机架上，本身不移动，开模时动模板后退，顶出杆穿过动模板上的孔而到达模具顶板，将制品顶出。顶出杆的长度可依模具尺寸通过螺纹调节；顶出杆的数目、位置随合模机构的结构、制品的大小而定。机械顶出结构简单，顶出力自行调节，但顶出是在开模终了进行的，模具内顶板的复位要在合模开始以后才能进行。

液压顶出是用专门设置在动模板上的顶出油缸进行顶出，如图 7-31 所示。由于液压顶出的力量、速度、位置、行程以及次数都能得到方便的调节，可自行复位，所以使用方便，能适应多种场合，有利于缩短机器循环周期，简化模具结构设计和适应自动化生产的要求。因此，液压顶出用得越来越多。

液压顶出与机械顶出相比，液压式结构复杂，力量小。故对盆、板之类大面积制品的顶出还是机械顶出简便可靠。所以，目前多数情况下在机器上同时设有液压、机械两种顶出装置，使用时可按制品的特点和要求进行选择。

气动顶出机构依靠压缩空气，通过模具上的微小气孔直接吹出制品，此机构结构简单，顶出方便，对制品不留痕迹，特别适合盆状、薄壁或杯状制品的快速脱模。

对于液压、机械顶出同时采用的结构，根据各自的特点，机械顶出杆一般放在模板的两侧，动模板中心部位作液压顶出用。至于只用机械顶出的合模装置，其顶出杆主要根据合模机构的结构特点来定，可放置在动模板的中心也可放在模板的两侧。由于成型各种制品所需的顶出距离不一，所以顶出油缸或机械顶出杆必须设计成行程或长度可调的形式。

如图 7-37 所示是一种在动模板处设置的十字定型浮动顶出架结构。用时可根据模具结构特点，自由选用顶推杆的插放位置，这对模具设计带来很大方便。

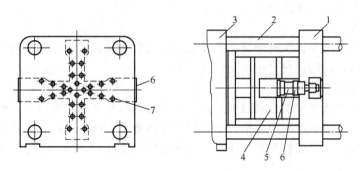

图 7-37 十字定型浮动顶出架

1—动模板；2—拉杆；3—后模板；4—垫块；5—顶出油缸；
6—十字板；7—顶推杆插放孔

在成型加工时，常要在相近规格的机器上，使用同一个模具。为使模具在相近规格的机器上直接进行互换，并促进模具结构设计的标准化，对合模装置的模板顶出孔位置，在一些国家作了统一规定，设计时应遵照有关规定。

第四节 工作原理和主要参数

一、往复螺杆式注射机工作原理

（一）注射机的工作过程

目前高分子材料成型加工中使用的注射机大部分为往复螺杆式注射机。物料在注射成型过程中的行为变化，一是物料熔体的形成、增压和流动；二是制品的成型。前者发生在料筒内，后者在模腔中进行。

每台注射机的动作程序可能不完全相同，但从所需要完成的工艺内容来看，基本工序大致如下（见图 7-38）。

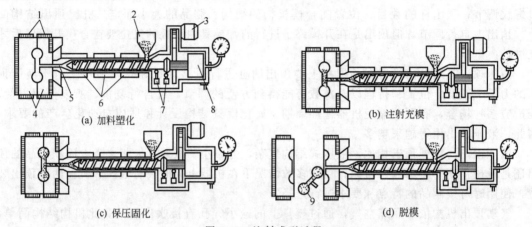

(a) 加料塑化   (b) 注射充模

(c) 保压固化   (d) 脱模

图 7-38 注射成型过程

1—加热装置；2—加料斗；3—电机；4—模具；5—喷嘴；6—加热冷却装置；7—行程开关；8—油缸；9—制品

1. 加料预塑化

螺杆旋转将从加料斗落下的物料向前输送压实，在机筒外加热及螺杆剪切热的作用下，物料熔融，最后成黏流态，并形成一定的压力。在头部熔料压力作用下，螺杆在转动的同时后退，其后移量表示螺杆头部螺槽所积存的熔料体积。当螺杆头部螺槽熔料体积达到所需要的注射量时（即螺杆退回到一定位置时），计量装置撞击限位开关，螺杆即停止转动和后退。到此，预塑计量完毕，准备注射。

2. 闭模和锁紧

模具首先以低压、快速进行闭合，当动模与定模快要接近时自动切换成低压、低速，在确认模内无异物时，再切换成高压而将模具锁紧。

3. 注射装置前移和注射

在确认模具达到所要求的合紧程度后，注射装置前移与注射口贴合。当喷嘴与模具完全贴合后，便可向注射油缸接入压力油。于是与油缸活塞杆相接的螺杆，则以高压、高速将头部的熔料注入模腔。此时螺杆头部作用于熔料上的压力为注射压力，又称一次压力。

4. 保压

注入模腔的熔料，当接触到冷模时将由于物料的热胀冷缩而产生收缩，因此在模腔第一次被熔料充满以后还需要保持一定的注射压力进行补缩。此时螺杆作用于熔料上的压力称为保压压力，又称二次压力。保压时，螺杆因补缩而有少量的前移。

5. 制品冷却定型

当模具浇口处的熔体冷却硬化后，即可卸压，制品在模腔内进行冷却定型。实际生产中为了缩短成型周期，一般在制品冷却定型的同时，塑化螺杆重新起动，开始下一个注射周期的加料预塑化过程。为了避免延长成型周期，一般要求预塑化时间少于制品冷却时间。

6. 注射装置后退和开模顶出制品

螺杆塑化计量完毕后，为了使喷嘴不致因长时间和冷模接触而形成冷料，经常需要将喷嘴撤离模具，即注射装置后退。此动作是否进行及其先后次序依不同的塑料工艺特性而异。模腔内的熔料经冷却定型后，合模装置即行开模，并自动顶出制品。一般把一个注射成型过程称为一个工作循环，可用图 7-39 表示。

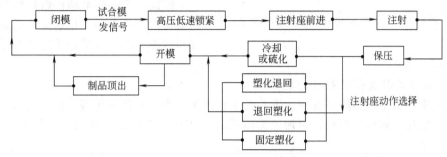

图 7-39 注射机工作循环图

（二）影响塑化质量的主要因素

注射机工作时，在料筒加料口处进行冷却，进入加热段的塑料并不立即实现熔融，而要滞后一段时间（或距离），直到形成熔膜，熔融机理才开始实现。这种物料开始加热与熔融不是同时发生的现象即为熔融滞后。注射螺杆的熔融过程为非稳定过程，主要表现为熔融效率不稳定和塑化后的熔料存在较大的轴向温差（见图 7-40、图 7-41）。特别是后者直接关系到制件的质量。

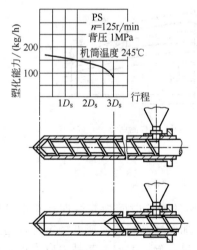

图 7-40 螺杆塑化能力与行程的关系

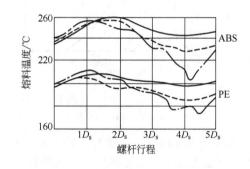

图 7-41 熔料的轴向温度分布

—— $n=62r/min$；- - - $n=123r/min$；-·-·- $n=239r/min$

影响熔料轴向温差的主要因素如下：

① 树脂性能 对于黏度大，热物理性能差的树脂，其温差大；

② 加工条件 螺杆转速高、行程大、油缸背压低、料筒全长温差大，熔料轴向温差大；

③ 螺杆形状及要素 对长径比小、压缩比小的普通螺杆，其温差大。

因此，从保证塑化质量（减小轴向温差）出发，对于普通注射螺杆其转速一般不超过 30r/min，行程不大于 3.5D（螺杆直径）。

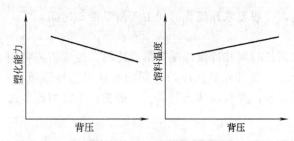

图 7-42　螺杆背压与螺杆塑化能力及塑化温度的关系

螺杆背压对螺杆塑化能力和塑化温度的影响如图 7-42 所示，提高背压可改善熔料均化程度，缩小温差，但熔料温度被提高，螺杆的输送能力则下降。在不影响成型周期的条件下，尽可能使用较低的螺杆转速，这样易保证塑化质量。

因此，解决注射螺杆熔料轴向温差大的最为有效的办法，是选择合适的注射螺杆和对工艺参数（螺杆转速和背压）实现有效地控制与调节。

（三）注射成型过程模腔压力变化

熔料充模与成型是指熔料在模内发生的全部行为。由于在高分子熔体流动的同时，伴随着热交换、结晶、取向等过程，再加之流道截面的变化和模具温度场的不均匀性等，所以，过程极为复杂。

在一个模塑周期中模腔压力的变化如图 7-43 所示。充模时模腔压力随流动长度的加长而基本呈线性增加至 p_{DC}。当熔料充满型腔后，模腔压力迅速增至最大值 p_{SC}，压力出现明显转折。随后注射机进行保压，由于油缸压力进入低压保持，而模腔内的熔体在模具冷却作用下，其压力有所下降。当保压终止，油缸压力卸去后，模腔压力以较快的速度继续下降，最终的模腔压力将决定制品的残余应力。

模塑过程的压力周期图可分为以下四个阶段。

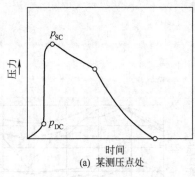

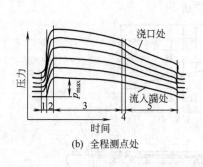

（a）某测压点处　　　　　　（b）全程测点处

图 7-43　模腔压力波形图

1—充模；2—压实；3—保压；4—卸压倒流；5—制品冷却

① 充模与压实阶段　从螺杆开始前移至熔料充满模腔的这段时间为充模期。充模过程是非等压不稳定流动，在此期间压力随熔料流入路程的增加而增高，注入速度稳定并且达到最大值。此时熔料在模腔内的流动状态，对制品的表面质量、分子取向、制品内应力等有着直接影响。当熔料注满模腔后，压力迅速升至最大值（其数值取决于注射压力的大小），注射速度则迅速下降，对模腔内的熔料进行压实。

② 保压增容（补料）阶段　当模腔充满熔料后，因模具的冷却作用，而使熔料的比容产生变化，以至于制品收缩。为此螺杆仍需以一定的压力作用于熔料，进行补缩和增密。

③ 倒注（泄料）阶段　当保压力撤除后，模腔压力便高于浇口至螺杆处熔料压力。此时，模腔内的塑料如果尚未完全固化，内层物料还具有一定的流动性，就会发生型腔内物料向浇口外（即模腔外）作少量的倒流，模腔压力也随之下降。显然，倒流作用能否发生以及作用的程度主要决定于浇口的封闭状态。熔料的倒流使制品容易产生缩孔、

中空等缺陷。

④ 制品冷却阶段 此阶段从浇口物料完全冻结时起，到开模取出制品时为止。模内物料在这一阶段继续被冷却，以便使制品在脱模时具有足够的刚度。开模时，模内物料还有一定的压力，此压力称为残余压力。残余压力的大小，同保压时间的长短和保压压力的大小等有关。对橡胶制品，在注射成型硫化过程中，模腔内胶料的压力（模内压力）变化情况如图 7-44 所示，后期出现压力再次升高现象。注射开始时，机筒中经加热和塑化了的胶料在注射螺杆或柱塞的作用下，自喷嘴流经模具的浇口和流道进入型腔。由于胶料沿着流程有压力损失，因此模腔内胶料的压力要比注射压力低得多。当注射和保压过程结束后，喷嘴开始后退，模腔内的少量胶料自浇口溢出，模内压力出现递减现象。当浇口处胶料首先被加热硫化时，胶料堵住浇口。由于硫化过程中胶料会出现热膨胀，这时胶料在模腔内的压力再次升高，直至模具打开，模内压力迅速下降至大气压。

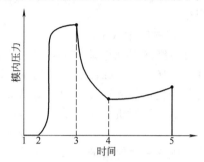

图 7-44 注射硫化过程中模内压力的变化
1—开始注射；2—充满模腔；3—喷嘴后退；
4—浇口封住；5—打开模腔

二、注射机的主要参数

注射机的主要参数有注射量、注射压力、注射速率、塑化能力、合模力、合模装置的基本尺寸、开合模速度。这些参数是设计、制造、选购和使用注射机的依据，也是设计注射模具的重要依据。

（一）注射量（m^3，g）

注射量是指注射机在注射螺杆（或柱塞）作一次最大注射行程时，注射装置所能达到的最大注射量。

注射量是注射机的一个重要参数。它在一定程度上反映了注射机加工制品能力的大小，标志着能成型橡塑制品的最大质量，因而经常被用来表征注射规格的参数。注射量一般有两种表示方法：一种是用注射出熔料的容积（单位 m^3）表示；另一种是用注射出熔料（一般以聚苯乙烯或聚乙烯）的质量（单位 g）表示。

1. 理论注射容积（V_c）

注射时螺杆（或柱塞）所能排出的理论最大容积，称为注射机的理论注射容积，即螺杆的截面积与最大行程的乘积（见图 7-45）。

$$V_c = \frac{\pi}{4} D_s^2 S \qquad (7-7)$$

式中　V_c——理论注射容积，m^3；

　　　D_s——螺杆（或柱塞）直径，m。

　　　S——螺杆（或柱塞）的最大行程，m。

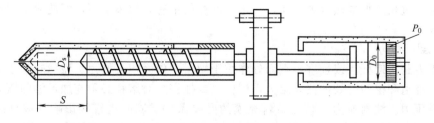

图 7-45 注射部件相关参数关系

上式表明，理论上直径为 D_s 的螺杆（或柱塞）移动 S，应当射出 V_c 的注射量，但是在注射时有少部分熔料在压力作用下回流，以及为了保证塑化质量和在注射完毕后保压时补缩的需要，故实际注射量要小于理论注射量。

中国注射机的理论注射容积按 ZBG 95003—87 标准规定有 $(16\sim40000)\times10^{-6}\,m^3$ 共 27 个规格。

2. 注射质量（W）

在对空注射操作条件下，从注射机喷嘴所能注射出的熔料最大质量（g），称为注射机的注射质量。物料在注射成型的整个进程中，随着温度和压力的变化，它的密度也随之发生相应的变化，料筒计量体积与常温常压下的制品体积的差异，以及熔料在压力作用下发生返流等，所以注射机的注射质量应为：

$$W=\alpha_1\alpha_2V_c\rho=\alpha V_c\rho=V_c\rho' \tag{7-8}$$

式中　W——注射质量，g；

　　　V_c——理论注射容积，m^3；

　　　α_1——密度修正系数；

　　　α_2——螺杆泄漏修正系数，对于止逆头螺杆约为 0.95；

　　　ρ——常温下制件密度，Mg/m^3；

　　　ρ'——考虑密度和泄漏修正后的计算密度。

从上式可以看出，影响射出系数的因素很多，如螺杆的结构和参数，注射压力和注射速度、背压的大小、模具的结构和制品的形状以及塑料的特性等。对于采用止逆头螺杆，射出系数一般在 0.75~0.85 之间。塑料密度见表 7-9。

表 7-9　塑料密度　　　　　　　　　　　　　　　单位：Mg/m^3

塑料名称	HPVC	SPVC	PS	ABS	PE	PA
制作密度（ρ）	1.35	1.1~1.4	1.05	1.06~1.1	0.92~0.95	1.1~1.2
计算密度（ρ）	1.12	1.02	0.91	0.88	0.71	0.91

塑料名称	PP	PC	PMMA	CA	POM	CAB	CTEE	PPO
制作密度（ρ）	0.95	1.2	1.18	1.3	1.41~1.42	1.2	1.06	1.06
计算密度（ρ）	0.73	0.97	0.94	1.02	1.15	0.97		

注射机的注射量主要取决于螺杆的行程和直径，而行程（S）直接关系到料筒内熔料轴向温差的大小。对一般螺杆，其最大行程一般取 $3.5D_s$（D_s 为螺杆直径）左右为宜。在保证塑化质量的前提下，注射行程应尽可能取较大值。这样就可使用直径较小的螺杆，以利于实现稳定的工艺条件和紧凑的机器结构。目前在一些塑化性能比较好的注射装置上，螺杆行程已取到 $5D_s$ 左右。

在使用注射机时，加工塑料制品的质量一般在 1/4~4/5 注射机注射量范围内，最低不应小于 1/10。因为过小的注射量不仅注射机的能力得不到充分发挥，而且还会因物料在机筒内停留时间过长易形成热分解。反之，过大的注射量有时成不了型，即使成了型也易发生欠压等弊病。

（二）注射压力

注射压力是指螺杆（或柱塞）端面处作用于塑料单位面积上的力。注射时为了克服熔料流经喷嘴、浇道和模腔等处的流动阻力，螺杆（或柱塞）对熔料必须施加足够的压力，此压力称为注射压力。注射压力不仅是熔料充模的必要条件，同时也直接影响到成型制品的质量。如注射压力对制品的尺寸精度（见图 7-46）以及制品内应力都有影响。因此，对注射压力的要求，不仅数值要足够，而且要稳定与可控。

1. 影响注射压力的主要因素

影响所需注射压力的因素很多，主要为成型制品所需的模腔压力和熔体流动阻力而定。如物料的性能、塑化方式、塑化温度、模具温度、制品的形状、尺寸及精度要求等因素，都影响到注射压力大小的选取。

2. 注射压力的选取

注射压力的选取很重要，必须在注射机额定压力范围内，根据实际情况来确定。目前注射制品大量用于工程结构零件，这类制品结构

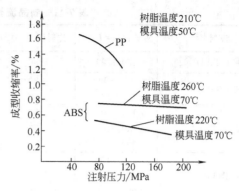

图 7-46　PP（结晶型）、ABS（非结晶型）的注射压力与成型收缩率的关系

较复杂，形状多样，精度要求较高，所用塑料大都具有较高的黏度，所以注射压力有提高的趋势。但注射压力选得过高，会直接影响注射装置和传动系统的寿命，同时制品可能产生毛边，脱模困难，影响制品的粗糙度，使制品产生较大的内应力，甚至成为废品。对一些压力敏感系数较低的塑料，用提高注射压力的方法解决充模不足等问题也不一定能取得显著效果。注射压力过低，则易产生物料充不满模腔，甚至根本不能成型等现象，根据目前对注射压力的使用情况，可作如下分类：

① 流动性好的物料，形状简单的厚壁制品，注射压力≤70～80MPa；

② 物料黏度较低，制品形状一般，对精度为一般要求的制品，注射压力为100～200MPa；

③ 物料具有高、中等黏度，制品形状较为复杂，有一定的精度要求，注射压力约140～170MPa；

④ 物料具有较高的黏度，薄壁，长流程，制品壁厚不均匀和精度要求严格的制品，注射压力大约在180～220MPa范围内。对于加工优质精密微型制品，注射压力有用到250～360MPa，个别有用到400MPa以上。

表 7-10、表 7-11、图 7-47 列举了部分塑料在加工时所需注射压力及其与加工制品流长比 i（熔料自喷嘴出口处流至制品最远距离 L 与制品壁厚 δ 之比，$i=L/\delta$）之间的关系，若超出此值一般难以加工。

表 7-10　加工时一般所需注射压力范围　　　　　　　　　　　单位：MPa

塑　　料	加　工　条　件		
	易流动的厚壁制品	中等流动程度，一般制品	难流动、薄壁、窄浇口制口
ABS	80～110	100～130	130～150
聚甲醛	85～100	100～120	120～150
聚乙烯	70～100	100～120	120～150
聚酰胺	90～110	110～140	＞140
聚碳酸酯	100～120	120～150	＞150
有机玻璃	100～120	120～150	＞150
聚苯乙烯	80～100	100～120	120～150
硬聚氯乙烯	100～120	120～150	＞150
热固性塑料	100～140	140～175	175～230
弹性体	80～100	100～120	120～150

表 7-11　制品流长比与注射压力的关系

塑料名称	流长比($i=L/\delta$)	注射压力/MPa	塑料名称	流长比($i=L/\delta$)	注射压力/MPa
尼龙 6(PA6)	320～200	90	硬聚氯乙烯(HPVC)	110～70	70
尼龙 66(PA66)	130～90	90		140～100	90
	160～130	130		160～120	120
聚乙烯(PE)	140～100	50		170～130	130
	240～200	70	聚碳酸酯(PC)	130～90	90
	280～250	150		150～120	120
聚丙烯(PP)	140～100	50		160～120	130
	240～200	70	聚苯乙烯(PS)	300～260	90
	280～240	120			
软聚氯乙烯(SPVC)	280～200	90	聚甲醛(POM)	210～110	100
	240～160	70			

　　为了满足加工不同物料对注射压力的要求，一般注射机都配备三种不同直径的螺杆（或用一根螺杆而更换螺杆头）。采用中间直径的螺杆，其注射压力范围 100～130MPa，采用大直径的螺杆，注射压力范围 65～90MPa；采用小直径的螺杆，其注射压力范围 120～180MPa。

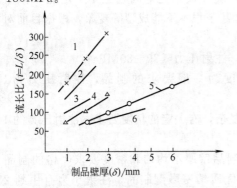

图 7-47　工程塑料的流长比

1—缩醛共聚物（190℃，125MPa）；2—增强 PBT（250℃，130MPa）；3—增强缩醛共聚物（195℃，130MPa）；4—PA6（250℃，90MPa）；5—PC；6—增强 PC（300℃，125MPa）

注射压力的计算如下：

$$P=\frac{\frac{\pi}{4}D_0^2 P_0}{\frac{\pi}{4}D_s^2}=\left(\frac{D_0}{D_s}\right)^2 P_0 \qquad (7-9)$$

式中　P_0——油压，MPa；

　　　　D_0——注射油缸内径，m；

　　　　D_s——螺杆（柱塞）外径，m。

　　由于注射油缸活塞施加给螺杆的最大推力是一定的，故改变螺杆直径时，便可相应改变注射压力。不同直径的螺杆和注射压力的关系为：

$$D_{sn}=D_{s1}\sqrt{\frac{P_1}{P_n}} \qquad (7-10)$$

式中　D_{s1}——第一根螺杆的直径（一般指中间螺杆即加工聚苯乙烯的螺杆的直径），cm；

　　　　P_1——第一根螺杆的注射压力，MPa；

　　　　P_n——所换用螺杆取用的注射压力，MPa；

　　　　D_{sn}——所换用螺杆的直径，cm。

（三）注射速率（cm³/s，g/s）

　　熔融的树脂通过喷嘴后，就开始冷却。为了将熔料及时充满模腔，得到密度均匀和高精度的制品，必须进行快速充模，在短时间内把熔料充满模腔。用来表示熔料充模快慢特性的参数，有注射速率、注射速度和注射时间。注射速度低，熔料充模时间长，制品易产生冷接缝，密度不均匀，应力大等弊病。使用高速注射，可以减少模腔内的熔料温差，改善压力传递效果。因而可得到密度均匀、应力小的精密制品。高速注射也能使所需的合模力减小。但是注射速度过高，熔料流经浇口等处时，易形成不规则的流动、物料在浇口附近因为高温而焦化以及吸入气体和排气不良等现象，从而直接影响到制品质量。同时，高速注射也不易保证注射与保压压力稳定地撤换，形成过填充而使制品出现溢边。因此，目前对注射速度的要求，不仅数值要高，而且要在注射过程中可进行程序进行（即分级注射）。

注射速率是表示单位时间内从喷嘴射出的熔料量，其理论值是机筒截面积与螺杆注射速度的乘积。

$$q_i = \frac{\pi}{4} D_s^2 \frac{S}{\tau_i} = \frac{\pi}{4} D_s^2 v_i = \frac{V_c}{\tau_i} \qquad (7-11)$$

或

$$q_i = \frac{W}{\tau_i} \qquad (7-12)$$

式中　q_i——注射速率，m^3/s（g/s）；

$\quad D_s$——螺杆直径，m；

$\quad v_i$——注射速度，m/s；

$\quad V_c$——理论注射容积，m^3；

$\quad \tau_i$——注射时间，s；

$\quad S$——注射行程，m；

$\quad W$——注射质量，g。

注射速率或注射时间的选定，直接影响到制品的质量。一般说来，注射速率应根据工艺要求，物料的性能，制品的形状及壁厚，浇口设计以及模具的冷却等情况来选定。目前注射机所采用的注射速度范围，一般在 $0.08\sim0.12m/s$，高速大约为 $0.15\sim0.20m/s$。

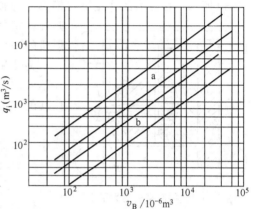

图 7-48　注射速率与当量注射容积
a—蓄能器驱动；b—泵直接驱动

图 7-48 表示了注射速率与注射量之间的关系。通用型注射机注射量与注射速率、注射时间的关系的推荐值，可参见表 7-12。

表 7-12　注射机（通用型）注射量与注射时间的关系

注射量/g	注射时间/s	注射量/g	注射时间/s	注射量/g	注射时间/s
50	0.8	500	1.5	4000	3.0
100	1	1000	1.75	6000	3.75
250	1.25	2000	2.25	10000	5.0

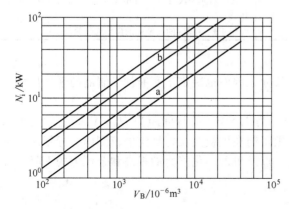

图 7-49　注射功率与当量注射容积
a—蓄能器驱动；b—泵直接驱动

（四）注射功率

注射功率大，有利于缩短成型周期，消除充模不足，改善制品外观质量，提高制品精度。随着注射压力和注射速度的提高，近来注射功率也有较大的提高（见图 7-49）。因注射时间短，注射机油泵电动机允许作瞬时超值，故注射机的注射功率一般大于油泵电动机的额定功率。对于油泵直接驱动的油路，注射功率即为注射时的工作负载，也是电动机的最大负载。油泵电动机功率大约是注射功率的70%～80%。

注射功率为油缸注射压力与注射速度的乘积，即为：

$$N_i = F_s p_i v_i = 10^{-3} q_i p_i \qquad (7\text{-}13)$$

式中　N_i——注射功率，kW；

　　　F_s——机筒内孔截面，m^2；

　　　p_i——注射压力，MPa；

　　　v_i——注射速度，m/s；

　　　q_i——注射速率，m^3/s。

（五）合模力（kN）

合（锁）模力是指注射机的合（锁）模机构对模具所能施加的最大夹紧力。其受力图如图 7-50 所示。在此力的作用下，模具不应被熔融的塑料所顶开。合模力同注射量一样，也是在一定程度上反映出注射机所能塑制制品的大小，是注射机的一个重要参数。

为使注射时模具不被模腔压力所形成的胀模力顶开，在不考虑机械摩擦的条件下，且忽略由熔料和注射油缸工作油的冲击而产生的动压，则合模力应为：

$$P_{cm} \geqslant P_m F \qquad (7\text{-}14)$$

式中　P_{cm}——合模力，kN；

　　　P_m——模腔压力，MPa；

　　　F——制品在分型面上的投影面积，m^2。

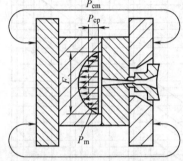

图 7-50　注射时模板的力平衡

模腔内熔料压力的大小和分布受很多因素影响，如注射压力、保压压力、树脂种类和温度、模具温度、注射速度、制品几何形状与尺寸、熔料流动距离以及保压时间等。在工程实际中，常用的方法是通过分析清楚合模系统的性能后，测出注射过程中的合模力的变化，用求出模腔平均压力的方法计算合模力。

$$P_{cm} = P_m F$$

式中的模腔平均压力（P_{cp}），可参考表 7-13 选取。

表 7-13　通常所选用的平均模腔压力　　　　　　　　　　　　单位：MPa

成 型 条 件	模腔平均压力	举 例
容易成型的制品	25	PE、PP、PS 等壁厚均匀的日用品，容器类制品
一般制品	30	在模具温度较高的条件下，成型薄壁容器类制品
加工高黏度树脂和有精度要求的制品	35	ABS、PMMA 等加工有精度要求的工业零件，如壳体、齿轮等
用高黏度树脂加工高精度、充模难的制品	40	用于机器零件的高精度的齿轮或凸轮等

（六）合模装置的基本尺寸

合模装置的基本尺寸决定了模具的安装尺寸，因而也决定了所能加工制品的平面尺寸。

1. 模板尺寸及拉杆间距

图 7-51 为模具与模板尺寸关系，模板尺寸为 $H \times V$，拉杆间距为 $H_0 \times V_0$，它们是表示模具安装面积的主要参数。模具平面尺寸必须限制在模板及拉杆规定的范围内。近年来，由于模具结构的复杂化和低压成型方法的使用，以及机器塑化能力的提高和合模力的下降，普遍要求增大模板尺寸。

2. 模板间最大开距

模板间最大开距指动模板、定模板之间所能达到的最大距离（见图 7-52）。为使成型后的制品顺利取出，模板最大开距 L_{max} 一般为成型制品最大高度的 3～4 倍。

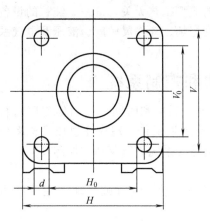

图 7-51　模具与模板尺寸关系

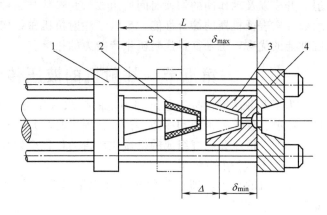

图 7-52　模板间的尺寸

1—动模板；2—制品；3—模具；4—定模板

3. 动模板行程

动模板行程指动模板能移动的最大距离，用 S 表示，它应大于制品最大高度的 2 倍，以便取出制品。

4. 模具最小厚度与最大厚度

模具最小厚度 δ_{min} 和模具最大厚度 δ_{max} 指动模板闭合后，达到规定合模力时动模板和定模板间最小和最大距离（见图 7-53）。如果模具的厚度小于规定的 δ_{min}，装模时应加垫板，否则不能达到最大合模力或损坏机件。如果模具厚度超过 δ_{max}，也不能达到最大合模力。δ_{max} 和 δ_{min} 之差即为模具装置的最大可调行程。

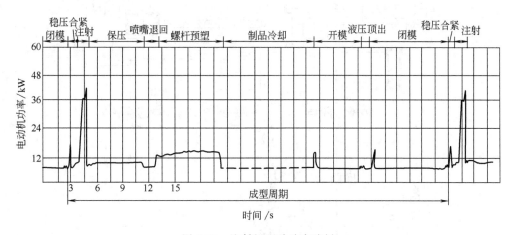

图 7-53　注射机驱动功率消耗

（七）移模速度

移模速度指动模板在开模、合模时的移动速度。为了提高机械效率，移模速度越快越好。以往 10～20m/min 为快速，而现在 30～35m/min 已相当普遍，高速机一般在 45～50m/min 之间，最高速已接近 70m/min。但是，在闭模接近最终位置和开模过程的始末位置时，为了减少因冲击而顶出制品，都要求慢速移模。因此要求模板在整个行程中速度可调，合模时从快到慢，开模时从慢到快，再到慢，慢速移模的速度一般在 0.24～3m/min 范围内。

（八）空循环时间

空循环时间是指不加料注射机空转一个循环所需的时间，它由合模、注射座前进和后退、开模以及动作间的切换时间所组成。此参数与制件的成型工艺无关，是一个纯粹的设备参数，它表征机器的综合性能，反映了注射机机械结构的好坏、动作灵敏度、液压及电气系统性能的优劣，也是衡量注射机生产能力的指标。

第五节　注射机的液压传动和控制系统

为了保证注射机按工艺过程预定的要求（压力、速度、温度和时间）和动作程序（合模、注射、保压、预塑和冷却、开模、顶出制品），准确有效地工作，现代注射成型机多数是由机械、液压和电气组成的机械化、自动化程度较高的综合系统进行驱动和控制。

一、注射机的传动

注射机的传动，即指注射机的注射装置和合模装置的传动。注射机传动的主要特点如下。

① 动作过程的参数（压力、速度等）随工艺过程的要求而变化，例如，低压高速合模、高速高压注射，高压下的压力保持等。根据发展，要求参数控制程序化；

② 注射机的驱动负荷非恒定值，从图 7-53 可知，在注射机全周期消耗功率记录中，注射时的负载为最大。

注射机的驱动基本类型主要有机械传动、液压传动和混合传动三种。

以下主要介绍液压传动系统。

（一）液压传动系统

液压传动由油泵和液压元件组成，图 7-54 是液压传动注射机工作原理。

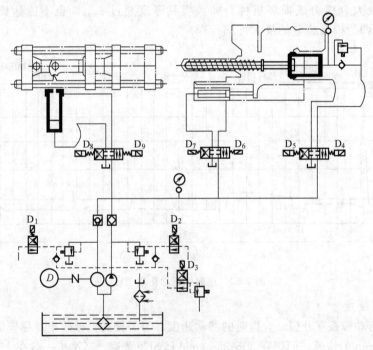

图 7-54　注射机液压传动原理

液压传动具有下列一些优点：

① 速度和压力以及行程可随意调定，其调定的方式也比较方便，压力数值易于直读；

② 容易实现压力和速度的程序控制和机器集中控制；

③ 动作平稳，具有自润滑、防锈的特性，容易实现过载保护。

缺点是：

① 气温和油温的变化会影响到系统的速度和压力；

② 速度和位置的精度没有机械传动精确；

③ 元件多，效率比较低（电耗、水耗、油耗比较大）；

④ 维护技术要求高；

⑤ 噪声、油的污染。

随着液压元件制造以及维护水平的不断提高，上述缺点在不同程度上得到克服。同时注射机在控制技术方面，要求愈来愈高。因此目前液压传动式的注射机为最多。

（二）液压驱动的基本方式

如图 7-54 所示的泵组单独传动方式，一般存在传动系统的动力得不到充分使用的问题。要求注射速度愈快，或成型周期愈长，这个问题也愈突出。目前更多地使用如图 7-55 所示的带储能器的传动系统。这种传动系统具有升压快并且稳定、速度高而功率省等优点。当前注射机驱动，致力于高速、低能耗、低噪声。主要有如下几方面特点：

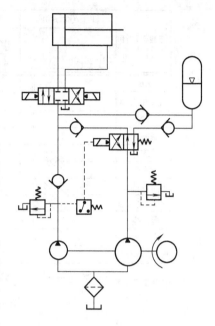

图 7-55　带储能器的液压系统

① 用低速高扭矩的油马达直接驱动螺杆，使注射装置在结构上大为简化；

② 使用无噪声泵、无冲击阀、直流电磁阀、电磁比例阀，使阀集成插件化以及采取其他防震隔声措施，降低机器噪声和简化油路设计；

③ 应用电磁比例控制阀和伺服阀，使工作过程中的参数程序化并实现反馈控制。

现代高水平的注射机应具有完善的液压系统和高质量的液压元件油泵、阀件及附件等，能按注射成型工艺要求，对注射机实现有效驱动和控制。

二、注射机的控制

注射机的控制系统是保证注射机按工艺过程预定的要求（压力、速度、温度、时间等）和动作程序，准确有效地工作的控制系统。目前注射机的控制主要集中在以下几方面：

① 提高制品尺寸精度和稳定性；

② 提高速度，缩短成型周期；

③ 生产过程的自动化和省力。

因此，注射机的控制成为评判注射机质量优劣的一个很重要内容，注射机的控制可分为注射机动作程序控制（如开闭模、注射、保压等）及其过程程序控制（如注射过程的速度和压力的程序控制等）两个方面。

（一）注射机动作程序控制

注射机动作过程的程序是指注射机在成型周期中各动作的先后次序。由于注射机的用途不同和结构上差异，因此在动作程序上是有区别的。如排气、热固性塑料等专用机与普通型注射机，肘杆式与液压式，螺杆式与柱塞式，它们之间的动作程序都有差别。以下是常见的普通型螺杆式注射机动作程序及其操纵方式。

1. 注射机的动作程序

注射机动作过程的程序编排，可按预塑加料的先后次序分退回加料、加料退回、固定加料三种（见图 7-56）。

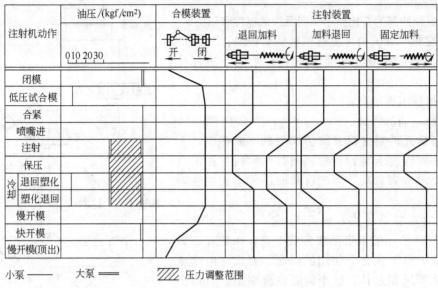

图 7-56 注射机动作程序

1kgf/cm² = 0.1MPa

（1）固定加料　是指注射机在各次工作循环中，喷嘴始终同模具相接触，也就是在加工过程中喷嘴没有后撤或前移的动作。这种方式比较适用于加工温度范围较宽的一般性塑料（如聚乙烯、聚苯乙烯、ABS 等），其特点可缩短循环周期，提高注射机生产率。

（2）加料退回（前加料）　是指在每次工作循环中，注射部件的喷嘴都需作一次撤离模具的动作。但喷嘴退回的动作必须是在每次螺杆预塑后进行，故称为加料退回。这种程序主要用在使用开式喷嘴或需要用较高的背压进行预塑的场合，因为它可以减少喷嘴的垂涎现象。

（3）退回加料（后加料）　如每次工作循环中螺杆塑化计量是在喷嘴退回之后进行，即称为退回加料。因为这种程序安排，可使喷嘴同温度较低的冷模具接触时间为最短，所以适合于加工温度范围较窄的结晶型塑料的加工。

2. 注射机的操纵方式

目前注射机常用的操纵方式有调整、手动、半自动、全自动四种。

（1）调整　是指注射机所有动作，皆需在按下相应按钮的情况下并以慢速进行。放开按钮动作即行停止，故又称为点动。这种操纵方式适合于装拆模具、螺杆和检修调整注射机时用。

（2）手动　是指注射机所有动作，只需按动按钮就能按照调定的速度和压力将相应的动作进行到底。这种操纵方式多数用在试模和生产开始阶段，或组织自动生产有困难的一些制品上。

（3）半自动　是指每个成型周期仅需把安全门关闭后，工艺过程的各个动作就按照预定的程序自动进行，直至一个成型周期进行完毕为止。此操作主要用于组织全自动化生产尚不具备条件的一些制品加工上，例如，必须由人工取出制品或放入嵌件的生产过程。这也是经常所采用的操纵方式。

（4）全自动　是指注射机的动作程序，全部由电器控制，自动周而复始地进行。这种操纵可以减轻体力劳动，是实现一人多机或全车间机台集中管理，进行自动化生产的必备条件。实现上述注射机动作程序的控制是比较容易的，目前主要是要实现注射过程的控制。

（二）实现过程控制的方式

一个最简单的过程控制的构成，一般由检测仪表、调节器、执行机构等组成（见图 7-57）。显然，若要实现过程控制，首先要解决检测仪表。对于温度和压力等物理量的测量是易于实现的，但目前尚无合适的仪表直接量度塑料的黏度，用测量熔料温度或通过测量注射时的体积流量 Q 和压力 Δp 的方法，间接测定黏度。根据对过程参数影响的各原始因素，如料筒加热温度、模具温度、螺杆转速和背压、注射和保压时的压力和注射速度（工作油的压力与流量）、注射计量、螺杆行程位置与时间、合模力等来考虑调节器和执行元件。

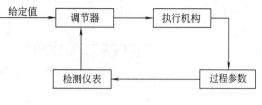

图 7-57　控制系统构成

根据对过程实现控制的基本原理，可分为开式和闭式（反馈）控制系统两大类。

1. 开式控制

这类控制如图 7-58 所示，它是一种按预先设定的成型条件，用开路（即无反馈信号）控制机器动作的控制系统。如今在注射机上广为使用的是附有工艺过程监视的开式控制系统，如有关工艺参数离开设定的条件，它能自动报警，向操作者报告异常，操作人员可立即采取对策。

图 7-58　开式控制

2. 闭式控制（反馈控制）

为了得到良好的成型制品，用能够自动修正过程参数的回路，将成型条件保护在设定的范围内的控制方式统称为闭式控制，也称为反馈控制，如图 7-59 所示。对于在多参数可变的条件下，能自选最佳控制条件的系统也称为自适应控制。

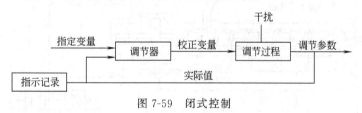

图 7-59　闭式控制

在注射成型机上使用闭式控制的最终目的：一是为了将成型制品的质量经常保持在一定的范围内；二是在制品质量符合要求的前提下，需将注射机迅速调整到最高成型效率状况下工作。

用来表示制品质量的终端信号（反馈信号），目前还只能用测重法。但就目前用测重法实现终端自适应控制而言，在技术上还存在许多问题。所以现在绝大多数注射机是用选择在成型过程中最容易表现制品质量的工艺条件作为反馈信号，并实行闭式控制。对塑化、注射充模、保压与制品冷却过程中的重要参数有：压力（注射压力、保压压力、螺杆背压）、速度（螺杆注射速度与转速）、温度（物料温度、模具温度）、时间等。

三、注射机的自动化

实现注射机成型过程的生产自动化，一般需具备下列条件。

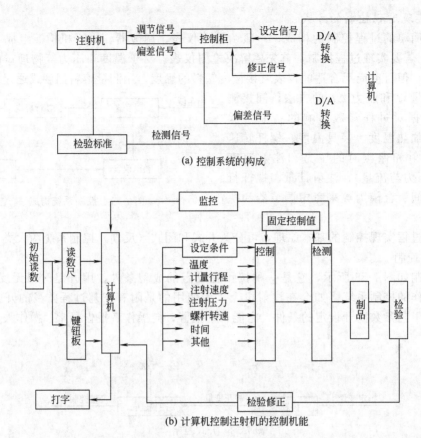

(a) 控制系统的构成

(b) 计算机控制注射机的控制机能

图 7-60　计算机控制原理

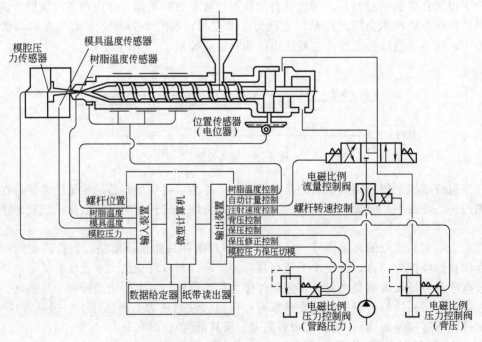

图 7-61　N-PACS 控制系统

　① 注射机具有良好的工作性能和参数的再现性。附有必要的附属装置，机器故障少，对异常情况出现有报警等。

　② 需配置相应自动化辅助机械。其中有原料供给：粉碎、混合、干燥、上料。制品取出：喷洒离型剂、取出装置、落下检测。后处理：输送、二次加工设备。

　③ 适应自动化生产要求的模具结构及其安装和贮运。

　④ 集中监控。对注射机、模具和辅助机器的异常情况进行监视及成型管理。

四、注射机的计算机控制

　用计算机进行注射机的过程控制的原理比较简单，如图 7-60 所示。

　实现这种控制的第一步是要将注射成型过程中的压力、温度等模拟转换为计算机的语言，然后输入到计算机内同预先拟定的程序（设定值）对比，如超出允许的程序极限，计算机可发出警报、停机或采取校正故障的任何动作。在反馈系统中，差值信号即转换成调整参数的调整信号，并由执行机构执行。

　注射机控制技术经过 20 世纪 80 年代的高速发展，至 20 世纪 90 年代，电脑控制技术已相当普及。为提高注射制品的质量，新近采用的建立在模糊理论基础上的统计过程控制（SPC）和连续过程控制（CPC），以及研制计算机辅助质量最优化程序（CAQ）。

　实现注射机的群控是计算机应用的一个重要方面。目前，用美国 IBM 公司的系统和以控制模腔压力为主的管理系统，可进行编制日报、记录、测定成型条件、记录工作状况，用一台计算机可以直接控制 42 台注射机。目前注射成型车间已开始使用 CAM 系统（见图 7-61）。

习　　题

1. 注射成型机有何特点？适用于哪类产品的生产？
2. 注射机基本参数有哪些？它的含义是什么？
3. 注射机由哪些主要零部件组成？各起什么作用？
4. 简述注射机几种结构类型，并对比它们的优缺点。
5. 挤出机螺杆和注射机螺杆有何不同之处？
6. 试述常用喷嘴的类型及特征。
7. 简述注射机注射装置的主要类型及特点。
8. 简述注射机合模装置的功能及主要类型。
9. 注射机的传动有哪些形式？对比其优缺点。

第八章　液压成型机

第一节　概　述

液压成型机是一种带加热平板的液压机，用于压制橡胶制品的称为平板硫化机。它具有结构简单，压力大，适应性广和投资少等特点，在橡胶工厂和塑料工厂中广泛应用。随着液压技术的进步，液压成型机的自动化程度越来越高。

一、用途与分类

液压成型机在塑料工业中主要用于压制热固性塑料制品；在橡胶工业中广泛用于硫化工业、日用和医疗橡胶制品，如各种类型的密封圈、密封垫、油封、运输带、传动带、胶板、热水袋和医疗卫生用的橡胶制品。

液压机种类很多，常按其用途和结构来分类。

（一）按用途分

分为塑料液压成型机、橡胶模型制品平板硫化机、平带平板硫化机和三角带平板硫化机。

（二）按结构分

1. 按机架结构分

分为立柱式液压机、框式液压机、颚式液压机和转盘式液压机。

2. 按加热成型层数分

分为单层式液压机、双层式液压机和多层式液压机。

3. 按液压缸数分

分为单缸式液压机、双缸式液压机和多缸式液压机。

4. 按液压缸的位置分

分为上缸式液压机、下缸式液压机和角式液压机。

此外，按热板加热介质分为蒸汽加热、电加热和过热水加热的液压机；按传动系统分为泵直接传动和泵-蓄能器传动的液压机。

二、规格表示与技术特征

橡胶平板硫化机的规格可用如下表示方法。

① 以加热平板的长度×宽度（mm）表示，如 $350×350$ 平板硫化机，表示平板面积为长 350mm，宽为 350mm。

② 以平板硫化机最大锁模力的公称吨位表示，如 25t 平板硫化机，表示最大锁模力 25t（250kN）。

③ 以平板硫化机最大锁模力的公称吨位及加热平板的长度×宽度（mm）表示，如 25/350×350 平板硫化机，表示最大锁模力 25t（250kN），加热平板长 350mm，宽 350mm。

塑料液压成型机则以最大锁模力前冠以汉语拼音字母表示，如 SY-250，S 表示塑料，Y 表示液压机，250 表示最大锁模力为 250t（2500kN）。

目前液压机和平板硫化机的公称吨位有：25t、45t、63t、100t、160t、200t、250t、400t、500t、600t、1000t、1250t、2000t、2500t、3000t、5000t、10000t。

液压系统工作压力一般为：水压 12MPa，油压 12.5MPa、16MPa、20MPa、32MPa。

表 8-1 为橡胶模型制品平板硫化机规格及主要技术特征。

表 8-2 为平带平板硫化机规格及主要技术特征。

表 8-3 为三角带平板硫化机规格及主要技术特征。

表 8-4 为国产塑料液压成型机的主要技术参数。

表 8-1　橡胶模型制品平板硫化机规格及主要技术特征

加热平板尺寸（宽×长）/mm	公称吨位/t	机架类型	柱塞直径/mm	柱塞行程/mm	工作层数	每层间距/mm	加热方法	外形尺寸（长×宽×高）/mm	设备质量/t
240×340	25	框式	180	200	2	—	蒸汽	650×500×830	0.35
300×300	25	框式	176	200	2	—	蒸汽	540×300×1320	
350×350	25	框式	152	150	2	75	电热	1170×710×1305	0.9
400×400	45	框式	200	210	2	90～120	蒸汽	1330×750×1500	1.0
600×600	100	框式	340	500	4	125	蒸汽	1390×724×2500	2.3
750×850	140	框式	350	500	4	125	蒸汽	1420×1200×2375	6.0
1200×1800	230	框式	350(2个)	400	4	—	蒸汽	3515×1950×2650	12.3

表 8-2　平带平板硫化机规格及主要技术特征

加热平板尺寸（宽×长）/mm	公称吨位/t	机架类型	柱塞数量	柱塞直径/mm	层间高度/mm	平板压力/MPa	工作层数	液压/MPa	气压/MPa
1800×10000	4000	柱式	24	430	300	—	1	12.0	0.6
1200×8500	2000	柱式	24	310	300	—	1	12.0	0.6
1524×9400	4300	框式	10	526	2×300	3.0	2	20.0	0.8
2500×9400	6000	框式	8	700	690	3.0	1	20.0	1.0
2300×6500	6600	框式	10	660	2×400	4.4	2	20.0	1.4
1300×9500	4250	框式	16	440	2×500	3.5	2	17.5	1.25
3200×10300	12600	框式	14	760	500	3.7	1	20.0	热水

表 8-3　三角带平板硫化机规格及主要技术特征

型号	加热平板尺寸（宽×长）/mm	公称吨位/t	柱塞数及直径/mm	柱塞行程/mm	外形尺寸（长×宽×高）/mm	设备质量/t	硫化三角带型号
颚式	400×300	30	185	200	2678×1260×1900	3.02	O·A·B·C
	400×600	60	260	250	4040×1311×2140	3.9	A·B·C·D
	400×1200	120	2×φ260	250	10200×1333×2220	10.944	B·C·D

表 8-4　国产塑料液压成型机的主要技术参数

型号	YX(D)-45	YX-100	X71-100-1	Y71-300	X-300	Y71-500	YA71-500	Y32-100-1
总压力/t	45	100	100	300	300	500	500	100
最大回程力/t	7	50	20	100	—		160	30.6
工作液最大压力/MPa	32	32	32	32	24	32	32	26
柱塞最大行程/mm	250	380	380	600	450	600	1000	600
压板最大距离/mm	330	650	165	1200	900	1400	1400	854
压板最小距离/mm	80	270	—	600	450			
压板尺寸（宽×长）/mm	400×360	600×600	600×600	900×900	850×800	1000×1000	1000×1000	580×700
顶出杆最大行程/mm	150	165/280	165/280	250		300	300	200
最大顶出压力/t	—	20	20	50		100	100	18.4

第二节　整体结构与传动

一、模型制品平板硫化机和液压成型机

这类平板硫化机或液压成型机由机架、动梁、加热平板、工作油缸、液压传动和电气控制系统组成。塑料液压成型机还设置顶出油缸。

如图 8-1 所示为蒸汽加热的立柱式双层平板硫化机。

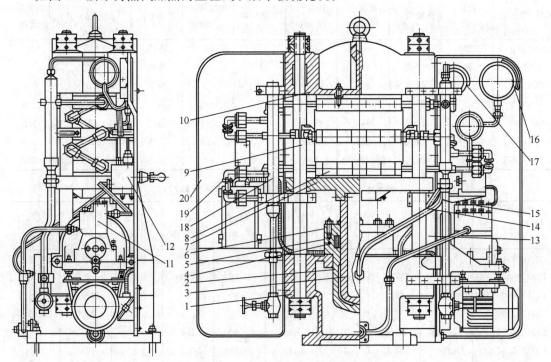

图 8-1　立柱式双层平板硫化机

1—机座；2—工作缸；3—柱塞；4—密封圈托；5—密封圈；6—法兰盘；7—可动平台；
8—上、下加热平板；9—立柱；10—上横梁；11—油泵；12—配压器（控制阀）；13—来油管；
14—工作缸进、出油管；15—回油管；16—油压力表；17—蒸汽压力表；18—集汽管；19—蒸汽管；20—隔热机罩

这种平板硫化机属下缸式，四根立柱 9 由立柱上的螺母将上横梁 10 与机座 1 连接成一稳固的机架，在下部机座 1 内装入工作缸 2，两者之间构成的空腔为油槽。工作缸内有柱塞 3，缸上方的凹槽内装有带密封圈托 4 的密封圈 5，并用法兰盘 6 压紧，柱塞上方与平台 7 连接。在平台上有下加热平板 8，热平板内钻有孔道可通入蒸汽加热。上层加热平板用螺钉固定在不动的上横梁 10 上。为了隔热，在下加热平板 8 与下部平台 7 及上加热平板上横梁 10 之间放有隔热的石棉垫。立柱上装有热平板升降限制器，中层加热平板可以在一定的范围内升降。

此机台为油压传动，通过油泵 11 的作用将一定压力的油通过油管进入工作缸使柱塞托着平台上升，达到对制品加压的目的。当油从缸内通过油管 14 排出时，可借助平台柱塞等的自重下降。若使用水压传动，则以压力水代替压力油。

油压力表 16 表示油压，蒸汽压力表 17 表示蒸汽压。为了不妨碍中、下加热平板的升降，蒸汽管路均用活络管件连接。也有采用伸缩式连接器、橡胶管、软铜管或软金属编织管连接，不管哪种连接方式其主要要求是连接管路各管件间的转动灵活、密封良好、不阻碍热平板的升降。

平板硫化机的动力装置及加热管道外面装有隔热机罩 20，以减少热量损失并使操作安全。

图 8-2 为框式四层平板硫化机。其整体结构及传动与柱式平板硫化机相类似，其区别仅是此机用两副钢制的框架 4 通过螺钉 5 与上部不动横梁及下部工作缸 1 连接，组成稳固的机架。

图 8-3 是单独传动、带有两台模板更换装置的机械化、自动化程度较高的电热平板硫化机。这种平板硫化机可两面进行操作，硫化工人将胶坯装在被拉出而敞开的下模盒 5、2 内，

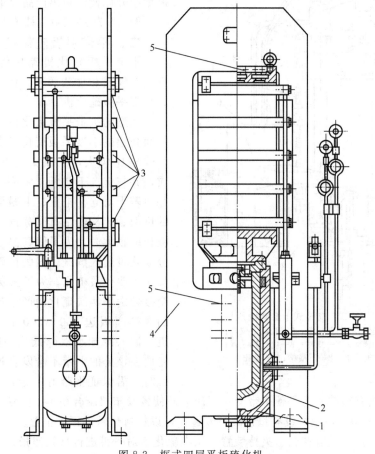

图 8-2 框式四层平板硫化机
1—工作缸；2—柱塞；3—加热平板；4—框架；5—螺钉

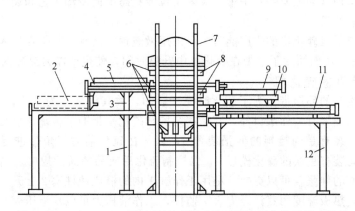

图 8-3 250/600×600 装有抽出式模型的双层液压电热平板硫化机
1—下层换模工作台；2—下模；3—上层换模工作台；4—抽动板；5—上层模型的下模；6—加热板；7—机架（框板）；8—固定在加热板上的上模；9、11—换模装置的上部和下部液压缸；10、12—上、下液压缸的底架

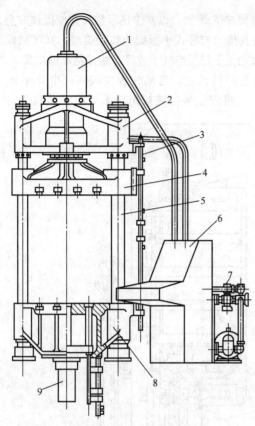

图 8-4　SY-250 立柱式上缸式液压机
1—工作缸；2—上横梁；3—减速限位杆；
4—活动横梁；5—立柱；6—电气操纵台；
7—液压系统；8—下横梁；9—顶出缸

然后借助液压缸 9、11 将模型自动移入硫化机中，并开始硫化进程。当硫化完毕，硫化机自动打开，柱塞下降，当柱塞下降到一定位置，触动模型更换机构的推杆，模型便从平板硫化机的加热板中自动拉出，模型敞开以便卸料出产品及重装新料。

图 8-4 为 SY-250 立柱式上缸式液压机。

二、平带平板硫化机

平带平板硫化机硫化传动带和运输带，有框式和柱式两种。图 8-5 为柱式双层平带平板硫化机。

大型的平带平板硫化机其基本结构与前面介绍的小型平板硫化机类同；只是热板规格比较大，上横梁由几个铸铁件组成，并与上、下热板 2 连接成一组合件，并由若干对立柱把上、下横梁连接成牢靠的机架。热板内钻有通蒸汽的孔道，当热板长度较大时，为了使其温度均匀，可以分成几段通入蒸汽。因为被硫化的平带很长。需要分段硫化，为了避免平带各分段交接处由于两次硫化而产生过硫，在热板的两端离板边 200～300mm 处另钻有孔道，通入冷却水以降低这段热板的温度，使放在该处的平带不会发生过硫。硫化平带时，需保证平带有一定的厚度和宽度，

所以平带两边放有垫铁。为了使平带受一定压力而使各胶布层压合粘牢，垫铁的厚度比平带半成品薄 25%～30%，最好设有垫铁调整装置，可以保持垫铁的正确位置。

平带平板硫化机设有伸张、夹持装置，用在硫化前对平带进行预先伸张，这样可以使硫化好的平带在工作过程中帘线受力均匀，并且不会产生迅速的伸张。

对于热缩性织物（如尼龙等）平带；应采用拉伸状态下的冷却工艺和装置，否则平带在使用过程中将迅速伸长。

为了提高平带平板硫化机的生产能力，可采用微波预热装置。平带在进入硫化前先均匀加热到 100℃左右，从而缩短了平带在硫化机中升温时间，使生产能力提高约一倍。

三、三角带平板硫化机

三角带为无接头的环形带，为了硫化时便于装卸，故其框架多为颚式，如图 8-6 所示。颚式平板硫化机除框架有一面敞口外，其基本结构和硫化平带的平板硫化机相似。三角带平板硫化主机的两边装有带沟槽辊的伸张装置 6，以便在硫化前对三角带进行预伸张，并在上、下加热平板间装有更换的硫化模板 3，以控制硫化后成品的断面规格。当改变制品规格时，模板及带沟槽的伸张辊可以更换。利用工作缸 1 内的液压使柱塞 2 上升。当硫化完毕讯响器 8 即发讯号，热板温度用蒸汽压力表 7 监控，工作液压力可以从液压表 9 中看到。每次硫化前，通过电控制箱 5 操纵带动伸张装置 6 的电机，使半成品预伸张以达到制品伸张均匀的目的。近几年来，已制造出高压或可调模压完全机械化和自动化的平板硫化机；还有带有

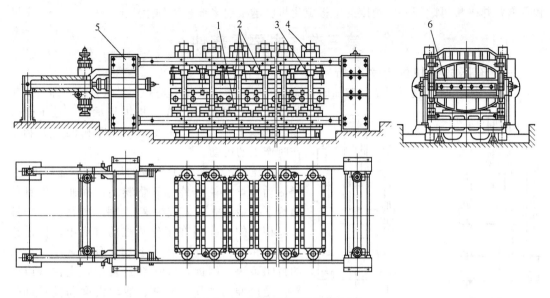

图 8-5　柱式双层平带平板硫化机

1—柱塞；2—加热平板；3—立柱；4—上横梁；5—伸张装置；6—夹持装置

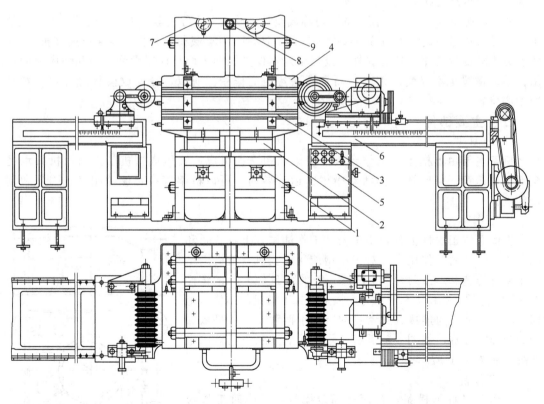

图 8-6　三角带平板硫化机

1—工作缸；2—柱塞；3—硫化模板；4—上加热平板；5—电控制箱；
6—伸张装置；7—蒸汽压力表；8—讯响器；9—液压表

专用模型的专用平板硫化机；机械式、液压式、机械液压式平板硫化机。电加热平板硫化机和具有加热平板可敞开一定角度的平板硫化机已越来越多地被用到生产上。

第三节　主要零部件

一、液压成型机的受力分析

在硫化橡胶制品或压制塑料制品时，

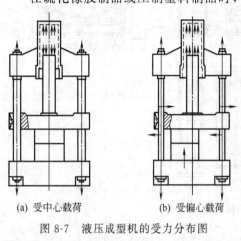

(a) 受中心载荷　　　(b) 受偏心载荷

图 8-7　液压成型机的受力分布图

液压成型机所承受的力是一个封闭系统，即所产生的作用力全部由液压成型机本身承受，且不会作用到地基上。地基仅承受液压成型机的重力和工作时产生的震动。

在压制产品时，工作液的压力作用在柱塞上，经活动横梁、模具传递到物料上，并通过模具传递给下横梁和立柱（或框架）。另一方面，工作液又以相等的力作用在工作油缸的缸底上，传递给上横梁和立柱（或框架）。这样，便形成了一个力的封闭系统。因此，在压制过程中，立柱（或框架）受拉伸力作用，柱塞、活动横梁和模具都受压缩力作用，而上、下横梁受弯矩的作用。这种受力分布是在液压成型机受中心载荷的情况下而得的，受力示意图如图 8-7 (a) 所示。

实际情况下，往往由于模具的不对称或模具未放在中心位置等原因，会使液压成型机处于偏载受力状态，这时力的分布如图 8-7 (b) 所示。由于载荷不是作用在液压成型机中心，使受力情况发生变化。这时立柱（或框架）不仅受拉伸力而且还得承受弯矩和切应力的作用；活动横梁也不仅受压缩力，而且还受弯矩的作用。所以，在安放模具时必须注意对准中心位置。

二、主要部件

（一）机架

机架主要由上横梁、工作台（下横梁）和立柱组成。液压成型机工作时，机架承受全部工作载荷，同时还兼作活动横梁的运动导向，所以机架应有足够的刚度、强度和制造精度。

1. 上横梁

上横梁位于立柱上部，用于安装工作油缸（上缸式）和承受工作油缸的反作用力。对于小型液压成型机，上横梁结构主要有铸造和焊接两种。上横梁一般采用 HT20-40 的铸件或 ZG35 铸件。如图 8-8 所示为立柱上缸式上横梁的结构。上横梁与工作油缸的连接方式常见的有如下两种：一种是依靠圆螺母固定油缸，如图 8-9 所示；另一种是依靠法兰盘固定油缸，如图 8-10 所示。

2. 工作台

工作台又称下横梁，台面上固定模具，工作时工作台承受机器本身的质量及全部载荷。工作台也可安装顶出油缸及其他辅助装置（见图 8-11）。工作台一般用 HT20-40 制造。

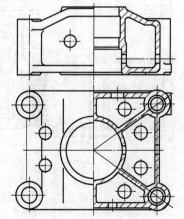

图 8-8　铸造横梁的结构

3. 立柱

立柱是立柱式液压成型机的重要支承件和受力件，同时又是活动横梁的导向基准，因此立柱应有足够的强度与刚度，导向表面应有足够的精度和硬度，较低的粗糙度。立柱一般采用优质碳素钢制造。

立柱与上横梁、工作台的连接方式表明了立柱结构的主要特征。常用的结构形式如图8-12所示。

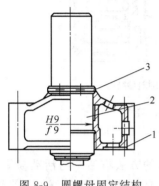

图 8-9　圆螺母固定结构

1—上横梁；2—油缸；3—圆螺母

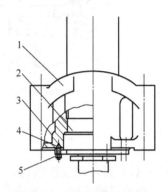

图 8-10　法兰盘固定结构

1—上横梁；2—油缸；3—法兰盘；4—双头螺栓；5—螺母

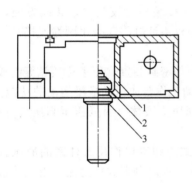

图 8-11　工作台与顶出缸的连接

1—工作台；2—顶出缸；3—螺母

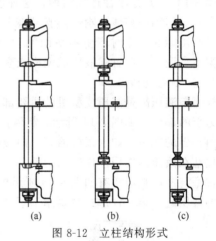

图 8-12　立柱结构形式

图 8-12（a）中，上、下横梁都用立柱台肩支承，用锁紧螺母上下锁紧。这种结构，上横梁与工作台的间距由立柱台肩尺寸来保证，因此它结构简单，装配方便，但装配后机器不能调整。一般低精度小型液压成型机用。

图 8-12（b）中，上、下横梁都用调节螺母支承，用锁紧螺母上下锁紧。这种结构的调节螺母起立柱台肩的支承作用，并可以调节两梁的支承距离。对立柱有关轴向尺寸要求不严格，紧固较容易。

图 8-12（c）中，上横梁用立柱台肩支承，调节螺母安装在工作台面上，两端用锁紧螺母锁紧。这种结构，精度调整和加工都不复杂，应用较多。

（二）活动横梁

活动横梁的作用是连接工作油缸活塞杆（或柱塞）和传递液压成型机的压力的，通过导向套沿立柱导向并作上下往复运动；安装和固定模具等。因此，活动横梁要有较好的强度、刚度和精度。为了保证导向精度，导向部分的高度一般不小于活塞行程的 1/2。材料一般与上横梁相同。

活动横梁与活塞（或柱塞）杆的连接有球面连接和刚性连接两种，如图 8-13 所示。

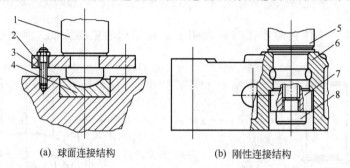

(a) 球面连接结构　　　　　　(b) 刚性连接结构

图 8-13　活动横梁与活塞杆的连接

1，5—活塞；2—卡环；3—螺栓；4—球面垫；6—活动横梁；7—垫圈；8—螺钉

图 8-13（a）是球面连接结构，它是以球面铰链连接的方法将活塞与活动横梁连接的。运动中，活动横梁能对球心作微小的转动，以克服油缸、立柱两者导向轴线的不平行，故缸口导向套磨损较小。球面连接一般在多缸式液压成型机上采用，如平带平板硫化机。

图 8-13（b）是刚性连接结构，这种连接是通过活塞杆的端面及圆柱面与活动横梁连接成没有相对移动的整体。刚性连接要求活动横梁及主轴的油缸安装基准等有较高的加工精度，否则可能在工作时产生不平稳跳动等现象。这种连接结构比较简单，装配方便，刚性大，但不易调整。单缸式液压成型机或多缸式液压成型机主油缸一般采用刚性连接。

（三）柱塞与液压缸

柱塞与液压缸是液压成型机的主要部件之一，它们与密封装置、压紧法兰盘等组成了传递压力能的部件，如图 8-14 所示，将液压能转变成带动工作台或活动横梁运动的功能。

由外界的能源（如水泵或油泵）向液压缸注入不同压力液体（由低压至高压）。液压缸内的柱塞在液压的作用下作轴向运动。

柱塞与液压缸通常有如图 8-15 所示的两种组合形式，即带单作用式柱塞的液压缸和带活塞的液压缸。第一种形式主要用于下缸式液压成型机；第二种形式则适用于上缸式液压成

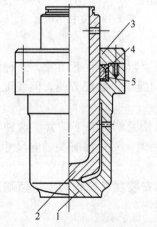

图 8-14　柱塞与液压缸的组合装置

1—液压缸；2—柱塞；3—法兰盘；
4—密封圈托；5—密封圈

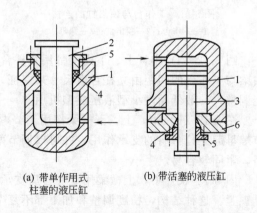

(a) 带单作用式
柱塞的液压缸　　(b) 带活塞的液压缸

图 8-15　柱塞与液压缸组合形式

1—液压缸；2—柱塞；3—活塞；
4—密封圈；5—填料压盖；6—缸盖

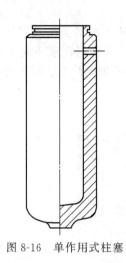

图 8-16 单作用式柱塞

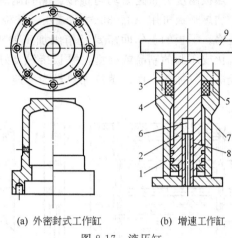

(a) 外密封式工作缸   (b) 增速工作缸

图 8-17 液压缸

1—液压缸；2—柱塞；3—法兰盘；4—密封圈托；5—密封圈；
6—增速室；7—回程室；8—滑管；9—活动平台

型机。柱塞的结构如图 8-16 所示。直径小的柱塞多制成实心，当柱塞直径大于 150mm 时，为了节省材料、减轻质量应制成空心的。柱塞底部的轮廓线应与液压缸的底部相适应，为了减少柱塞轮廓的内部应力，柱塞的筒壁到底部的轮廓线应采用大圆弧逐渐过渡连接，壁的厚度应当一致。柱塞的表面必须磨削加工，也有采用镀硬铬并精磨，使其达到 $0.8\mu m$ 的粗糙度，粗糙度低的表面可以提高耐蚀性和密封性。

液压缸属于高压下操作的厚壁容器，其常见结构如图 8-17（a）所示。

这种带有外部密封装置的液压缸，密封零件（密封圈托、密封圈等）填入液压缸壁的凹沟内（见图 8-14），并用法兰盘压紧填料，法兰盘用螺栓固定在液压缸的突缘上。

液压缸的周壁到缸底，应采用大圆弧逐渐过渡连接，以防止由于缸壁方向变化引起应力集中。液压缸内腔直径可按柱塞的直径选定，一般应选其内腔直径稍大。

图 8-16 及图 8-17（a）所介绍的柱塞及液压缸结构形式存在的主要问题是升降速度较慢，尤其是下缸式的柱塞全靠自重下降，速度无法控制，因此可采用一种增速型液压缸，如图 8-17（b）所示。液压缸 1 上部有一个、下部有两个进液孔，柱塞 2 是活塞式的，柱塞底部设有增速装置，增速装置由柱塞底部的增速室 6 及滑管 8 组成，当可动平台需要上升时，低压工作液很快通过滑管进入和充满空腔很小的增速室而推动柱塞迅速上升，同时加快了工作液从液压缸下部进入并充满柱塞底部滑管周围空腔的速度。当平台上升至两加热板靠近时，通过手工或自动控制，向液压缸内换送高压工作液，达到锁模或压紧制作进行硫化或交联的目的。硫化或交联结束后，当可动平台需要下降时，则液压控制系统自动停止向柱塞底部增速室及液压缸底部送液，同时打开液压缸底部各管的回流阀，并换向液压缸上部回程室 7 送入低压工作液，强制两加热板或模型分开，柱塞则迅速下降，并迫使柱塞底部的工作液经回流阀排出。

液压缸可锻制，可以用无缝钢管焊制，也可以用铸钢或铸铁浇制。大型平板硫化机的液压缸，为了便于加工可用空心锻件制成。通常液压缸使用的材料为：35、45 号优质钢，20、35、45 号钢制的无缝钢管，ZG35、ZG45 铸钢。吨位比较低及液压不超过 12.5MPa 的液压缸也可使用 HT35～61、HT40～68 高强度（变质）铸铁及 QT50～105 球墨铸铁。

（四）加热平板

加热平板为液压成型机重要部件之一，在压制或硫化时作为加压、加热物料和模型之用，热板温度分布是否均匀直接影响到制品的质量。

加热平板可用 A3、35 号钢或灰铸铁板制造。根据液压成型机的类型及规格来选择平板的规格。平板的工作面需要经精细加工要求表面平直光滑，表面粗糙度不高于 $3.2\mu m$，使被硫化或压制的制品或模型与平板接触良好，以保证其受压及加热均匀。平板可用蒸汽、热水或电进行加热，而以蒸汽加热最为普遍。

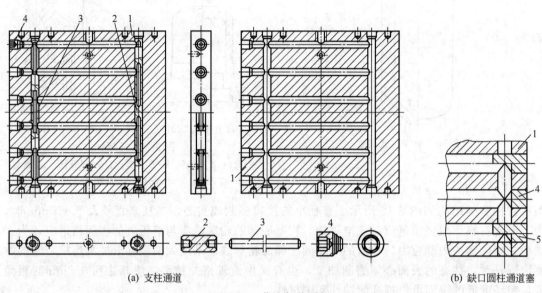

(a) 支柱通道　　　　　　　　　　　　　　　　　　(b) 缺口圆柱通道塞

图 8-18　蒸汽加热平板

1—加热平板；2—堵头；3—支柱；4—闷头；5—缺口圆柱

1. 蒸汽加热平板

如图 8-18 所示为蒸汽加热平板。为了通入蒸汽使平板加热，在热板 1 内部钻上一排彼此距离相等的横向孔道，在排孔两端各钻一孔道与横向排孔相通。如图 8-18（a）右图所示，为了使热板内孔道形成一条迂回曲折的管道，可采用几种结构。一种如图 8-18（a）左图所示，在两蒸汽直孔道内装上一些由堵头 2、支柱 3 组成的不同直径的圆柱体作为通道塞；另一种如图 8-18（b）所示，在隔一排孔端口焊上一个带缺口的圆柱堵头；还有一种如图 8-19 所示，直接用堵头 2 间隔把横向孔道堵上，这样蒸汽可以在蛇形管道内通行，使热板受热均匀。用于硫化传动带、运输带或三角带的平板硫化机，由于胶带需分段硫化，所以在加热平板两端需通冷却水，如图 8-19 所示，以避免胶带在分段处过硫。

在加热平板上钻制孔道是相当复杂的工作，特别是用作硫化传动带、运输带用的蒸汽加热平板，需要钻比较长的通道，更是一个复杂的作业，用多轴钻床自动排屑法钻攻效果较好。

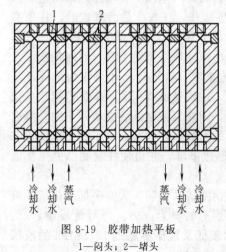

图 8-19　胶带加热平板

1—闷头；2—堵头

2. 电热平板

电热平板由厚钢板及电热器组成，如图 8-20 所示。这种电热平板是在热板 1 内钻有一排等距离的横向孔道，以便装入管形电阻加热器 6，为了安全，装接电线部分装有罩盖。

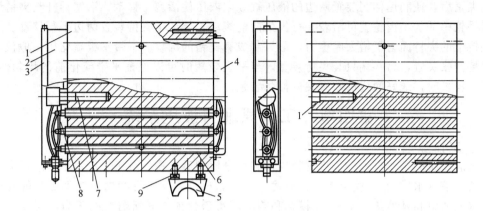

图 8-20 电热平板

1—加热平板；2—罩壳；3—罩盖；4—前盖；5—导架；

6—管形电阻加热器；7—温度继电器；8—小瓷珠；9—圆柱头内六角螺钉

图 8-20 中平板内装有温度继电器 7，作为自动控制平板的工作温度之用。加热平板工作期间，电阻加热器产生的热量使加热平板温度升高，当加热平板温度升至规定值后，温度继电器的常闭触头开路，接触器线圈失压，触点断开；当加热平板温度低于规定值时，则温度继电器的触点又重复闭合，继电器线圈又通电，触点亦随之闭合，电阻加热器又产生热量，由于温度继电器的控制，加热平板能保持一定的工作温度。

现在也有采用液体加热的方式，例如，采用过热水循环加热。这种加热方式与蒸汽加热及电热比较有如下优点：加热温度分布比较均匀；加热、冷却温度控制较易；附属设备运行维护费用较低；由于热载体循环使用，故热效率高。但必须增设一套热载体循环系统，在设备投资上比较大。

（五）夹持伸张装置

夹持伸张装置用于夹持伸张平带，图 8-21 是其结构形式之一。

夹持伸张装置由伸张装置液压缸 3 和夹持装置液压缸 2、5 组成。平带被硫化两头的夹

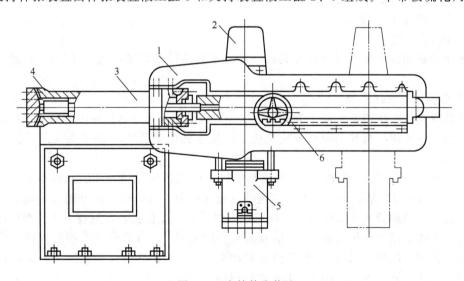

图 8-21 夹持伸张装置

1—伸张托架；2—夹持装置上端液压缸；3—伸张装置液压缸；4—活塞；5—夹持装置下端液压缸；6—导行齿条

持装置夹紧后，便利用伸张装置两边的液压缸 3 内液压使活塞 4 移动，活塞导杆与夹持装置移动时手轮中部的小齿轮就可沿着导行齿条向前滚动，保证了夹持装置两边平行移动。

夹持带的夹持面为了增大摩擦力，最好制成有交错的沟纹。平带平板硫化机一般仅在一端装夹持伸张装置，另一端只装夹持装置，当平板较短时可以保证平带硫化前的均匀伸张，如果平板较长时，最好两边都装有夹持伸张装置。

第四节 工作原理与液压系统

一、工作原理

液压成型机的工作过程是：将物料均匀装填进模型后，模型放于工作台上，然后向液压缸通入液压液（水或油），使上下热板合拢，并压紧模型，同时继续向加热平板内的孔道通以蒸汽（或通电和其他热介质），使模型和制品获得硫化或交联所需的压力和温度。在加热过程中，物料温度升高而使物料具有可塑性或流动性，在压力作用下充满模型的型腔，加热至一定程度时，物料产生化学变化而硫化（或固化）。

硫化或压制的过程包括：加料、闭模、排气、保压硫化（或固化）、脱模和清理模型等步骤。

从上面可知，橡胶制品的硫化和塑料制品的固化是在一定的温度、压力和时间下进行的。物料在高温作用下，分子发生交联，其结构由线形变为网状，从而获得具有一定物理机械性能的制品，物料受热后开始变软，同时夹杂在物料内的水分及易挥发成分气化，这时必须给予足够的压力，使物料充满型腔而获得一定形状的制品，并限制气泡的生成，使制品组织结构致密。如果压力不足，会因物料内压使模型离缝而产生制件溢边、花纹缺胶、海绵气孔等毛病，导致废品。因此，在橡胶硫化和塑料压制成型过程中必须供给一定的温度，使其均匀受压，其压力的大小决定于胶料或塑料的性质、产品结构和工艺条件等。对橡胶模型制品硫化时需要的压力一般为 2.5～3.5MPa，制品小而胶料流动性好者取小值；反之取大值。对于硅橡胶模型制品取 5.0MPa。必须指出，有时为了保证模型制品的尺寸精度（即要求飞边薄），硫化压力远远大于上列数值，有资料推荐不小于 13.0MPa。对于橡胶平带硫化压力，一般为 1.5～2.5MPa，国外有的高达 4.4MPa。

塑料制品压制时的压力要大得多，一般需要 10～30MPa。带有夹布的层压塑料制品压制压力更高，高达 100MPa。

二、液压系统

液压成型机的液压系统有两种形式：一种是泵直接传动系统；另一种是泵-蓄能器传动系统。

1. 泵直接传动液压系统

这种系统是指液压成型机或平板硫化机本身附设的一套独立的液压传动装置，用油作工作介质。塑料液压成型机和小型平板硫化机都应用这种传动系统。如图 8-22 所示是其工作原理图。

这个系统由叶片泵 2、柱塞泵 4、双出轴电机 3 以及各种阀门等液压元件组成。当电机 3 起动时，叶片泵与柱塞泵同时向工作缸进油，使柱塞和工作台迅速上升闭合，随着油路压力升高，低压油经卸荷阀 6 流回油箱，高压油则继续进入工作缸，对热板加压。当管路的压力达到规定值时，电接点压力表 10 发信号自动关闭电机 3，由单向阀 5 进行保压，在油压下降到规定值时，电接点压力表 10 发信号起动电机 3，油泵继续供油，压力升高，硫化或固化成型完毕，打开手动控制阀 8，工作油缸回油。

图 8-22 中电机 3 功率 1.5～2.5kW，叶片泵 2 流量为 45～85L/min，工作压力为

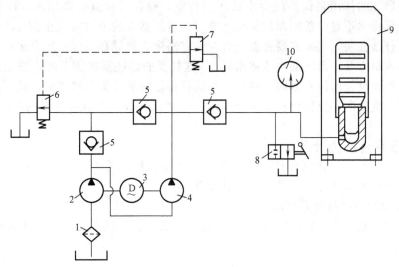

图 8-22 液压成型机直接传动液压系统

1—滤油器；2—叶片泵；3—双出轴电机；4—柱塞泵；5—单向阀；6—卸荷阀；

7—高压溢流阀；8—手动控制阀；9—液压成型机；10—电接点压力表

1.5MPa，柱塞泵 4 的流量为 $1.5\sim2.5$L/min，工作压力为 $16\sim32$MPa。

2. 泵-蓄能器液压系统

这种系统通常以水作工作介质，它包括高压水（$12\sim13.5$MPa）及低压水（$2\sim3$MPa）两部分。低压水用于驱动柱塞快速移动，模型闭合后即转换为高压水，以便对制品加压，所以，低压水比高压水消耗量大。用水作工作介质具有价格低廉、来源方便、动力可集中管理和节约人力等优点，这种系统适用于规模生产的下缸式平板硫化机。缺点是，如果有一台机器漏水，就会影响到其他机台水压力的波动。另外，不论开动几台机器，整个系统必须开动运转，这样，多余的压力水便大量地从蓄能器的安全阀排出，造成动力的浪费，再次是水对机器阀门、泵的腐蚀比较严重。目前有的工厂改用乳化液代替水作工作介质，大大改善了液压系统的润滑腐蚀状况。

如图 8-23 所示是典型的泵-蓄能器液压系统示意图。它由蓄能器 3、高压泵 5、离心泵 7 及安全阀 4 等组成。高压泵 5 除满足平板硫化机的供水外，多余的水则输入蓄能器 3 储存起

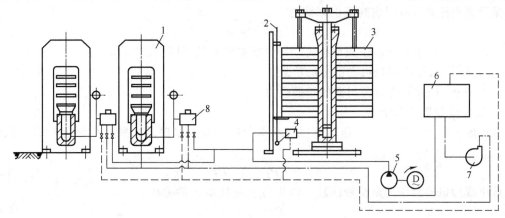

图 8-23 泵-蓄能器液压系统示意图

1—平板硫化机；2—拉杆；3—蓄能器；4—安全阀；5—高压泵；6—水箱；7—离心泵；8—高低压水切换阀

来，所以蓄能器 3 的作用是保护压力水的压力稳定，储存一定量的高压水，以备高峰时使用，一旦高压泵供水不足，蓄能器就输出补充。在蓄能器 3 的下方有安全阀 4，它由固定在蓄能器上的拉杆 2 控制，当蓄能器柱塞上升到一定高度，即储存一定量压力水后，拉杆 2 将安全阀 4 的排水口打开，泄出的水流回水箱 6，这样蓄能器柱塞重新下降，安全阀 4 的排水口随之关闭，如此反复启闭安全阀，使整个系统保持正常的压头和储水量。低压水泵通常采用多级离心泵，直接向平板硫化机供应低压水，它的流量大，没有柱塞泵的压力脉冲现象，不需要蓄能器。

三、液压系统压力计算

液压成型机和平板硫化机公称吨位和压力的大小，可以根据产品规格和工艺要求来选择。以下缸式液压成型机为例，其压力计算如下。

1. 成型橡胶塑料制品所需要的压力

成型橡胶塑料制品所需要的压力 P_1，决定于被成型制品的受压面积大小及必需的单位压力。

$$P_1 = F_1 p_1 \tag{8-1}$$

式中　P_1——成型橡胶塑料制品所需要的压力，N；

　　　F_1——制品或模型的受压面积，m^2；

　　　p_1——工艺上要求硫化成型制品必需的单位压力，Pa。

2. 液压成型机所能提供的压力

液压成型机所能提供的压力 P，决定于加热平板的面积大小及加热平板所具有的单位压力。

$$P_2 = F_2 p_2 \tag{8-2}$$

式中　P_2——液压成型机所能提供的压力，N；

　　　F_2——平板面积，m^2；

　　　p_2——平板单位面积所提供的压力，Pa。

液压成型机所能提供的压力应大于工艺条件所决定的必需压力。

即　　　　　　　　　　　　$P_2 \geqslant P_1 \tag{8-3}$

液压成型机的加热平板面积又必须大于被成型制品的受压面积，才能满足生产的需要。

3. 升起液压成型机可动部分所必需的最低压力

用于升起液压成型机可动部分所必需的最小压力 P_{min} 应包括克服液压成型机可动部分的质量及克服柱塞升降时密封圈的摩擦力。

$$P_{min} = G + R \tag{8-4}$$

式中　P_{min}——用于升起液压成型机可动部分所必需的最低压力，N；

　　　G——液压成型机可动部分的质量，N；

　　　R——柱塞升降时密封圈的摩擦阻力，N。

4. 液压成型机的总压力

液压成型机的总压力 P 应包括克服可动部分的质量、摩擦阻力及硫化制品所需提供的压力。

$$P = P_2 + G + R \tag{8-5}$$

液压成型机的总压力是指液压缸工作压力 p 与柱塞 F 的乘积。

$$P = Fpn \tag{8-6}$$

式中　P——液压成型机总压力，N；

　　　F——柱塞面积，m^2；

p——柱塞工作压力，Pa；

n——液压缸数目，个。

上式计算结果经圆整成为液压成型机的公称吨位。

下面讨论制品成型交联时其受压力情况，并进而讨论用于模型制品时液压成型机公称吨位的选择问题。

在液压成型机上模压成型时，在外压的作用下胶料首先流动充满模具的型腔，而多余的胶料则沿分型面流出型腔。这样承受外压的面积除了制品本身的承压面积外，还有胶边部分的承压面积。对于一定结构的模具，胶边厚度随外加的锁模力增加而减薄，从而提高制品的几何精度。

在保压加热交联时，胶料和模具的温度不断升高，在交联后期胶料内部的温度甚至高于热板温度。由于胶料的线膨胀系数大于金属模的线膨胀系数（约为 20 倍左右），结果因热膨胀的影响，型腔内的胶料体积要比刚加入时的体积为大。另一方面，由于温度的作用和时间推移，胶料分子结构将由线形变为网状结构，此结构变化本身具有体积缩小的特性。然而，结构变化引起的体积缩小远比热膨胀引起的体积膨胀要小，结果型腔内的胶料体积要克服外压作用而胀大，使分型面处局部脱离接触，从而把作用于分型处的部分压力转化为作用在型腔内的胶料上，增加了型腔内胶料的成型压力。这说明制品的成型压力在成型过程中是变化的。

综上所述，可知模型制品硫化压力的精确计算是比较复杂的。选择模型制品液压成型机的吨位时，除了考虑制品的大小及其承压面积的大小外，还应根据制品的几何精度要求高低来选定，对于同样规格的制品，精度要求高的公称吨位（即锁模吨位）要大些。

5. 工作液的压力计算

液压成型机在操作中利用低压水升起平板，待制品上层平板接触后才换用高压水加压成型交联，这样可以节省动力消耗及加快合模速度。低压水一般为 2.5～5.0MPa，高压水一般为 10～30MPa。其计算公式如下：

$$P = \frac{\pi D^2}{4} n p \qquad (8\text{-}7)$$

式中　P——成型机的总压力，N；

D——柱塞缸直径，m；

n——液压缸数目，个；

p——工作液单位压力，Pa。

分别把式（8-1）～式（8-6）代入式（8-7）则得高、低压工作液值。

$$P_{低} = \frac{4(G+R)}{\pi D^2 n} \qquad (8\text{-}8)$$

$$P_{高} = \frac{4(P_2+G+R)}{\pi D^2 n} \qquad (8\text{-}9)$$

第五节　生 产 能 力

液压成型机的生产能力，根据所加工制品的情况不同而不同，其生产能力大小，决定于成型机的加热层数、每层内放入模型中制品的件数或质量及成型周期的长短。

其计算公式如下：

$$Q = \frac{60mn}{t} \qquad (8\text{-}10)$$

式中　Q——液压成型机的生产能力，件/h 或 kg/h；

　　　　m——每加热层内放入模型中制品的件数（件）或放入制品的质量，kg；

　　　　n——加热层数；

　　　　t——每一成型周期所需的时间（包括平板升降所需的时间、模型制品装卸时间、交联所需的时间等），min。

习　　题

1. 液压成型机是怎样分类的？有哪些类型？其规格如何表示？

2. 平板硫化机与塑料液压成型机能否通用？为什么？

3. 液压成型机柱塞与液压缸组合形式有几种？它们之间是采用什么密封形式的？

4. 液压成型机柱塞与活动横梁的连接形式有哪些？各有何优缺点？

5. 平板加热有哪些形式？优缺点是什么？

6. 液压成型机的液压系统有哪些形式？为什么在液压系统中设立高、低压泵系统？

7. 怎样确定液压系统中高、低压液压力的？

附　录

附表 1-1　液压元件符号

管路及连接		油泵、油马达、油缸	
名称	符号	名称	符号
工作管路	——————	单向定量油泵	
控制管路	- - - - - -	双向定量油泵	
泄漏管路	————	单向变量油泵	
连接管路		双向变量油泵	
堵头		单向定量油马达	
压力接头		双向定量油马达	
伸缩接头		单向变量油马达	
交错管路		双向变量油马达	

管路及连接		控制方法	
名称	符号	名称	符号
软管		手动横杆控制	
放气装置		脚踏控制	
通油箱管路		弹簧控制	

油泵、油马达、油缸		机械控制	
名称	符号		
双联定量泵		机械控制	

241

油泵、油马达、油缸		控制方法	
名称	符号	名称	符号
双级定量泵		直接液压控制	
单作用柱塞油缸		先导液压控制	
双作用活塞杆式油缸		电磁控制	
双作用单面带不可调缓冲式油缸		比例电磁控制	
差动油缸		电液控制	
反作用双活塞杆式油缸		定位机构	
压力控制阀		流量控制阀	
名称	符号	名称	符号
直接控制溢流阀（压力阀、安全阀）		固定节流元件	
远程控制溢流阀		可变节流元件	
比例溢流阀		不可调节流阀	
定压减压阀		可调节流阀	
直接控制顺序阀		调速阀（简化符号）	
远程控制顺序阀		比例调速阀	
方向控制阀			
名称	符号	名称	符号
单向阀		二位四通阀	
液控单向阀		三位四通阀（O型）	A B P O

	方向控制阀		
名称	符号	名称	符号
截止阀		三位四通阀（U型）	A B P O
二位二通转阀		三位四通阀（H型）	A B P O
三位四通转阀		三位四通阀（Y型）	A B P O
二位二通阀（常闭）		三位四通阀（P型）	A B P O
二位二通阀（常开）		三位四通阀（M型）	A B P O
三位三通阀			

	附件和其他装置		
名称	符号	名称	符号
充压油箱		粗滤油器及滤油网	
开式油箱		精滤油器	
非隔离式蓄能器		压力继电器	
隔离式蓄能器		交流电机	
增压器		流量计	
冷却器		压力表	
管路加热器		电接点压力表	

附表 1-2 中、高压系列液压阀（榆次液压件厂系列产品）符号说明

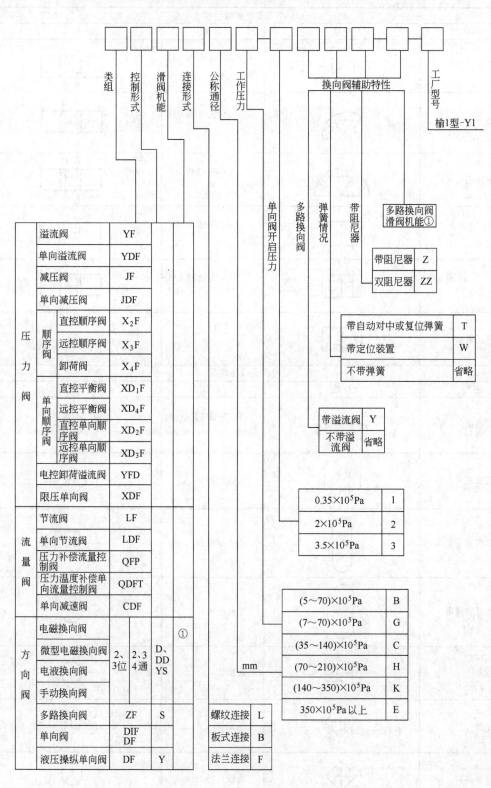

工厂型号

榆1型-Y1

| 类组 | | 控制形式 | 滑阀机能 | 连接形式 | 公称通径 | 工作压力 | | | 换向阀辅助特性 | | | 工厂型号 |

压力阀

	溢流阀	YF
压力阀	单向溢流阀	YDF
	减压阀	JF
	单向减压阀	JDF
顺序阀	直控顺序阀	X_2F
	远控顺序阀	X_3F
	卸荷阀	X_4F
单向顺序阀	直控平衡阀	XD_1F
	远控平衡阀	XD_4F
	直控单向顺序阀	XD_2F
	远控单向顺序阀	XD_3F
	电控卸荷溢流阀	YFD
	限压单向阀	XDF

流量阀

流量阀	节流阀	LF
	单向节流阀	LDF
	压力补偿流量控制阀	QFP
	压力温度补偿单向流量控制阀	QDFT
	单向减速阀	CDF

方向阀

方向阀	电磁换向阀			D、DD YS	①
	微型电磁换向阀	2、3位	2、3 4通		
	电液换向阀				
	手动换向阀				
	多路换向阀	ZF	S		
	单向阀	DIF DF			
	液压操纵单向阀	DF	Y		

连接形式：

螺纹连接	L
板式连接	B
法兰连接	F

公称通径：mm

单向阀开启压力：

$0.35×10^5Pa$	1
$2×10^5Pa$	2
$3.5×10^5Pa$	3

工作压力：

$(5～70)×10^5Pa$	B
$(7～70)×10^5Pa$	G
$(35～140)×10^5Pa$	C
$(70～210)×10^5Pa$	H
$(140～350)×10^5Pa$	K
$350×10^5Pa$ 以上	E

多路换向阀滑阀机能①

带阻尼器：

| 带阻尼器 | Z |
| 双阻尼器 | ZZ |

弹簧情况：

带自动对中或复位弹簧	T
带定位装置	W
不带弹簧	省略

带溢流阀：

| 带溢流阀 | Y |
| 不带溢流阀 | 省略 |

附表 1-3　低、中压系列液压阀型号说明（广研所系列）

型号各部分含义（从左至右）：类组或组合元件　控制形式　改型序号　—　最大工作压力　主要规格　安装和连接　辅助特性

类组或组合元件 / 控制形式

压力阀：

名称	类组	控制形式
中压溢流阀		Y
低压溢流阀		P
减压阀		J
单向减压阀	J	I
顺序阀		X
单向顺序阀	X	I
液动顺序阀	X	Y
液动单向顺序阀	X I	Y
电磁溢流阀（直流）	Y	E
背压阀（定压式）	B	

流量阀：

名称	类组	控制形式
节流阀		L
温度补偿节流阀	L	T
单向节流阀	L	I
调速阀	Q	XX
单向调速阀	Q	I
温度补偿调速阀	Q	T
单相温度补偿调速阀	Q I	T
溢流节流阀	L	Y
单向行程节流阀	L C	I
单向行程调速阀	Q C	I

方向阀：

名称	位置数	通路数	控制形式
交流电磁滑阀	2 3（位置数）	2 3 4 5（通路数）	D
直流电磁滑阀			E
液动滑阀			Y
电液动滑阀（交流）			D　Y
（直流）			E　Y
行程滑阀			C
手动滑阀			S
转阀			O
单向阀			I
液动单向阀			I　Y
压力表开关			K

改型序号

0（略）、1、2 ……

最大工作压力（×10⁵Pa）

10	A
25	B
63	（省略）
6	K
16	L
40	M

主要规格

对阀：流量 L/min

对压力表开关：测量点数

对压力继电器：压力（×10⁵Pa）

安装和连接

安装方式：法兰安装（省略）、脚架安装 J

连接形式：管式连接（省略）、板式连接：B、法兰连接：F

辅助特性

对二、三位滑阀（四、五通相同）

图形	代号
	省略
	H
	Y
	K
	M
	P
	J
	C
	OP
	MP

对二位二通滑阀

常开	H
常闭	（省略）
带定位装置	D

附表 1-4　ZBG 95003—87

合模力系列/kN	160	200	250	320	400	500	630	800	1000	1250	1600	2000	2500	3200	4000	5000	6300	8000	10000	12500	16000	20000	25000	32000
拉杆有效间距/mm≥	200		224		250		280		315	355	400	450	500	560	630	710	800	900	1000	1120	1250	1400	1600	1800
移动模板行程/mm≥						200	220	240	270	300	350	400	450	550	650	750	850	950	1050	1150	1250	1400	1550	1700
最大模厚/mm						200	220	240	270	300	350	400	450	550	650	750	850	950	1050	1150	1250	1400	1550	1700
最小模厚/mm					110	130	150	170	200	230	260	290	320	350	400	450	500	550	600	650	750	850	950	1050
启闭模时间/s≤		1.4				1.8		2.8			4.2	5.2												
启闭模速度/(m/min)≥															24									

注：实测合模力不得小于表中值的 95%。

附表 1-5　注射工艺参数

理论注射容积系列/cm³	16	25	40	63	100	160	250	400	630	1000	1600	2500	4000	6300	10000	16000	25000	40000
实际注射质量（物料：聚苯乙烯）/g	14	22	36	56	89	143	223	357	562	890	1425	2230	3570	5620	8925	14280	22310	35700
塑化能力（物料：聚苯乙烯）/(g/s)	2.2	3.3	5.0	6.9	9.7	11.7	13.9	18.9	26.4	33.3	42.5	58.3	76.3	100.0	133.3	175.0	222.2	305.6
注射速率（物料：聚苯乙烯）/(g/s)	100	110	120	140	170	210	250	300	350	400	450	500	600	700	800	900	1100	3300
注射压力/MPa≥	150					140							130					

注：1. 按设计计算的理论注射容积注射容积不得大于表中值的 105%。
2. 实测实际注射质量，塑化能力和注射速率不得小于表中值的 95%。

附表 1-6　注射机模板安装参考尺寸　　　　　单位：mm

拉杆有效间距	模具安装螺孔（或 T 形槽）排列图序号	螺孔尺寸（直径×深度）	T 形槽槽宽 GB 158 《T 形槽》	模具定位孔直径（公差 H7）	注射喷嘴球半径
200～223	1			80	
224～249	2			100	
250～279	3	M12×30	14		
280～314	4			125	
315～354	5				
355～399	6				
400～449	7				
450～499	8	M16×40	18	160	
500～559	9				
560～629	10				10
630～709	11				15
710～799	12	M20×45	22	200	
800～899	13				
900～999	14				
1000～1119	15			250	20
1120～1249	16	M24×50	28		
1250～1399	17				
1400～1599	18				
1600～1799	19	M30×65	36		
1800～1999	20			315	35
2000～2239	21	M36×80	42		
≥2240	22				

附表 1-7　合模力和理论注射容积匹配（参考件）

理论注射容积/cm³ ＼ 合模力/kN	160	200	250	320	400	500	630	800	1000	1250	1600	2000	2500	3200	4000	5000	6300	8000	10000	12500	16000	20000	25000	32000
16	○	○																						
25		○	○																					
40			○	○																				
63				○	○																			
100					○	○																		
160						○	○																	
200							○	○																
250								○	○															
320									○	○														
400										○	○													
500										○	○													
630												○	○											
800												○	○	○										
1000														○	○									
1250															○	○								
1600																○	○							
2000																	○	○						
2500																		○	○					
3200																		○	○					
4000																			○	○				
5000																					○	○		
6300																						○	○	
8000																							○	○
10000																								○
16000																					○	○		
25000																						○	○	
40000																							○	○

注：○表示匹配。

参 考 文 献

1　罗权焜，刘桥生. 橡胶与塑料工厂设备. 广州：华南理工大学，1993

2　北京化工学院，华南工学院. 塑料机械设计. 北京：轻工业出版社，1983

3　山东化工学院等校合编. 橡胶工厂设备. 北京：化学工业出版社，1984

4　华南工学院等校合编. 橡胶机械设计. 北京：化学工业出版社，1984

5　北京化工学院，天津轻工业学院. 塑料成型机械. 北京：轻工业出版社，1982

6　华南工学院橡胶专业机械组编. 橡胶工厂设备. 广州：华南工学院教材科，1982

7　橡胶工业手册编写组. 橡胶工业手册. 第9分册. 北京：化学工业出版社，1989

8　冯少如. 塑料成型机械. 西安：西北工业大学出版社，1992

9　北京化工学院，华南工学院合编. 塑料机械液压传动. 北京：轻工业出版社，1983

10　关肇勋，黄突振编. 实用液压回路. 上海：上海科技文献出版社，1982

11　成都科技大学主编. 塑料成型工艺学. 北京：轻工业出版社，1985

12　钱知勉等. 塑料成型加工手册. 上海：上海科技文献出版社，1995

13　李培武，杨文成. 塑料成型设备. 北京：机械工业出版社，1989

14　高雨声等. 化纤设备. 北京：纺织工业出版社，1989

15　张瑞志等. 高分子材料生产加工设备. 北京：中国纺织出版社，1999

16　巴尔斯科夫等. 橡胶机械. 北京：化学工业出版社，1982

17　陈志平，章序文，林兴华. 搅拌与混合设备设计选用手册. 北京：化学工业出版社，2004